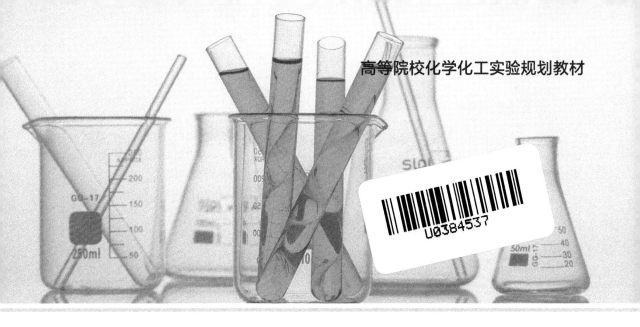

高等院校化学化工实验规划教材

仪器分析实验

INSTRUMENTAL ANALYSIS EXPERIMENT

本 册 主 编　杨玲娟（天水师范学院）

本册副主编　聂　融（兰州城市学院）

　　　　　　齐慧丽（陇东学院）

　　　　　　马　洁（天水师范学院）

兰州大学出版社

LANZHOU UNIVERSITY PRESS

图书在版编目（ＣＩＰ）数据

仪器分析实验 / 杨玲娟主编. -- 兰州 ：兰州大学
出版社，2022.7（2024.2重印）
高等院校化学化工实验规划教材 / 马建泰总主编
ISBN 978-7-311-06293-4

Ⅰ．①仪… Ⅱ．①杨… Ⅲ．①仪器分析－实验－高等
学校－教材 Ⅳ．①O657-33

中国版本图书馆CIP数据核字（2022）第094538号

责任编辑　佟玉梅
封面设计　汪如祥

丛 书 名　高等院校化学化工实验规划教材
本册书名　仪器分析实验
作　　者　杨玲娟　主编
出版发行　兰州大学出版社　（地址：兰州市天水南路222号　730000）
电　　话　0931-8912613(总编办公室)　0931-8617156(营销中心)
网　　址　http://press.lzu.edu.cn
电子信箱　press@lzu.edu.cn
印　　刷　西安日报社印务中心
开　　本　787 mm×1092 mm　1/16
印　　张　15.5
字　　数　334千
版　　次　2022年7月第1版
印　　次　2024年2月第3次印刷
书　　号　ISBN 978-7-311-06293-4
定　　价　36.00元

前　言

　　仪器分析发展至今，形成了以光谱分析、电化学分析、色谱分析及波谱分析为支柱的现代仪器分析。准确理解仪器分析的原理，熟练掌握分析仪器的基本操作与应用，是运用现代分析仪器解决科研、生产中实际问题的重要前提。仪器分析实验作为基础性实验课程，通过具体实验项目的实施，将理论知识运用于实践中，促进学生对仪器分析理论知识的理解和对各类分析仪器的正确使用，夯实学生的实验动手能力，提升学生对本学科知识的综合应用能力。

　　仪器分析实验是化学、应用化学、化学工程与工艺、制药工程、生命科学、药学、材料科学、食品科学和环境科学等专业的必修基础课之一。为了全面推进素质教育和创新教育，着力培养地方经济社会发展急需的高素质创新型、应用型和复合型人才，同时推动地方本科师范院校教材建设和课程改革，我们组织来自天水师范学院、兰州城市学院、陇东学院和陇南师范高等专科学校等院校的一线教师共同编写了《仪器分析实验》教材。

　　本教材是编者在总结多年仪器分析实验教学的基础上，汲取国内外仪器分析实验教材的优点编写而成。在编写过程中，编者遵循"注重基本原理、基本知识和基本技能，加强应用性、实践性，突出创新、前沿与特色"的原则，对仪器分析方法的基本原理和仪器结构进行简述，以具体实验项目为依托，对仪器的使用方法、注意事项、操作规程等进行了详细叙述，方便读者进行预习和独立完成实验。另外，本教材还配套有相应的数字资源，师生通过手机扫描二维码即可观看，进行相应知识点的学习。

　　本教材以教育部本科教学指导委员会对《仪器分析实验》仪器的配置要求作为选择实验的依据。本教材实验包括气相色谱分析、高效液相色谱分析、电化学分析、原子发射光谱分析、原子吸收光谱分析、原子荧光光谱分析、X射线粉末衍射物相分析、紫外-可见分光光度分析、红外光谱分析、荧光光谱分析、核磁共振波谱分析、热重-差热分析。

　　本教材共13章。第1章以及实验14由马洁编写；第2章2.1、2.2以及实验1~3由袁焜编写；实验4~5由张少飞编写；第3章3.1、3.2以及实验6~10由杨玲娟编写；第4章4.1、4.2.1至4.2.4、4.2.6、第11章11.1、11.2以及实验11、15、17~18、22~23、29、40、47~50由聂融编写；第4章4.2.5以及实验20~21由董晓宁编写；实验19由赵国虎编写；第5章由南岭编写；第6章6.1、6.2以及实验27~28、30~31由汪河滨编写；第7章以及实验37、39、45~46由齐慧丽编写；第8章李会学编写；第9章9.1、9.2以及实验12~13、16、36、38由马东平编写；实验41~42由潘素娟编写；第10章10.1、10.2以及实验43~44由李小芳编写；第12章由冯小强编写；第13章由王晓峰编写。本教材由马洁整理，杨玲娟修改、定稿。

　　本教材得到了天水师范学院领导和老师们的鼓励和帮助，吸收了从事仪器分析实验课程教学老师的意见和建议，各参编学院同仁也提出了许多宝贵的意见，在此对他们表示由衷的感谢。本教材编写过程中参考了国内仪器分析教材的有关资料，在此一并表示感谢。

　　由于编者水平有限，本教材可能会有疏漏和不当之处，恳请各位专家和学者批评指正。

编　者

2022年6月

目 录

第1章 绪论

分析化学按照分析原理分为化学分析和仪器分析。不同于具有悠久历史的化学分析，仪器分析是在20世纪早期，随着较大型仪器的出现才慢慢发展起来的。仪器分析和化学分析之间存在显著的不同，仪器分析通过测量物质的某些物理或物理化学性质、参数及其变化来确定物质的组成、含量及化学结构。但两者的界限也并非泾渭分明，仪器分析实验中也常常用到化学分析的某些技术和方法。随着现代科技的不断发展以及学科间的相互融合，仪器分析法已经逐渐发展为当代分析化学的主流方法。

1.1 仪器分析法简介

1.1.1 仪器分析法的特点

仪器分析法在发展过程中广泛借鉴了各种化学及物理、生物等其他学科的方法原理与技术，尤其是受益于仪器制造业的发展成果。因此，与化学分析法相比，仪器分析法具有显著的特点：

（1）灵敏度高。相较于化学分析法，仪器分析法的最低检出浓度大大降低。最低检出量可由化学分析的 10^{-6} g 降至 10^{-18} g，基于表面增强拉曼光谱（surface-enhanced Raman spectroscopy，SERS）等技术的分析方法甚至可以实现单分子分析，因而仪器分析方法适用于痕量、超痕量成分的分析。

（2）选择性好。很多仪器分析方法中所选用的仪器配备了性能较好的分离设备，这使得样品中即使存在多个性质相近的待测组分，也可以实现准确测定。另一方面，有些检测器的检测原理决定了其具有良好的选择性，比如质谱检测器。

（3）分析速度快，重现性好，操作简便，容易实现自动化、信息化和在线检测。

（4）所需要的试样量少，可由化学分析中 mL、mg 级试样消耗量降低至 μL、μg 级，甚至是 ng 级别。因此，仪器分析法适于微量、半微量、超微量分析。

（5）可实现原位分析、非破坏性分析。与之不同，化学分析法在溶液中进行，试样需要进行溶解或分解。

（6）相对误差较大，一般为 3%～5%，不适于常量和高含量成分分析。

（7）需要价格较为昂贵的专用仪器，分析成本较高。

1.1.2 仪器分析法的分析对象

和化学分析法相比，仪器分析法对分析对象的种类并没有特别的要求，主要的区别体现在试样量。仪器分析法适于半微量分析（10 mg≤固体试样<100 mg，1 mL≤液体试样<10 mL）、微量分析（0.1 mg≤固体试样<10 mg，0.01 mL≤液体试样<1 mL）和超微量分析（固体试样<0.1 mg，液体试样<0.01 mL）。

1.1.3 仪器分析方法分类

仪器分析方法的种类很多，常见的有数十种。不同的方法在原理、仪器结构、适用范围等方面具有显著的差别。根据方法所依据的原理，仪器分析方法大致可分为光学分析法、电化学分析法、色谱分析法和其他仪器分析方法这几大类。经过长期的发展，每一大类下面又衍生出很多小类，逐渐形成相对较为独立的分支学科。

1.1.3.1 光学分析法

光学分析法是基于检测电磁辐射作用于待测物质后产生的辐射信号变化的分析方法。电磁辐射与待测物质的相互作用包括吸收、散射、折射、干涉、偏振等。光学分析法包含很多具体的分析方法，比如各种发射光谱法（X射线、紫外线、可见光、电子能谱、荧光、磷光、化学发光等）和各种吸收光谱法（紫外线、可见光、红外线、核磁共振等），还有基于辐射散射原理的Raman光谱法，基于辐射折射原理的折射法等。

1.1.3.2 电化学分析法

电化学分析法是基于物质的电化学性质及其变化规律进行分析的方法，测量的信号包括电位、电荷、电流、电阻等。电化学分析法具体包括电位法、库仑法、安培法、电导法等。

1.1.3.3 色谱分析法

色谱分析法是将物质分离与测定相结合的仪器分析方法，主要包括气相色谱法、高效液相色谱法、毛细管电泳法等。色谱分析法包含分离和检测两部分。物质基于在分离材料（介质）上吸附、交换、亲疏水作用等的差异实现分离，分离后得到的各组分由检测器进行检测。

1.1.3.4 其他仪器分析方法

物质具有非常丰富的物理、化学性质，除了上述三大类方法，人们还利用其他性质发展出多种多样的仪器分析方法，比如质谱法、热分析法、放射化学分析法等。随着科技的进步以及需求的增长，必将有更多的仪器分析方法被建立。

1.2 试样的采集与制备

绝大多数情况下，研究对象不会被全部用于分析，而是需要对研究对象进行采样，再对所采集的试样进行分析，以试样的分析结果代表研究对象整体的相应结果。因此，为了使分析结果接近真实值，一方面要求对试样准确测定，另一方面要求科学地进行试样的采集与制备。研究对象的形态和性质千差万别，不同的仪器分析方法对样品的要求也有所不同。因此，不同试样的采集、制备的方法也各不相同。掌握科学的试样采集与制备方法不仅有利于实验人员正确、高效地完成分析实验工作，也是农业、食品、医学检验、环境监测等相关行业分析检验人员必备的基本技能。

1.2.1 试样的采集

从分析对象中抽取有一定代表性的样品供分析化验用，这项工作叫采样。试样的分析结果必须能够反映原始研究对象整体的实际情况，这就要求试样具有充分的代表性，试样的采集必须合理。错误的试样采集会使后续的分析工作失去意义，更严重的是分析结果与实际结果产生巨大偏差，给工农业生产造成巨大损失。因此，为了保障试样采集的科学可靠，采样需要在必要的原则和方法指导下进行。目前，针对一些常见分析对象的试样采集已有相应的国家标准或行业标准。

1.2.1.1 总的原则、方法与要求

（1）正确采样需要遵循的原则

①采集的样品要均一、有代表性，能反映被测对象的实际情况。

②采样方法要与分析目的一致。

③采样过程要保持样品的稳定，避免发生成分损失（如水分、气味、挥发性酸等）、发生化学反应等。

④防止样品污染或采样过程中带入杂质。

⑤采样方法要尽量简单，处理装置尺寸适当。

（2）采样容器的选择

试样采集过程中需要用到保存容器，容器的选择同样需要满足上述原则。除了商品化的专业试样采集与保存容器，样品采集中可以选用性质稳定、密度较低的塑料离心管作为采样容器。如无必要，应避免使用笨重易碎的玻璃容器。

（3）试样采集的一般方法

①随机抽样。随机原则需保证所有部分都有被抽到的可能。具体包括简单随机抽样、系统随机抽样（固定间隔）、分层随机抽样（先分层，再随机）、分段随机抽样（先分群组，后随机）等。

②代表性抽样。比如按照样品随时间、空间的变化规律取样，以食品样品为例，即可按不同生产日期抽样、按生产过程各环节采样或者按分层采样。

（4）采样单元数的确定

采样方法确定后，实验人员还需确定采样的单元数。通常采样的单元数越多，样品就越能代表研究对象的实际情况。但是随之而来的是人力、物力成本的大幅增加。因此

需要科学地确定采样单元数，在能达到预期要求的前提下，尽可能节约成本。

假设测量误差很小，分析结果与原始物料平均值的误差主要是由采样引起的，则包含物料总体平均值的区间为：

$$\mu = \bar{x} \pm \frac{ts}{\sqrt{n}} \tag{1-1}$$

式中：μ 为总体平均值，整体物料中某组分的平均含量；$\bar{x}$ 为所采集试样中该组分的平均含量；t 为与采样单元数和置信度有关的统计量；s 为各个试样单元含量标准偏差的估计值；n 为采样单元数。

根据上述公式，采样单元数 n 可由公式 $n = \left(\dfrac{ts}{\bar{x} - \mu}\right)^2$ 计算出。其中（$\bar{x} - \mu$）是分析试样中某组分含量和原始物料中该组分平均含量的差值。由此可见，对分析结果的准确度要求越高（$\bar{x} - \mu$）的值越小，采样单元数就越多；物料均一性越差（s 越大），要达到同样的准确度，则采样单元数 n 也需要增加。若置信度要求高，则 t 值变大，采样单元数相应增多。

1.2.1.2 对特定分析对象采样时的注意事项

除了上述原则与方法，在实际采样中还需要针对具体样本性状特点采取针对性的措施。

（1）固体试样采集

固体物料的种类很多，比如常见的有矿石、土壤、谷物、各种建材等。它们形态各异，性质和均匀程度差别较大，需要根据物料的性状确定具体的采样步骤。通过采集、开采等方式获得的固体物料（例如矿石、谷物），往往是以特定的形式进行堆放。先要根据堆放形式确定采样点的分布，再根据堆放量确定采样深度。如果固体物料是在传送带上，则可以根据传送带速度定时取样。

土壤是一类均一性较差的固体物料，不仅不同区域、不同深度的土壤样本之间存在差异，甚至同一地点的土壤还会随着时间的变化而改变。因此，土壤取样的关键是要准确把握分析工作的目的，根据需求来制订合理的采样计划。比如要研究农作物种植对土壤营养物质消耗和土壤污染的影响，就需要在农作物种植前后进行采样；如果要了解小麦种植对土壤的影响，那么采样时的深度为 0～20 cm；如果要了解果树种植对土壤的影响，那么采样深度范围需要扩大为 0～60 cm。

（2）液体试样采集

常见的液体物料有水、饮料、体液和工业溶剂等。和固体物料相比，液体物料通常比较均一，因此取样数可以较少。液体具有流动性，可以通过搅拌、摇晃、振荡等方式增加物料的均一性。

同样地，液体物料采样时也需要明确分析目的。比如研究城市对河水的影响，取样点就要选在河流流过城市的下游。采集自来水或用水泵抽水时，取样前需要放水

10～15 min，降低管路或机器对水质的影响。

通常，液体试样的存储对容器材质不作特别要求。但是为了减少吸附以及溶出物对样品测定的干扰，当检测目标物为液体试样中的有机物时，应当避免使用塑料材质容器，宜使用玻璃材质的容器；当检测目标物为液体试样中的微量金属元素时，应当避免使用玻璃材质容器，宜选用塑料材质容器。

液体试样容易因光照、受热、溶解空气中的氧气和二氧化碳等活性物质受微生物污染等而发生化学、生物或物理作用，进而发生成分变化，影响分析结果。因此，液体试样采集后如若不能及时分析，应当注意保存。保存措施包括：控制溶液 pH、加入稳定剂、冷藏和冷冻、避光、密封等。

（3）气体试样采集

常见的气体研究对象有空气、汽车尾气、工业废气等。气体具有较强的流动性，成分容易受气象、季节、地物、人类活动等因素影响。因此，气体试样采集点的布设需要充分考虑环境因素。

采集方法可分为直接采样法和浓缩采样法。直接采样法就是将气体直接充入容器（注射器、塑料袋、采样管等）中密封即可。当测定对象含量较低时，需要注意容器挥发物或者吸附产生的影响。浓缩采样法就是通过吸收、吸附、冷凝等方式富集气体中微量待测组分的方法，具体包括溶液吸收法、固体阻留法、低温冷凝法等。

（4）生物试样采集

生物试样包括组织、器官、生物代谢产物等，具有一定的特殊性，采样时需要注意如下事项：

①植物样本获取后应当注意清洗和烘干，避免灰尘等对分析结果产生影响。

②部分生物样本被采集后生命活动并未完全停止，这会造成一些待测物发生转化，因此需要及时测定。

③代谢产物、体液等的成分会随生物体摄入水分、营养物质的变化而变化，因此需要确保被采集对象的稳定。

1.2.2　试样的分解

在分析工作中，除少数干法分析外，其余的基本为湿法分析，即要求试样为溶液。因此，若试样不是溶液，则需通过适当方法将其转化为溶液，这个过程称为试样的分解。试样分解时要注意：试样分解必须完全，不应有试样残渣或者碎屑残留在溶液中；试样分解过程中不能损失待测组分；不应引入额外的待测组分以及干扰物质。下面介绍几种常见的试样分解方法。

1.2.2.1　溶解法

溶解法指采用合适的溶剂将试样溶解后制备成溶液，这种方法简单、方便。根据所用溶剂不同，溶解法可分为水溶法、酸溶法和碱溶法。表1-1对水溶法、酸溶法和碱溶法常用的试剂以及适用对象进行了简单总结。

表1-1　常用溶解试剂

溶　剂		应用对象
水溶法	水	可溶性无机盐
酸溶法	硫酸	铁、钴、镍、锌等金属及其合金,铝、铍、锰、钛、钍、铀等矿石
	盐酸	铁、钴、铬、锌等活泼金属及多数金属氧化物、氢氧化物、碳酸盐、磷酸盐和多种硫化物
	硝酸	除铂族金属、金和某些稀有金属外,可溶解大部分金属及其合金、氧化物、氢氧化物和几乎所有的硫化物。硝酸溶解金属时,常与盐酸搭配使用
	磷酸	铬铁矿、钛铁矿、铝矾土、金红石等矿石,高岭土、云母、长石等硅酸盐矿物
	高氯酸	不锈钢,铁合金,铬矿石,钨铁矿
	氢氟酸	硅酸盐和含硅化合物
碱溶法	氢氧化钠、氢氧化钾	铝、锌及其合金以及它们的氧化物、氢氧化物

1.2.2.2　熔融法

熔融法是将试样和固体熔剂混合,在高温加热下,利用试样和熔剂发生的复分解反应,将试样全部组分转化为易溶于水或酸的化合物,如钠盐、钾盐和氯化物等。不溶于水、酸、碱的无机试样一般采用此法分解。熔融法分解能力强,但熔融时需要加入试样量6~12倍的熔剂,故熔融法会在溶液中引入大量熔剂,此外熔融法会腐蚀坩埚,引入杂质。

熔融法分为酸熔法和碱熔法。表1-2对酸熔法和碱熔法常用的熔剂及其应用对象进行了简单总结。

表1-2　常用熔剂

熔　剂		应用对象
酸熔法	$K_2S_2O_7$、$KHSO_4$	Al_2O_3、Cr_2O_3、Fe_3O_4、ZrO_2、钛铁矿、铬铁矿、中性和碱性耐火材料
碱熔法	Na_2CO_3和K_2CO_3	硅酸盐
	Na_2O_2	铬铁、硅铁、绿柱石、锡石、独居石、铬铁矿、黑钨矿、辉钼矿、硅砖
	NaOH和KOH	铝土矿、硅酸盐

1.2.2.3　烧结法

烧结法又称半熔法,是将试样与熔剂混合,小心加热至烧结,此时,温度低于熔点,半熔物收缩成整块,试样与固体试剂发生反应。例如Na_2CO_3-ZnO烧结法于800 ℃下分解,用于矿石或煤中全硫量的测定。烧结法相较于熔融法所需温度较低,加热的时间较长，常在瓷坩埚中进行。

1.2.2.4 湿式消化法

湿式消化法是在酸性溶液中，向有机试样中加入硫酸、硝酸、高氯酸、过氧化氢等氧化剂，并加热消煮，使有机质完全分解、氧化，呈气态逸出，将待测组分转换为无机状态存在于溶液中。湿式消化法根据所用氧化剂不同，分为硫酸-硝酸法、高氯酸-硝酸-硫酸法、高氯酸（过氧化氢）-硫酸法，硝酸-高氯酸法。湿式消化法具有分解速度快的优点，但是在试样消化过程中会产生大量有害气体，需要在通风橱中小心操作。

1.2.2.5 干式灰化法

干式灰化法是通过加热或者燃烧使得试样灰化分解，得到灰分，灰分溶解后用于分析测定。干式灰化法常用于有机或生物试样中无机元素含量的测定。干式灰化法包括氧瓶燃烧法、坩埚灰化法、燃烧法和低温灰化法。干式灰化法不加入（或少量加入）试剂，不额外引入杂质，操作简单，但耗时较长，可能会因元素挥发或者少量金属黏附在容器上而造成损失。

1.2.2.6 微波辅助消解法

微波消解法是利用试样和溶（熔）剂吸收微波能，产生热量加热试样，同时微波产生的交变磁场使得介质分子极化，极化分子在高频磁场交替排列，导致分子高速震荡，从而使分子获得高能量；在这两种作用的存在下，试样表层不断运动、破裂，因而迅速溶（熔）解。微波辅助消解法一般利用微波消解仪在密闭的消解罐中进行，体系高温、高压，样品分解速度快。微波消解法常用于难熔无机试样的分解和有机、生物试样的分解。

1.2.3 分析试样的预处理

试样经分解后有时还需要进一步处理才能用于测定。由于不同分析方法对于待测样品的要求不同，因此试样预处理的方式也不同。预处理方案的制定一般要考虑以下几个因素。

1.2.3.1 试样的状态

一般化学分析、色谱分析在溶液中进行，而红外光谱、X-射线光电子能谱表征等分析技术要求试样为固体形式。试样分解后可采用溶解、冷冻干燥、真空干燥、萃取、吸附等手段将试样转化为适于测定的形式。

1.2.3.2 被测组分的存在形式

根据采用的分析方法将被测组分预处理为最易于测定的形式，例如改变待测元素的价态、改变待测组分的存在形式（游离态、络合态）等。

1.2.3.3 被测组分的浓度或含量

根据分析方法的检测范围对试样进行稀释或者浓缩。对于低含量组分要采取富集、浓缩等方式使其含量提高，对于含量超过方法测定范围的试样，要进行适当稀释。

1.2.3.4 共存物的干扰

为了保证测定结果的准确，干扰测定的共存物需要提前掩蔽或者消除。通常采用的方法有化学掩蔽、沉淀、萃取、柱层析等手段。

1.3 分析数据处理

定量分析的目的是准确测定试样中待测组分的含量。但是受某些客观和主观因素的影响，测定值不可能与真实含量完全一致，即存在误差；而对同一试样进行多次平行测定，所得结果也不完全一致。准确可靠的测定结果才能满足分析检测的要求。

学习本节旨在学会实验数据的基本处理方法，对分析结果的精密度和准确度做出合理的判断和正确表达。

1.3.1 数据的准确度与精密度

1.3.1.1 准确度与误差

准确度（accuracy）指测定结果与真实值之间的接近程度。真实值又称真值（true value，T）是试样中待测组分客观存在的真实含量。由于误差客观存在于测量过程，因此无法通过测量获得真值。在分析化学中常将以下值作为真值：理论真值，例如某纯物质中某种元素的理论含量；计量学约定真值，例如国际计量大会上确定的长度、质量和物质的量的单位等；标准值或者相对真值，例如权威机构测得的标准物质的标准值。准确度用误差来表示，误差越小，表明分析结果的准确度越高。

误差可用绝对误差（absolute error，E）和相对误差（relative error，E_r）来表示。绝对误差是指测量值（measured value，x）与真值（true value，x_T）之差，表示为

$$E = x - x_T \tag{1-2}$$

式中为单次测量值，当测量次数大于 1 次时，常采用多次测量值的算数平均值（mean value，$\bar{x}$）表示分析结果，此时绝对误差表示为

$$E = \bar{x} - x_T \tag{1-3}$$

相对误差是绝对误差与真值的百分比，表示为

$$E_r = \frac{E}{x_T} \times 100\% = \frac{x - x_T}{x_T} \times 100\% \tag{1-4}$$

绝对误差和相对误差都有正负之分。当误差为正时，测量值大于真值，表明测定结果偏高；当误差为负时，表明测量值小于真值，表明测定结果偏低。当测定的绝对误差相同时，待测组分的含量越高，相对误差越小，反之，相对误差越大。因此，在实际工作中一般采用相对误差表示测定结果的准确度。

1.3.1.2 精密度与偏差

精密度（precision）指多次平行测定结果之间的相互接近程度。精密度的大小常用

偏差（deviation）来衡量，偏差越小，表明分析结果的精密度越高。偏差的表示方式有以下几种：

（1）绝对偏差、平均偏差和相对平均偏差

绝对偏差为各单次测定值与平均值之差，表示为

$$d_i = x_i - \bar{x} \ (i=1,\ 2,\ 3,\ \cdots,\ n) \tag{1-5}$$

这些偏差有正有负，也有可能为零。

平均偏差（average deviation，$\bar{d}$）为各绝对偏差的绝对值的算数平均值，表示为

$$\bar{d} = \frac{\left|d_1\right| + \left|d_2\right| + \cdots + \left|d_n\right|}{n} = \frac{1}{n}\sum_{i=1}^{n}\left|d_i\right| \tag{1-6}$$

相对平均偏差（relative mean deviation，$\bar{d}_r$）为平均偏差与平均值的百分比，表示为

$$\bar{d}_r = \frac{\bar{d}}{\bar{x}} \times 100\% \tag{1-7}$$

平均偏差与相对平均偏差均为正值，当一般分析工作中测定次数不多时，常采用相对平均偏差表示精密度，相对平均偏差越小，表示该组数据的精密度越好。

（2）标准偏差与相对标准偏差

标准偏差分为总体标准偏差（population standard deviation，σ）和样本标准偏差（sample standard deviation，s），分别表示为

$$\sigma = \sqrt{\frac{\sum_{i=1}^{n}\left(x_i - \mu\right)^2}{n}} \tag{1-8}$$

式中：μ 为总体平均值，当测定次数无限多，即 $n \to \infty$ 时，所得样本平均值即为总体平均值：

$$\lim_{n \to \infty} \bar{x} = \mu$$

$$s = \sqrt{\frac{\sum_{i=1}^{n}\left(x_i - \bar{x}\right)^2}{n-1}} \tag{1-9}$$

样本的相对标准偏差（relative standard deviation，RSD，s_r）为样本标准偏差与算数平均值的百分比，表达式为

$$s_r = \frac{s}{\bar{x}} \times 100\% \tag{1-10}$$

当测定次数趋于无限多次时，一般用总体标准偏差 σ 衡量数据的精密度。在一般分析工作中测量次数有限（$n < 20$），且 μ 不可知，因此采用样本标准偏差或样本相对标准偏差来衡量一组数据的精密度。

1.3.1.3　准确度与精密度的关系

测定值的精密度越高，表明测定条件（包括分析人员的操作情况）越稳定，这是保证准确度高的先决条件。但是由于系统误差的存在，精密度高，准确度不一定高；但是

精密度低，表示测定结果不可靠，此时再考虑准确度没有意义。因此，精密度是保证准确度的前提。

1.3.2 有效数字及其运算规则

1.3.2.1 有效数字

有效数字指测定中所得到的具有实际意义的数字，有效数字由能准确读取的全部数字和最后一位可疑数字组成。例如滴定管的最小刻度为0.1 mL，滴定中消耗滴定剂23.62 mL，显然前三位数字是直接读取的准确数字，第四位数字是估读的数字，也被称为可疑数字，因此23.62为4位有效数字。对于可疑数字，除非特别说明，通常认为它有±1个单位的绝对误差。

有效数字的位数直接影响测定结果的相对误差。确定有效数字位数时，应遵循以下几条规则：

（1）一个测量值只保留一位可疑数字。

（2）"0"起定小数点位置的作用时，不算有效数字。例如0.002 5的有效数字为两位，数字前面的四个"0"只起定位作用，不是有效数字；而1.008 0是五位有效数字，因为数字后面的三个"0"均是测定所得数字。

（3）倍数、分数关系和非测量所得数（π、e）等，可视为有无限多位有效数字。

（4）不能因为变换单位而改变有效数字的位数。例如0.031 2 g，有效数字为三位，换算成毫克，应该表示31.2 mg；换算为微克应表示为3.12×10^4 μg，而不能表示为31 200 μg。

（5）pH、lgK、pM等负对数和对数值，其有效数字位数取决于小数点后数字的位数，其整数部分只代表该数的方次。例如pH=10.28，其有效数字位数为两位，换算成H^+浓度，应该表示为$[H^+] = 5.2 \times 10^{-11}$ mol·L^{-1}。

1.3.2.2 有效数字的修约规则

各测量值的有效数字位数确定后，就要将它后面多余的数字舍弃。舍弃多余数字的过程称为数字修约。有效数字修约采用"四舍六入五成双"的规则，具体是：当测量值中被修约的数字小于等于4时，该数字舍弃；当被修约的数字大于等于6时，则进位；当被修约的数字是5时，看5前面的数字，为奇数时进位，为偶数则将5舍弃，当5后面还有不为"0"的任意数字，无论5前面是奇数还是偶数，均进位。根据这一规则，将以下测量值修约为四位有效数字，则为：

0.124 56→0.124 6；

0.124 54→0.124 5；

0.124 55→0.124 6；

0.124 65→0.124 6；

0.124 651→0.124 7。

1.3.2.3 有效数字的运算规则

不同位数的几个有效数字在进行运算时，计算结果的有效数字保留位数与运算类型有关。

（1）加减法

当几个数值在进行加减运算时，计算结果的有效数字位数取决于其中小数点后位数最少的那个数值。例如0.041+26.21+1.2314 = 27.48，参加运算的三个数值中，"26.21"小数点后位数最少，因此先将其他数值修约为小数点后两位，再进行计算，运算结果的有效数字也修约至小数点后两位，所以计算结果为27.48。

（2）乘除法

当几个数值在进行乘除运算时，计算结果的有效数字位数与各数据中有效数字位数最少的那个数值保持一致。例如0.021 1×24.20×1.05 = 0.536，参加运算的三个数值中，"0.0211"的有效数字位数最少，为三位。因此先将其他数值修约至三位有效数字，再进行运算，计算结果的有效数字也修约为三位，所以计算结果为0.536。

1.3.3 可疑值的取舍

当对一个试样进行多次平行测定时，所得数据中可能会有个别数据与其他数值相差较大，该值称为可疑值或者异常值（也叫作离群值或者极端值）。如果确定测定中发生过失，无论该值是否离群，都应弃去。当原因不明时，可疑值不可随意舍弃或者保留，应该使用一定的统计学检验方法，确定该可疑值与其他数据是否来源于同一总体以决定取舍。下面简单介绍三种统计学检验方法。

1.3.3.1 $4\bar{d}$法

首先求出除可疑值外其余数据的算术平均值$\bar{x}$和平均偏差$\bar{d}$，然后将可疑值与平均值比较，若其绝对差值大于$4\bar{d}$，则可疑值舍去，否则保留。

例1 4次测定某水样中钙的含量（g·L^{-1}），结果为0.25、0.27、0.31、0.40，用$4\bar{d}$法判断0.40这个数据是否保留。

$$\bar{x} = \frac{(0.25 + 0.27 + 0.31)}{3} = 0.28$$

$$\bar{d} = 0.023$$

$$|0.40 - 0.28| = 0.12 > 4\bar{d}$$

所以0.40这一数据应舍去。

1.3.3.2 Q检验法

首先将一组数据按照从小到大的顺序排列：x_1，x_2，x_3，$\cdots$，x_{n-1}，x_n，若x_n为可疑值，则统计量Q为

$$Q = \frac{x_n - x_{n-1}}{x_n - x_1} \tag{1-11}$$

若 x_1 为可疑值，则统计量 Q 为

$$Q = \frac{x_2 - x_1}{x_n - x_1} \tag{1-12}$$

根据测定次数 n 和所要求的置信度 P，查 Q 值表（表1-3），得到 $Q_表$，当 $Q > Q_表$，则可疑值舍去；当 $Q < Q_表$，则可疑值保留。

表1-3　Q 值表

P	n							
	3	4	5	6	7	8	9	10
$Q_{0.90}$	0.94	0.76	0.64	0.56	0.51	0.47	0.44	0.41
$Q_{0.95}$	0.97	0.84	0.73	0.64	0.59	0.54	0.51	0.49

例2　采用 Q 检验法判断例1中0.40是否保留（置信度 P=0.90）。

$$Q = \frac{0.40 - 0.31}{0.40 - 0.25} = 0.6$$

查表1-3，当 n=4，P=0.90，得 $Q_表$=0.76，因为 $Q < Q_表$，所以0.40应保留。

1.3.3.3　格鲁布斯（Grubbs）法

将一组数据按照从小到大的顺序排列：x_1，x_2，x_3，$\cdots$，x_{n-1}，x_n，再求得算数平均值 $\bar{x}$ 和标准偏差 s，若 x_n 为可疑值，则统计量 T 为

$$T = \frac{x_n - \bar{x}}{s} \tag{1-13}$$

若 x_1 为可疑值，则统计量 T 为

$$T = \frac{\bar{x} - x_1}{s} \tag{1-14}$$

据测定次数 n 和所要求的置信度 P 查 T 值表（表1-4），得到 $T_表$，当 $T > T_表$，则可疑值舍去；当 $T < T_表$，则可疑值保留。

表1-4　T 值表

测定次数	置信度(P)		测定次数	置信度(P)	
n	95%	99%	n	95%	99%
3	1.15	1.15	9	2.11	2.32
4	1.46	1.49	10	2.18	2.41
5	1.67	1.75	11	2.23	2.48
6	1.82	1.94	12	2.29	2.55
7	1.94	2.10	13	2.33	2.61
8	2.03	2.22	14	2.37	2.66

测定次数	置信度(P)		测定次数	置信度(P)	
n	95%	99%	n	95%	99%
15	2.41	2.71	18	2.50	2.82
16	2.44	2.75	19	2.53	2.85
17	2.47	2.79	20	2.56	2.88

例3 采用格鲁布斯检验法判断例1中0.40是否保留（置信度P=0.95）。

$$\bar{x} = 0.31$$

$$s = 0.066$$

$$T = \frac{0.40 - 0.31}{0.066} = 1.36$$

查表1-4，当n=4，P=0.95，得$T_\text{表}$=1.46，因为$T < T_\text{表}$，所以0.40应保留。格鲁布斯法相较于$4\bar{d}$法和Q检验法准确度更高。

1.3.4 平均值的置信区间

置信区间（confidence interval）是指在一定置信度下，以测定结果为中心，包含总体平均值的取值范围。该范围越小，表明测定值与总体平均值μ越接近，即测定的准确度越高。当消除系统误差后，总体平均值μ即为真值，因此通过有限次数的测定，就可以估计出一定概率下包含真值的取值范围。但是由于测定次数少，由此计算的置信区间不可能有百分之百的把握将μ包含在内，只能以一定的置信度进行判断，一般应用以下两种方法进行计算。

1.3.4.1 已知总体标准偏差 σ

此时既可以根据单次测定值x，也可以根据样本平均值$\bar{x}$来估计总体平均值的置信区间：

单次测定值

$$\mu = x \pm u\sigma \tag{1-15}$$

样本平均值

$$\mu = \bar{x} \pm u\frac{\sigma}{\sqrt{n}} \tag{1-16}$$

式（1-15）和（1-16）分别表示在一定置信度下，以单次测定值或样本平均值为中心，包含总体平均值的取值范围，即μ的置信区间。u值见表1-5。

表1-5 *u*值表

$|u|$	相对面积	$|u|$	相对面积	$|u|$	相对面积
0.0	0.0000	1.1	0.3643	2.1	0.4821
0.1	0.0398	1.2	0.3849	2.2	0.4861
0.2	0.0793	1.3	0.4032	2.3	0.4893
0.3	0.1179	1.4	0.4192	2.4	0.4918
0.4	0.1554	1.5	0.4332	2.5	0.4938
0.5	0.1915	1.6	0.4552	2.58	0.4951
0.6	0.2258	1.7	0.4554	2.6	0.4953
0.7	0.2580	1.8	0.4641	2.7	0.4965
0.8	0.2881	1.9	0.4713	2.8	0.4974
0.9	0.3159	1.96	0.4750	3.0	0.4987
1.0	0.3413	2.0	0.4773	∞	0.5000

1.3.4.2 已知样本标准偏差 *s*

此时既可以根据单次测定值 *x*，也可以根据样本平均值 $\bar{x}$ 来估计总体平均值的置信区间：

单次测定值

$$\mu = x \pm ts \tag{1-17}$$

样本平均值

$$\mu = \bar{x} \pm t\frac{s}{\sqrt{n}} \tag{1-18}$$

式（1-17）和（1-18）分别表示在一定置信度下，以单次测定值或样本平均值为中心，包含总体平均值的取值范围，即 μ 的置信区间。*t* 值见表1-6。

表1-6 *t*值表（双边）

t	$f(n-1)$		
	$P = 90\%$	$P = 95\%$	$P = 99\%$
1	6.31	12.71	63.66
2	2.92	4.30	9.92
3	2.35	3.18	5.84
4	2.13	2.78	4.60

t	$f(n-1)$		
	$P = 90\%$	$P = 95\%$	$P = 99\%$
5	2.02	2.57	4.03
6	1.94	2.45	3.71
7	1.90	2.36	3.50
8	1.86	2.31	3.35
9	1.83	2.26	3.25
10	1.81	2.23	3.17
20	1.72	2.09	2.84
∞	1.64	1.96	2.58

注：f为自由度，$f=n-1$。

例4 用某标准方法测得铁矿中的铁的含量，共测定9次，平均值为50.21%，总体标准偏差为$\sigma=0.02\%$，求置信度为95%时，铁矿中铁含量的置信区间。

查表1-6得置信度为95%时，$u=1.96$。

根据

$$\mu = \bar{x} \pm u \frac{\sigma}{\sqrt{n}}$$

得

$$\mu = 50.21\% \pm 1.96 \frac{0.02\%}{\sqrt{9}} = (50.21 \pm 0.01\%)$$

因此，在95%的置信度下，铁矿中铁含量的置信区间为50.21±0.01%。

例5 对某试样中乙醇含量进行测定，4次测定结果为37.64%，37.62%，37.66%，37.58%。求置信度为95%时平均值的置信区间。

计算求得

$$\bar{x} = 37.62\%, \quad s=0.03\%$$

查表1-6得置信度为95%，$f=n-1=3$时，$t=3.18$。

根据

$$\mu = \bar{x} \pm t \frac{s}{\sqrt{n}}$$

得

$$\mu = 37.62\% \pm 3.18 \frac{0.03\%}{\sqrt{4}} = (37.62 \pm 0.05\%)$$

因此，在95%的置信度下，试样中乙醇含量的置信区间为37.62 ± 0.05%。

1.4　仪器分析实验用水

根据《分析实验室用水规格和实验方法》（GB/T 6682-2016），分析实验室用水分为三个级别：一级水、二级水和三级水。

1.4.1　一级水

一级水用于有严格要求的分析实验，包括对颗粒有要求的试验，如高效液相色谱用水。一级水可用二级水经石英设备蒸馏或离子交换混合床处理后，再经0.22 μm微孔滤膜过滤制取。去离子水是自来水或蒸馏水经离子交换树脂柱纯化后所得的水，其水质一般可达一级水或二级水指标。

1.4.2　二级水

二级水用于无机痕量分析实验，如用原子吸收光谱分析生活用水中无机元素的含量。二级水可通过多次蒸馏或离子交换蒸馏水制取。二次蒸馏水一般可达到二级水指标。

1.4.3　三级水

三级水一般用于化学分析实验，三级水可通过蒸馏或离子交换等方法制取。将自来水在蒸馏装置中加热气化，蒸汽冷凝后即得蒸馏水，蒸馏水可达到三级水指标。

第2章 气相色谱分析

气相色谱（GC）是20世纪40年代末50年代初诞生的以气体为流动相，液体或固体为固定相的物质分离技术，是色谱领域中发展较早且成熟的技术，1955年PerkinElmer公司就开发出了第一台气相色谱仪。气相色谱分析快速、重复性好、设备简易，可以分析各种有机基质中的成分，在有机合成产物、大气与环境污染物、石油石化产品、食品、医学与药物、兴奋剂等检测中应用广泛，并且由于气相色谱所固有的高分离效率以及可以和各种高灵敏、高选择性的检测器连接，色相色谱仪成为众多领域和行业中挥发性成分鉴定、分析不可或缺的检测工具。

2.1 基本原理

气相色谱是一种物理分离方法。基于不同有机化合物物理化学性质的差异，使其在固定相和流动相的两相体系中呈不同的分配系数，当两相之间做相对运动时，这些有机化合物与流动相一起迁移且在两相之间进行反复的分配，从而使分配系数只有微小差别的物质在迁移速率上产生较大的差别，各组分在固定相中的滞留时间有长有短，经过一定的时间后，各组分实现分离。被分离的物质依次通过检测装置呈现出每个物质的相应信息，通常称之为色谱峰。在一定的色谱分析条件下，有机物的出峰时间（也称保留时间）是基本固定的，根据色谱峰的出峰时间和峰面积的大小，实现对被检测物质的定性和定量分析。

气相色谱中常以氮气、氦气等为载气，载气本身不与待测组分发生化学反应，当试样组分随载气通过色谱柱而得到分离后，根据流出组分的物理化学性质，可以选用适当的检测器予以检测，从而得到如图2-1所示的电信号随时间变化的色谱图。根据各组分色谱峰的保留时间可以进行定性分析；各组分色谱峰的峰面积及峰高与组分的相对含量呈正相关关系，因此可以根据峰面积或峰高进行定量分析。

并非所有的有机化合物都适合用气相色谱进行定性或定量分析。在气相色谱适用的温度范围内，具有20～1 300 Pa蒸气压或沸点不高于500 ℃，且热稳定性好，相对分子质量不超过400的有机化合物，通常都可以采用气相色谱法进行分析检测，对于部分高沸点的有机物，可能需要经过衍生化处理才能进行检测。

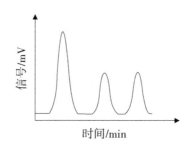

图 2-1　混合物试样的色谱峰流出曲线

2.2　仪器部分

2.2.1　气相色谱仪基本构成

图 2-2 给出了气相色谱仪基本组成及其流程图，气相色谱仪包括（Ⅰ）载气系统、（Ⅱ）进样系统、（Ⅲ）分离系统、（Ⅳ）检测系统和（Ⅴ）数据记录与处理系统五个部分。载气由高压钢瓶（1）输出，经过减压阀（2）、载气净化与干燥管（3）、稳压针形阀（4）、流量计（5）、压力表（6）、进样器与气化室（7），再进入色谱柱（8），当进样后，载气携带的气化组分进入色谱柱进行分离，并以此进入检测器（9）被检测。最后，检测的信号由色谱数据记录与处理系统即色谱工作站（10）记录并进行数据处理。

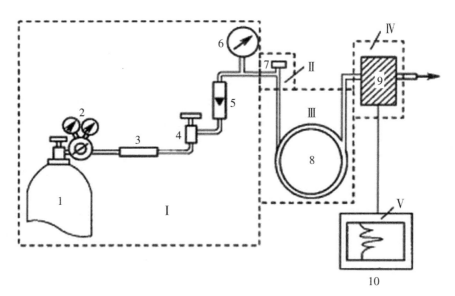

1.高压钢瓶；2.减压阀；3.载气净化与干燥管；4.稳压针形阀；5.流量计；
6.压力表；7.进样器与气化室；8.色谱柱；9.检测器；10.色谱工作站。

图 2-2　气相色谱仪基本组成系统及其流程

2.2.1.1 载气系统

载气系统是流动相载气流经的一个密闭管路系统。载气系统包括气源、气体净化管和气路控制系统，载气构成了气相色谱分离过程中的流动相，正确选择载气、控制载气的流速是保证气相色谱分析的重要条件。原则上来说，没有腐蚀性且不与被检测组分发生化学反应的气体都可以作为载气，常用的载气有氮气、氩气和氦气等。在实际应用中，载气的选择主要根据检测器的特性而定，同时还需要考虑色谱柱的分离效能和分析时间。另一方面，载气的流速和纯度对色谱分离的效果和灵敏度有显著的影响。气路控制系统的作用就是将载气进行稳流、稳压和净化干燥，以保障分析需要。

2.2.1.2 进样系统

进样系统包括进样器和气化室，其作用在于引入试样并快速气化。液体样品可用微量进样器手动进样，但重复性不理想。在使用时需要注意进样量与所选用的注射器间的匹配性，最好在最大容量下使用。此外，色谱仪通常都带有自动进样器，自动进样器的重复性好。在毛细管气相色谱中，由于毛细管柱样品容量小，一般采用分流进样的模式，样品汽化后只有一小部分被载气引入色谱柱，而大部分被吹扫放空。

2.2.1.3 分离系统

分离系统主要指的是色谱柱，它是气相色谱仪的核心关键部件，是各组分分离的场所。色谱柱有两类，即填充柱和毛细管柱。填充柱是将固定相填充在内径为 4 mm 的金属或玻璃管中。毛细管柱则是用玻璃制作的空心管，因此也称为石英柱，柱内径通常为 0.1～0.5 mm，长度为 30～50 m，绕成直径为 20 cm 的环状安装在柱温箱内。毛细管柱的分离效率要显著高于填充柱。色谱柱的性能参数主要取决于选择的固定相和柱长。固定相选择需要注意两个方面，极性及最高使用温度。按相似相溶原理和主要差别选择固定相，柱温不能超过固定相最高能承受的使用温度。在分析高沸点的化合物时，需选择高温固定相。柱温的设定对分离效度影响较大，是色谱条件选择的关键。通常情况下，在使最难以分离的组分达到符合要求的分离度的前提下，尽可能地采用较低的柱温，但同时也要满足保留时间适宜和色谱峰不拖尾的检测要求。分离 300～400 ℃的高沸点样品时，柱温可以比沸点低 100～150 ℃。分离沸点低于 300 ℃的样品时，柱温可以在比平均沸点低 50 ℃至平均沸点的温度范围内。对于宽沸程样品，选择一个恒定柱温通常不能兼顾高沸点组分与低沸点组分，需要采用程序升温的方法，这也是大多数情况下必须采用的色谱分析条件。

2.2.1.4 检测系统

检测器的功能是将被分离的组分信息转变为便于记录的电信号，然后对各组分的组成和含量进行检测，它也是色谱仪的核心关键部件。检测器的选择要依据分析对象和检测目的来确定。常用的检测器有热导检测器、氢火焰离子化检测器、电子捕获检测器和火焰光度检测器及质谱检测器等，其中前两种技术应用较早，也最为常用。当质谱仪作为检测器时，构成常用的气质联用仪。

热导检测器是利用被检测组分和载气导热率的不同而产生响应的浓度型检测器，它是整体性能检测器，属于物理常数检测方法。这种检测器的基本原理是基于不同组分与载气有不同的热导率，在通过恒定电流后，热敏元件钨丝温度升高，其热量经四周的载气分子传递到热导池（图2-3）壁，当被检测组分与载气一起进入热导池时，由于混合气的热导率与纯载气不同，钨丝传向池壁的热量也发生变化，致使钨丝温度发生改变，其电阻也随之改变，进而使得电桥输出不平衡的电位，即电信号响应。

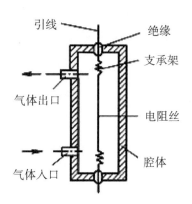

图2-3 热导池结构示意图

氢火焰离子化检测器为选择型的质量型检测器，用于检测在氢火焰中燃烧产生大量碳正离子的有机化合物。它是以氢气和空气燃烧的火焰为能源，当有机分子接触火焰时，会在高温下发生化学电离，电离产生比基流高几个数量级的离子，在高压电场的定向作用下形成离子流，将微弱的离子流经过高阻原件放大，成为与进入火焰的有机物的量成正比的电信号，因此可以根据电信号的大小对有机化合物进行定量分析。氢火焰离子化检测器的结构（图2-4）简单，性能优良，稳定可靠，操作方便，对几乎所有的挥发性有机物均有良好的响应，可以与毛细管柱直接联用，且对气体流速、压力和温度的变化不敏感，成为最为广泛使用的气相色谱检测器。

电子捕获检测器属于放射性离子化的浓度型检测器，它是利用放射性同位素在衰变过程中放射出具有一定能量的 β 粒子作为电离源，当只有纯载气分子通过离子源时，在 β 粒子的轰击下，电离成正离子和自由电子。自由电子在电场的作用下形成检测器基流，当对电子有亲和力的电负性强的组分进入检测器时，这些组分就捕获电子，形成带负电荷的离子。由于电子被捕获，因而降低了检测器原有的基流，电信号发生了变化，检测器电信号的变化与被检测组分的浓度成正比。电子捕获检测器适于含有电负性强的卤素、酯、醇及含过氧化官能团的有机物的分析检测。

火焰光度检测器属于光度法中的分子发射检测器，是利用富氢火焰使得含硫、磷杂原子的有机化合物分解，形成激发态分子，当这些激发态分子回到基态时，发射出一定波长的光，透过干涉滤光片，用光电倍增管将其转换为电信号，以测量特征光的强度。载气、氢气和空气的流速对火焰光度检测器有很大的影响，所以气体流量控制就显得很重要。要根据样品的不同选择氢氧比，同时要适当地调节载气和补充气量以获得理想的信噪比。

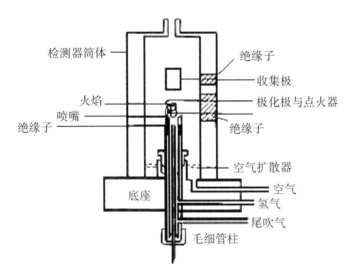

图2-4 氢火焰离子化检测器结构示意图

2.2.1.5 数据记录与处理系统

数据记录与处理系统目前多采用配备操作软件包的色谱工作站，用计算机控制，既可以对色谱数据进行自动处理，又可以对色谱系统的参数进行自动控制和检查。色谱工作站以信号处理技术、微机技术为基础，用计算机软件实现智能化色谱数据采集和处理。色谱工作站有以下优点：菜单式管理，图形界面操作，使用简单方便；可以同时连接多台色谱仪，进行多通道数据采集，可同时显示多个采样谱图窗口；数据及分析结果可永久存储；可通过网络实现远程数据通信，功能强大便捷。

2.2.2 气相色谱仪使用注意事项

气相色谱仪使用时，主要需注意以下几个方面：

（1）使用热导检测器时，开机前应先通载气，并保持一定的流量后再接通电源，否则可能会导致热敏元件烧毁。

（2）热导检测器的灵敏度与桥电流的三次方成正比，但桥电流也不可过高，否则将会使噪声增大，基线不稳，严重时会烧毁热敏元件。当使用氮气做载气时，桥电流应控制在80~150 mA。

（3）气相色谱仪要注意防震，以免造成热敏元件折断或脱落，引发电路系统短路。

（4）除气态试样可在室温下直接进行气相色谱分析外，在所有液态试样的分析中，对色谱柱、检测器、进样器以及程序升温等的温度都必须严加控制，以免影响色谱柱的选择性和分离效能，以及检测器的灵敏度和稳定性，甚至关系到实验的成败。

（5）做好仪器使用记录，严格日常维护程序，做好仪器室的防尘和干燥。

2.2.3 气相色谱仪操作规程

不同型号和厂商的气相色谱仪操作使用要求有所不同，不便一概而论，但使用时的基本操作有好多相同相通的地方，这里以安捷伦的GC-6890N为例，以质谱仪为检测器的操作流程如图2-5所示，简要说明其操作规程。

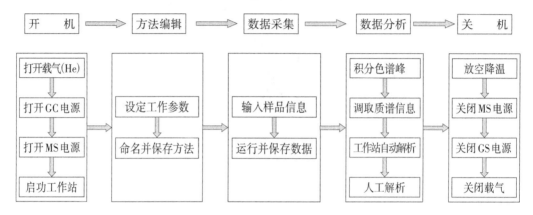

图2-5 GC-6890N操作流程图示

2.2.3.1 开机

（1）根据相应的检测器选择所需气体，打开载气钢瓶总阀，调节减压阀使压力指示为0.5～0.6 MPa。

（2）打开电脑并进入工作站界面，然后打开GC开关并使仪器完成自检，若为气质联用（检测器为质谱检测器），可接着再打开MSD开关。

（3）启动"Instrument"，进入工作站，听到"嘟"的提示声后，仪器和电脑连接成功。

2.2.3.2 方法编辑

（1）在Instrument窗口的栏中，从Method菜单中选取Edit Entire Method进入方法编辑步骤。

（2）在工作站的提示下，设定好以下参数：进样口温度、进样模式、分流比、柱温、载气流速等其他一些相关参数。

（3）设定完毕后，给编辑的分析方法命名并保存。

2.2.3.3 数据采集

（1）从Instrument Control视图中，单击绿色图标，编辑待测样品文件名称、样品名称等相关信息。

（2）单击Start Run，如采用自动进样方式会退出次面板并开始采集，如采用手动进样方式，需按提示先在GC面板按预运行键，然后进样，在GC面板上按Start键。

2.2.3.4 数据分析

（1）启动Data Analysis图标，进入数据处理系统。

（2）选择File/Load Data File，在目录下查找并调出所需文件。

（3）将鼠标移至所要分析的色谱峰，双击鼠标右键，得到该色谱峰的质谱图，系统将自动给出该色谱峰可能对应的化合物的结构式等信息。

（4）在Data Analysis窗口的栏中，选取Method/Edit Method进入积分参数的编辑步骤。选取Chromato gram/Inte gration Results察看积分结果。

2.2.3.5 关机

（1）将仪器的进样口及柱箱的温度降至室温。

（2）在Instrument Control界面中选取View/Dia gnostics/Vaccum Control。

（3）在Dia gnostics界面选取Vaccum /Vent，仪器进入放空状态。

（4）放空完成后关闭工作站，然后依次关闭GC及MS电源，最后关闭载气钢瓶。

实验1 气相色谱毛细管柱死时间与载气线速度的测定

一、实验目的

1.学习掌握气相色谱法的相关概念及原理。

2.学习了解气相色谱仪及气质联用仪的基本结构和操作使用方法。

二、实验原理

在气相色谱中，死时间（T_r）是某种组分通过固定相中不被占据的毛细管色谱柱中的空隙所需要的时间。它可以用不与固定相发生吸附或溶解作用的特定物质，在色谱实验条件下通过GC毛细管柱所需时间来体现。以上特定物质，通常被称为"无滞留物质"，比如空气、甲烷等小分子物质。然而有一点必须明确，所谓的"无滞留物质"只是一种理想的概念，在气相色谱中，即使是空气分子，也会与固定相相互作用，更不用说甲烷这样的有机小分子。因为分子间的力总是存在的，绝对不与固定相发生相互作用的物质是没有的。死时间的直接测量是基于检测器对"无滞留物质"的响应，例如气相色谱中常用的热导检测器、质谱检测器等对空气有灵敏的响应，因而可以将空气的保留时间近似看作死时间，而离子化检测器对甲烷或其他小分子化合物有响应，可以将甲烷等物质的保留时间作为死时间。必须注意的是，这些测定死时间的近似处理方法，不适于要求严格的情况。

由于死时间本质上不反映被检测组分与固定相的相互作用，因此在柱效与分离效果研究、定性分析中，需要使用扣除死时间后的校正保留时间。大多数情况下，直观得到的组分的保留时间中，并未包括死时间，因此对死时间的测定显得尤为必要。死时间对色谱分离来说是不希望存在的,但又无法避免,因而在GC分析中,其值越小越好。通常它的大小与固定相的填充形态、柱长及色谱条件相关。

GC柱载气线速度是单位时间内,载气截面在毛细管色谱柱内通过的距离。对判断色谱柱和检测器的状况等具有直观而实用的意义。对GC柱载气线速度的测定,实际上是测定GC柱的死时间。只要能测定固定毛细管色谱柱长的死时间,就很容易得到GC柱载气的线速度,同时也可以得到载气的流速。

三、仪器与试剂

1.仪器

气质联用仪(GC6890N/MS5973N),30 m×0.25 mm 5%苯甲基硅氧烷交联柱,微量进样器(10 μL)。

2.试剂

丙酮(分析纯),高纯氦气(99.999%)。

四、仪器参数

1.安捷伦气相色谱仪(6890N)–四极杆质量选择器质谱(5973N)联用仪。

2.质谱(MSD)性能:

(1)可测质量范围(m·z^{-1}):1.6~800。

(2)质量轴稳定性:±0.2 amu内。

(3)系统灵敏度指标:EI全扫描1 pg八氟萘,信噪比>20:1。

(4)EI选择离子扫描灵敏度:20 fg八氟萘,信噪比>10:1。

3.气相(GC)性能:

(1)柱温箱柱箱操作温度:室温以上4~450 ℃。

(2)最大升温速率:120 ℃·min^{-1}。

五、实验步骤

1.实验步骤

(1)开机准备:打开载气,开机预热,并打开工作站,连通GC/MS局域网络,使质谱检测器系统的真空度不大于60 mTorr(毫托);用丙酮清洗进样针,并真空干燥数小时。

(2)GC条件设定:由6890N的GC面板确认或修改仪器的下列条件设置。

柱箱温度:恒温70 ℃。

进样方式:Split,分流比20:1。

柱流量:恒流模式,1 mL·min^{-1}。

(3)MS条件设定:MS按下列条件设置。

溶剂延迟时间：0 min。

质荷比扫描范围：10～100。

离子源电压 EM：由自动调谐产生。

（4）进样：采用自动进样器进样，将一个空样品瓶放在自动进样器上，点击工作站控制面板上的绿色箭头，输入文件名称和样品瓶位置（手动进样时选1号位），点击 start run，开始采集数据。如果采用手动进样，按照提示先按预运行键，待预运行灯闪烁过后进样，按 start 键。

（5）从 top/view/data analysis 或通过快捷键进入数据分析窗口。

（6）在运行结束前点击 File/take snapshot 查看当前正在采集的数据。运行结束后，数据文件自动保存至指定路径。

（7）重复以上（2）～（6）步骤，采集3次数据。

（8）数据采集完成，关闭仪器系统和载气。

2.仪器操作

（1）打开氦气钢瓶总阀，调节减压阀使压力指示为0.5～0.6 MPa。

（2）打开电脑并进入工作站界面，然后打开 GC 开关并使仪器完成自检，再打开 MSD 开关。

（3）启动"Instrument"，进入工作站，听到"嘟"的提示声后，仪器和电脑连接成功。

（4）数据采集完成后，将仪器的进样口及柱箱的温度降至室温。

（5）在 Instrument Control 界面中选取 View/Dia gnostics/Vaccum Control。

（6）在 Dia gnostics 界面选取 Vaccum /Vent，仪器进入放空状态。

（7）放空完成后关闭工作站及电脑，然后关闭 GC、MSD，最后关闭氦气钢瓶。

六、数据处理

1.空气峰保留时间

利用工作站的积分器（chromato gram/autointe grate）对空气峰做自动积分，从而得到其保留时间，即"死时间"T_r

2.载气线速度计算

用式（2-1）计算载气线速度。

$$\text{Linear Velocity}（cm·s^{-1}）=u=L/T_r \tag{2-1}$$

式中：L 为柱长（cm）；T_r 为无滞留空气峰的流出时间，即死时间（s）。

3.载气流速计算

计算得到线速度之后，用式（2-2）计算载气流速。

$$\text{Flow}（mL·min^{-1}）=\pi r^2u×60 \tag{2-2}$$

式中：π为3.14；r^2为色谱柱界面半径的平方（cm^2）；u为载气线速度（$cm \cdot s^{-1}$）；60为每分钟的秒数。

4.求3次计算载气线速度和载气流速的平均值

根据3次实验操作得到的3个空气峰保留时间，分别计算载气线速度和载气流速，并求其3次的平均值。

【注意事项】

1.实验期间，应注意机械真空油泵的工作状态，如在仪器启动初期，真空油泵停止工作，可能是MS侧板漏气所致，应及时处理。

2.避免接触GC进样口，防止可能的高温烫伤。

3.载气钢瓶应固定稳妥，且务必保持仪器在载气畅通状态下工作。

4.载气净化管于载气导管等连接处密封可靠。

5.数据采集完成后，务必执行Vent操作，必须将系统温度降到允许值后方可关机。

【思考题】

1.死时间与保留时间有何区别，其各自的物理意义是什么？

2.如何确认空气峰，空气峰的质谱特征离子有哪些？

实验2 气相色谱外标法测定市售白酒中的甲醇含量

一、实验目的

1.学习掌握气相色谱仪的基本结构和操作与使用方法。

2.学习外标法分析样品的原理与方法。

3.了解气相色谱法在白酒等食品质量安全检测与控制中的应用。

二、实验原理

白酒酿造过程中通常不可避免地含有甲醇，假酒中也含有过量的甲醇。对市售白酒中甲醇含量的测定，通常采用外标法。外标法是指在与待测样品相同的色谱条件下，单独测定标准物质，将得到的色谱图中的色谱峰面积与待测组分的色谱峰面积进行比较，从而求得待测组分的相对含量。外标法对仪器的重现性和稳定性要求较高，适于大量样品的分析和自动分析。在具体检测过程中，需要通过配制一系列组成和待测样品相近的标准溶液，以获得标准溶液的色谱图，进而求出每个组分的浓度与相应峰面积或峰高的校准曲线。按照相同色谱条件进行检测，获得待测样品的色谱图并得到相应组分的峰面积或峰高，根据校准曲线求出待测样品的浓度或含量。该原理是一个绝对定量校正法，标样与测定组分为同一个化合物，所以分离和检测条件的稳定性对定理检测结果的影响较为显著。在实际分析检测中，通常采用单点校正的办法，要求定量进样或已知进样体积，以获取高的定量准确性，且定量校准曲线经常性重复校正是必需的。检测器只需配制一个与测定组分浓度相近的标准样品，根据组分含量与其峰面积呈线性关系的原理，当测定试样与标样体积相等时，浓度与面积之间有以下关系，即

$$m_i = m_s \times A_i/A_s \tag{2-3}$$

式中：m_i 和 m_s 分别为试样和标样中待测定物质的质量或浓度；A_i 和 A_s 分别为相应的峰面积或峰高。

本实验市售白酒中甲醇含量的测定正是采用单点校正的办法，在相同的操作条件下，分别将等量的试样和含甲醇的标准样品进行色谱分离分析，根据对比保留时间以定性确定试样中是否含有甲醇，根据比较试样与标样中甲醇的峰高可定量的确定试样中甲醇的含量。

三、仪器与试剂

1. 仪器

气相色谱仪（GC6890N，氢火焰离子化检测器），氢气发生器，空压机，30 m×0.25 mm 5% 苯甲基硅氧烷交联柱，微量进样器（10 μL）。

2. 试剂

甲醇（分析纯），市售白酒，乙醇，氮气或氦气钢瓶。

四、仪器参数

1. 安捷伦气相色谱仪（6890N）或其他型号气相色谱仪。

2. 性能：

（1）柱温箱的柱箱操作温度：室温以上 4～450 ℃。

（2）最大升温速率：120 ℃·min⁻¹。

（3）保留时间重现性：<0.008% 或 <0.0008 min。

（4）峰面积重现性：<1%RSD。

五、实验步骤

1. 实验步骤

（1）色谱条件设定

气体流量设定：载气氮气流量设定为 45 mL·min⁻¹，氢气流量设定为 45 mL·min⁻¹，空气流量设定为 450 mL·min⁻¹。

进样量设定：2 μL。

柱箱温度：110 ℃。

进样口温度：160 ℃。

检测器温度：160 ℃。

（2）标准溶液的配制

以60%（体积分数）的乙醇溶液为溶剂，分别配制浓度为 0.05 g·L⁻¹、0.10 g·L⁻¹、0.15 g·L⁻¹、0.20 g·L⁻¹ 和 0.25 g·L⁻¹ 的甲醇标准溶液。

2.仪器操作

（1）打开氮气钢瓶总阀，调节减压阀使压力指示为 0.5～0.6 MPa，并打开氢气发生器及空压机。

（2）打开气相色谱电源和色谱工作站，并在工作站上设定相应的进样口温度和检测器温度，设定气体流量等色谱条件，然后进行系统温度平衡以达到设备就绪状态。

（3）用微量进样器取样 2 μL 甲醇标准溶液并进样，采集数据得到色谱图，并记录甲醇的保留时间。在相同色谱条件下取样 2 μL 白酒样品并进样，采集数据得到色谱图，根据保留时间确定甲醇峰的位置。

（4）关闭氢气发生器和空气压缩机。

（5）从工作站上进行降温操作，以降低进样口和检测器的温度至 50 ℃，关闭氮气载气，退出工作站，最后关闭气相色谱仪电源。

六、数据处理

1.根据标准样品和白酒样品的色谱图，确定白酒样品中的待测组分甲醇的色谱峰位置。

2.按下式计算白酒样品中的甲醇含量：

$$w_i = w_s \times h_i / h_s \tag{2-4}$$

式中：w_i 为白酒样品中甲醇的质量浓度（g·L⁻¹），w_s 为标准溶液中甲醇的质量浓度（g·L⁻¹），h_i 为白酒样品中甲醇的峰高，h_s 为标准溶液中甲醇的峰高。

3.根据5个不同浓度的标准甲醇溶液，进行5次实验操作并得到的5组数据，分别计算白酒样品的质量浓度，并求其5次计算的平均值。

【注意事项】

1.实验期间，应注意防火安全，本实验中由于氢气的使用，加之检测样品和标准溶液的可燃易燃性，应严禁明火。

2.避免接触GC进样口，防止可能的高温烫伤。

3.载气钢瓶应固定稳妥，且务必保持仪器在载气畅通状态下工作。

4.为获得较为准确的检测精度和理想的色谱峰形，进样时的操作要稳要准，进样速度要快而果断，尽量保持每次进样速度和留针时间的一致。

5.数据采集完成后，务必执行系统降温操作并达到规定温度后方可关机。

【思考题】

1.使用氢火焰离子化检测器时，在操作时应注意什么问题？

2.如何操作才能达到较好的检测重现性？

3.外标法定量分析的特点是什么？它的主要误差来源有哪些？

实验3 气相色谱内标法测定甲基丙烯酸甲酯中阻聚剂对苯二酚的含量

一、实验目的

1.进一步学习掌握气相色谱仪的基本结构和操作与使用方法。

2.学习内标法分析样品的原理与方法。

3.了解内标曲线法在化工产品质量分析中的应用。

二、实验原理

内标法常用于被测试样中少量杂质或助剂的测定，也可用于仅需测定试样中某些特定组分的情况。内标法定量结果可靠，对于进样量和操作条件无须严格控制，多用于工厂的产品质量控制分析。内标法测定时需要在试样中加入一种物质，即内标物。视被测样品的具体情况，一个理想可靠的内标物应符合以下特征：

（1）内标物应为被测试样中不存在的纯有机化合物。

（2）内标物的物化性质应与被测组分的物化性质类似。

（3）内标物的保留时间应与被测组分的色谱峰位置相近。

（4）内标物的加入量应与被测组分的含量接近。

在质量为 m_x 的试样中加入质量为 m_s 的内标物，设被测组分的质量为 m_t，如果被测组分和内标物的色谱峰面积分别为 A_t 和 A_s，则有

$$m_t/m_s=(f_tA_t)/(f_sA_s)，即 m_t=m_s×(f_tA_t)/(f_sA_s) \qquad (2-5)$$
$$w_t=(m_t/m_x)×100\%=(m_s/m_x)×(f_tA_t/f_sA_s)×100\% \qquad (2-6)$$

式中：f_t、f_s 为峰面积相对质量校正因子，w_t 为被测组分的相对质量百分比，这里以内标物为标准，则有 $f_s=1$，即可将 w_t 表达为：

$$w_t=(m_s/m_x)×(f_tA_t/A_s)×100\% \qquad (2-7)$$

如果配制一系列标准溶液，测定相应的 A_t/A_s，绘制 A_t/A_s-m_t/m_s 标准曲线（图2-6），这样就可以在无须测定 f_t 的情况下，将一定量的试样和内标物混合后进样进行检测，根据色谱峰面积比 A_t/A_s 的值，在标准曲线上求得 m_t/m_s，最后可以根据公式（2-8）计算 w_t。

$$w_t = （m_s/m_x）×（m_t/m_s）×100\%\qquad(2-8)$$

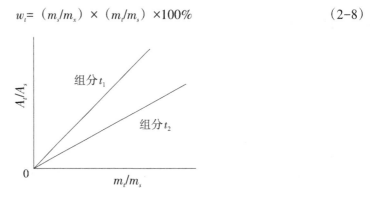

图2-6　内标标准曲线

本实验选用甲苯为内标物，通过绘制内标标准曲线的方法，测定甲基丙烯酸甲酯中阻聚剂对苯二酚的含量。

三、仪器与试剂

1. 仪器

气相色谱仪（GC6890N，氢火焰离子化检测器），氢气发生器，空压机，30 m×0.25 mm 5% 苯甲基硅氧烷交联毛细管柱，微量进样器（10 μL）。

2. 试剂

分析纯甲基丙烯酸甲酯、对苯二酚、甲苯，氮气或氦气及钢瓶。并按表2-1配制一系列标准溶液分别置于5只50 mL容量瓶中，用甲基丙烯酸甲酯稀释并混匀备用。

表2-1　配制标准溶液

编　号	1	2	3	4	5
m_s（甲苯/g）	1.00	1.00	1.00	1.00	1.00
m_t（对苯二酚/g）	0.25	0.50	0.75	1.00	1.25

四、仪器参数

1. 安捷伦气相色谱仪（6890N）或其他型号气相色谱仪。

2. 性能：

（1）柱温箱柱箱操作温度：室温以上4～450 ℃。

（2）最大升温速率：120 ℃·min⁻¹。

（3）保留时间重现性：<0.008% 或 <0.0008 min。

（4）峰面积重现性：<1%RSD。

五、实验步骤

1.实验步骤

（1）色谱条件设定

气体流量：载气氮气流量设定为45 mL·min⁻¹，氢气流量设定为45 mL·min⁻¹，空气流量设定为450 mL·min⁻¹。

进样量：1 μL。

柱箱温度：100 ℃。

进样口温度：120 ℃。

检测器温度：120 ℃。

（2）称取未知试样约5 g于25 mL容量瓶中，加入0.5 g内标物甲苯，混匀备用。

（3）待色谱仪的电路及气路系统稳定平衡，色谱工作站或记录仪的基线平直，达到进样状态时，即可进样检测。

（4）依次分别取上述备好的标准溶液1 μL进样，记录保存色谱数据，并重复进样两次，每次进样前，需要用待进样标准溶液润洗微量进样器5次。

（5）在相同条件下，取已配入内标物甲苯的未知试样1 μL进样，记录保存色谱数据，并重复进样两次。

2.仪器操作

（1）打开氮气钢瓶总阀，调节减压阀使压力指示为0.5～0.6 MPa，并打开氢气发生器及空压机。

（2）打开气相色谱电源和色谱工作站，并在工作站上设定相应的进样口温度和检测器温度，设定气体流量等色谱条件，然后进行系统温度平衡，以达到设备就绪状态。

（3）用微量进样器取样1 μL溶液并进样，采集数据得到色谱图，并记录保留时间和峰面积等。

（4）完成检测后，关闭氢气发生器和空气压缩机。

（5）从工作站上进行降温操作，以降低进样口和检测器的温度至50 ℃以下，关闭载气，退出工作站，最后关闭气相色谱仪电源。

六、数据处理

1.记录各个色谱图上每一组分色谱峰面积，填入表2-2中。

表2-2　每一组分色谱峰面积

编　号		1	2	3	4	5
$A_{甲苯}/(\text{mV} \cdot \text{s})$	1					
	2					
	3					
	平均					
$A_{对苯二酚}/(\text{mV} \cdot \text{s})$	1					
	2					
	3					
	平均					

2.以甲苯作为内标物，计算A_i/A_s、m_i/m_s值，填入表2-3中。

表2-3　计算A_i/A_s、m_i/m_s值

编　号		1	2	3	4	5
对二苯酚/甲苯	m_i/m_s					
	A_i/A_s					

3.绘制各个组分的A_i/A_s-m_i/m_s标准曲线图，用Excel拟合直线回归方程和相关系数。

4.根据未知试样的A_i/A_s值，利用标准曲线查出或计算出相应的m_i/m_s值。

5.按本实验项目原理中的式（2-6）计算未知试样中的对苯二酚的质量百分比。

【注意事项】

1.实验期间，应注意防火安全，应严禁明火。

2.载气钢瓶应固定稳妥，且务必保持仪器在载气畅通状态下工作。

3.实验中的标准溶液等的配制不宜在检测前放置过长时间，应尽量在检测前配制备用。

4.每做完一种标准溶液需要用后一种待进样的标准溶液洗涤微量进样器至少5次。

5.为获得较好的精确度和色谱峰形，进样操作速度要果断，且每次进样速度和留针时间尽可能保持相同。

6.数据采集完成后，务必执行系统降温（50 ℃以下）操作并达到规定温度后方可关机。

【思考题】

1.实验中用内标法定量分析，是否需要严格控制进样量，如果进样量有所变化，是

否会影响测定结果?

2.试讨论色谱柱变温程序设定，即温度对分离效果的影响情况。

3.什么是内标法定量分析，其优点是什么? 检测时选择内标物的一般要求有哪些?

实验4　果汁(苹果汁)中有机酸的分析

一、实验目的

1.学会利用气相色谱仪分析果汁中有机酸的方法。

2.掌握气相色谱仪的基本构成及基本操作。

3.掌握阴离子交换树脂分离有机酸的方法。

二、实验原理

气相色谱别离是利用试样中各组分在色谱柱中的气相和固定相间的分配系数不同，当汽化后的试样被载气带入色谱柱进行时，组分就在其中的两相中进行反复屡次的分配。由于固定相各个组分的吸附或溶解能力不同，因此各个组分在色谱柱中的运行速度就不同。各个组分经过一定的柱长后，彼此别离，顺序离开色谱柱进入检测器。检测器将各组分的浓度或质量的变化转换成一定的电信号，经过放大后在记录仪上记录下来，即可得到各组分的色谱峰。根据保存时间和峰高或峰面积，便可进行定性和定量的分析。

果汁饮料是由水果加工而成，属于天然营养饮料，含有丰富的维生素C、B等成分，以及微量元素、糖类、蛋白质、有机酸等。而有机酸则是果汁独特风味的重要成分，并能够抑制细菌的生长，保持果汁色质鲜艳，口味调和稳定，人们饮之感到酸甜爽口，清香幽雅。有机酸参与糖代谢有消除疲劳之功效，可作为老人、儿童和运动员特殊要求的保健饮料。通过气相色谱法可以检测果汁中有机酸的成分。首先，采用阴离子交换树脂分离有机酸；其次，对有机酸采用硫酸甲醇酯化法；再次，选用聚二乙二醇丁二酸醋作为色谱柱的固定相进行分离，检测各组分得到色谱峰；最后，根据各组分的相对保留时间与标准相对保留时间进行比较，定性和定量分析有机酸的成分。

样品的定量分析方法:

(1) 色谱定量分析的依据

在一定操作条件下，分析组分 i 的重量 (m_i) 或其在载气中的浓度是与检测器的响应信号（峰高或峰面积）成正比的，可写作: $m_i = f_i A_i$。

这是色谱定量分析的依据。由此可见，定量分析中需要: ①准确测量峰面积; ②准确求出比例系数 f (定量校正因子); ③正确选用定量计算方法，将测得组分的峰面积换算为百分含量。

（2）校正因子的测量

校正因子有绝对校正因子和相对校正因子。

绝对校正因子f_i是指i物质进样量m_i与它的峰面积A_i或峰高h_i之比：

$$f_i = \frac{m_i}{A_i} \text{ 或 } f_i = \frac{m_i}{h_i}$$

只有在仪器条件和操作条件严格恒定的情况下，一种物质的绝对校正因子才是稳定值，才有意义。同时，要准确测定绝对校正因子，还要求有纯物质，并能准确知道进样量m_i，所以它的应用受到限制。

相对校正因子是指i物质的绝对校正因子与作为基准的s物质的绝对校正因子之比。可以表示为：

$$f_{i/s} = \frac{f_i}{f_s} = \frac{m_i}{A_i} \times \frac{A_s}{m_s}$$

测定相对校正因子，只需配制i和s的质量比m_i/m_s为已知的标样，进样后测出它们的峰面积之比A_s/A_i，即可计算出$f_{i/s}$。

（3）内标法

将一定量的纯物质作为内标物，加入到准确称取的样品中，根据被测物的重量及其在色谱图上相应的峰面积比，求出某组分的含量，设m_i、m_s分别为被测物和内标物的重量，则$m_i = f_i A_i$，$m_s = f_s A_s$，$m_i/m_s = f_i A_i / f_s A_s$，则：

$$m_i = \frac{m_s f_i A_i}{f_s A_s}$$

$$\%C = \frac{m_i}{m} \times 100 = \frac{m_s f_i A_i}{m f_s A_s} \times 100 \tag{2-9}$$

一般以内标物为基准，则$f_s = 1$，此时计算式可简化为：

$$\%C_i = \frac{m_i}{m} \times 100 = \frac{m_s f_i A_i}{m A_s} \times 100 \tag{2-10}$$

三、仪器与试剂

1.仪器

气相色谱仪，梨形分液漏斗，KD浓缩器，离子交换柱。

2.试剂

草酸，丙二酸，马来酸，延胡索酸，苯甲酸，苹果酸，酒石酸，柠檬酸，十三酸，甲醇，氯仿，硫酸钠，碳酸铵，浓硫酸，氢氧化钠，以上均为分析纯。

四、实验步骤

1. 标准样品的制备

分别准确称取 400 mg 的草酸、乳酸、丙二酸、马来酸、延胡索酸、苯甲酸、苹果酸、柠檬酸、十三酸及 800 mg 的酒石酸，溶于无水甲醇并定容于 100 mL 容量瓶中作为储备液（含量为 4 mg·mL^{-1}，其中酒石酸为 8 mg·mL^{-1}）。用时稀释到 0.4 mg·mL^{-1}，并取其 100 mL 放入圆底烧瓶中，加入 15 mL 无水甲醇、1.5 mL 浓硫酸，在加热套中 150 ℃甲酯化 1 h 后，用 40 mL 20% NaCl 溶液把酯化液洗入分液漏斗中，用 24 mL 三氯甲烷（分 3 次）萃取有机酸，收集萃取液并在 KD 浓缩器上浓缩至 1 mL。

2. 样品的处理

（1）树脂的处理

将 717 阴离子树脂用蒸馏水充分清洗，然后再加 3～4 倍体积的盐酸溶液，缓慢搅拌 1～2 h，用蒸馏水洗至中性，再加氢氧化钠溶液，缓慢搅拌 1～2 h，再用蒸馏水洗至中性备用。

（2）分离富集有机酸

果汁中含有糖、氨基酸、色素等干扰物质，所以果汁中的有机酸需经分离并富集。取 15 mL 果汁于 100 mL 小烧杯中，加入 12 mL 处理过的阴离子树脂，振摇，使有机酸充分吸附在树脂上。将此树脂再装入直径为 1 cm，长度为 10 cm 的小玻璃柱中，用蒸馏水洗去糖、色素等杂质，用（NH$_4$）$_2$CO$_3$ 溶液洗脱有机酸，流速 8～9 滴/分，然后将洗脱液浓缩蒸干，加入适量硬脂酸为内标。

（3）有机酸的酯化

有机酸极性大，沸点高，一般先将酸甲酯化，再进行气相色谱分析，可以在较低的柱温下检测，且峰形比较对称。将富集后的有机酸加 15 mL 无水甲醇，1.5 mL 浓缩硫酸，在加热套中 110 ℃回流 1 h，进行甲酯化。将酯化后的样品转入盛有 30 mL 饱和食盐水的分液漏斗中，每成加 8 mL 氯仿，用往复式振荡抽提 4 次，合并抽提液，加入适量的无水硫酸钠，在 KD 浓缩器上浓缩为 1～2 mL，准备进样。

3. 有机酸的定性分析

（1）色谱柱

不锈钢柱 2 m×3 mm 内装 10% 聚二乙二醇丁二酸醋 Chormsobr-WHP 白色抗体 80~100 目在 180 ℃氮气流下老化 48 h。

（2）操作条件

气流：氮气 30 mL·min^{-1}、氢气 55 mL·min^{-1}、空气 600 mL·min^{-1}。

温度：柱温（以水银温度计为准）162 ℃、检测 200 ℃、汽化 210 ℃、灵敏度 10°，衰减 1/4。

（3）定性方法

将酯化好的样品注入气相色谱仪，根据各组分的相对保留时间与标准相对保留时间进行比较，定性分析各种有机酸。

4.有机酸的定量分析

有机酸的定量方法我们采用内标法，以硬脂酸作为内标。

【注意事项】

1.阴离子树脂通过盐酸和氢氧化钠处理后要用蒸馏水清洗干净。

2.有机酸的酯化温度不能过高和过低。

【思考题】

1.为什么使用阴离子交换树脂分离有机酸，而不使用阳离子交换树脂分离有机酸？

2.为什么分离有机酸后加硬脂酸作为内标？

实验5　气相色谱方法测定油漆稀料中苯类化合物

一、实验目的

1.学会利用气相色谱仪测定油漆稀料中苯类化合物的方法。

2.了解气相色谱仪测定苯类化合物使用中的安全常识。

二、实验原理

气相色谱仪是一种多组分混合物的分离、分析工具，它是以气体为流动相，采用冲洗法的柱色谱技术，当多组分的分析物质进入到色谱柱时，由于各组分在色谱柱中的气相和固定液液相间的分配系数不同，当汽化后的试样被载气带入色谱柱中运行时，组分就在其中的两相间进行反复多次的分配（吸附-脱附或溶解-释放），由于固定相对各组分的吸附或溶解能力不同（保留作用不同），因此各组分在色谱柱中的运行速度就不同，经过一定的柱长后，便彼此分离，顺序离开色谱柱进入检测器，经检测后转换为电信号送至色谱数据处理装置处理，从而完成了对被测物质的定性定量分析。

根据油漆材料的不同、施工时的温度和湿度环境不同，所用的油漆稀释剂的配方也不同。其主要包含三类：真溶剂——酯类或酮类；稀释剂——苯类物质；助溶剂——醇类物质。苯类化合物尤其是苯具有极大的毒性，对人的骨髓、细胞因子有着很大的损伤；高浓度的二甲苯具有较强的刺激作用，对人的中枢神经系统有麻醉作用；甲苯主要对人的肝、肾及神经系统有着损伤。通过气相色谱法对油漆稀料中苯类化合物进行定性测定，该测定方法具有试剂用量少、方法简单、周期短等优点。

样品的定量分析方法：

（1）色谱定量分析的依据

在一定操作条件下，分析组分 i 的重量（m_i）或其在载气中的浓度是与检测器的响应信号（峰高或峰面积）成正比的，可写作：$m_i = f_i A_i$。

这是色谱定量分析的依据。由此可见，定量分析中需要：①准确测量峰面积；②准确求出比例系数 f（定量校正因子）；③正确选用定量计算方法，将测得组分的峰面积换算为百分含量。

（2）校正因子的测量

校正因子有绝对校正因子和相对校正因子。

绝对校正因子 f_i 是指 i 物质进样量 m_i 与它的峰面积 A_i 或峰高 h_i 之比：

$$f_i = \frac{m_i}{A_i} \text{ 或 } f_i = \frac{m_i}{h_i} \tag{2-11}$$

只有在仪器条件和操作条件严格恒定的情况下，一种物质的绝对校正因子才是稳定值，才有意义。同时，要准确测定绝对校正因子，还要求有纯物质，并能准确知道进样量 m_i，所以它的应用受到限制。

相对校正因子是指 i 物质的绝对校正因子与作为基准的 s 物质的绝对校正因子之比。可以表示为：

$$f_{i/s} = \frac{f_i}{f_s} = \frac{m_i}{A_i} \times \frac{A_s}{m_s} \tag{2-12}$$

测定相对校正因子，只需配制 i 和 s 的质量比 m_i/m_s 为已知的标样，进样后测出它们的峰面积之比 A_s/A_i，即可计算出 $f_{i/s}$。

（3）外标法

用欲测组分的纯物质来制作标准曲线，以响应信号为纵坐标，以百分含量为横坐标绘制标准曲线，分析试样时进样量与绘制曲线时进样量相同。经色谱分析测得该样品的响应信号（如峰面积或峰高），再由所制的标准曲线上查得相应的含量值。

三、仪器与试剂

1.仪器

气相色谱仪（附氢火焰离子化检测器），氢气发生器，静音空压机，微量注射器（1 μL），具塞刻度试管（2 mL），活性炭采样管。

2.试剂

高纯氮（99.99%），苯，甲苯，二甲苯，二硫化碳，活性炭（20～40目）。

四、实验步骤

1.色谱仪的操作步骤

（1）开载气。

（2）开气相色谱仪。

（3）选择色谱条件，包括载气流速、气化室温度、色谱柱温度、检测器温度等。

（4）设定好色谱参数后加热。

（5）开氢气发生器和静音空压机，将氢气流量开关设为关闭状态。

（6）待恒温指示灯亮后，将氢气流量开关调为较大，点火后再调为设定值。

2.标准曲线的绘制

在 5.0 mL 容量瓶中，先加入少量二硫化碳，用 1 μL 微量注射器准确取一定量的标准物质注入容量瓶中，加入二硫化碳至刻度配成一定浓度的储备液。临用前取一定量的储备液用二硫化碳逐级稀释成苯类化合物，含量分别为 2.0 μg·mL^{-1}、5.0 μg·mL^{-1}、10.0 μg·mL^{-1}、50.0 μg·mL^{-1} 的标准液。取 0.5 μL 标准液进样，测量保留时间及峰面积。每个浓度重复 3 次，取峰面积的平均值。分别以苯类化合物的含量为横坐标，平均峰面积为纵坐标，绘制标准曲线，并计算回归线的斜率，以斜率的倒数 Bs 作为样品测定的计算因子。

3.样品的测定

将采样管中的活性炭倒入具塞刻度试管中，加入 1.0 mL 二硫化碳，塞紧管塞放置 1 h，并不时振摇。取 0.5 μL 进样，用保留时间定性，峰面积定量。每个样品做 3 次分析，求峰面积的平均值。同时，取一个未经采样的活性炭管按样品管同时操作，测量空白管的平均峰面积。

4.计算

计算样品中苯类化合物的浓度。

【注意事项】

1.使用热导池检测器因载气为氢气，尾气需要排到室外，否则会有爆炸的危险。

2.由于苯类化合物沸点低、易挥发，注意室内温度对称量的影响。

3.新色谱柱使用前必须老化，否则程序升温时基线不稳。

4.二硫化碳具有高毒性和易挥发性，使用时要防爆和防止中毒。

【思考题】

1.为什么需要绘制苯类化合物的标准曲线？

2.为什么求峰面积的平均值时样品做 3 次分析？

本章思考题
参考答案

第3章 高效液相色谱分析

高效液相色谱法（high performance liquid chromatography，HPLC）是20世纪60年代迅速发展起来的一种仪器分析法，是色谱法的一个重要分支。因其分离效能高、选择性好、检测灵敏度高、分析速度快等特点而广泛应用于化学化工、食品、轻工、农业、药学、环境保护等领域。

3.1 基本原理

高效液相色谱法采用高压输液泵，将液体流动相和样品溶液泵入色谱分离系统，不同组分因与固定相相互作用的强弱不同，在固定相中滞留的时间不同，从而得以被分离。色谱法利用组分的保留值进行定性分析，以色谱峰面积作为定量依据。现代高效液相色谱仪引入了微处理技术，自动化程度高，已成为分析工作者高效、功能齐全的分析检测工具。

3.1.1 色谱定性定量方法

3.1.1.1 色谱定性方法

（1）与标准物质保留值对照法

高效液相色谱的定性方法主要是标准物质保留值对照法。同一物质在相同的色谱条件下保留值相同（相一致），尤其是改变色谱柱或流动相组成的情况下，保留值仍然相同，基本上可以认定未知组分与标准物质是同一物质；也可以采用标准物质加入法，即直接将标准物质加入到试样中，如果未知组分的色谱峰增高，且在改变色谱柱或流动相组成后，仍能使该色谱峰增高，则可基本认定两者为同一物质。但当没有标准物质时，此法不适用。

（2）化学定性法

样品溶液经色谱分离后，分段收集各分离组分（制备色谱法），利用组分特有的鉴定反应进行定性分析。此法常用于官能团的鉴别。

（3）两谱联用定性法

两谱联用定性法一般分为离线联用定性和在线联用定性两种方法。

①离线联用定性法：通常将样品中某组分用液相制备色谱仪分离制备后，通过紫外

光谱、红外光谱、核磁共振谱、质谱等光谱分析进行定性和结构分析。

②在线联用定性法：联用仪一般是将高效液相色谱仪与光谱仪或质谱仪联机而形成的整体仪器。使用联用仪能给出样品的色谱图，同时又能快速地给出每个组分的光谱图或质谱图，并给出定性和定量的分析信息，是目前发展最快、应用也越来越广泛的分析方法。目前比较重要的联用仪器主要有液相色谱–质谱、液相色谱–质谱–质谱、液相色谱–光二极管阵列检测器、液相色谱–傅里叶变换红外光谱和液相色谱–核磁共振等联用仪。

3.1.1.2 色谱定量方法

色谱峰的峰面积与组分浓度间呈线性正相关关系，基于此，色谱法定量的依据是组分峰面积。常用的定量方法有外标法和内标法。

3.1.2 高效液相色谱法的主要类型

按组分在两相间分离机理的不同，可将高效液相色谱法分为液–固吸附色谱法、液–液分配色谱法（化学键合相色谱法）、离子色谱法、空间排阻色谱法等。

3.1.2.1 液–固吸附色谱法（liquid-solid adsorption chromatography）

液–固吸附色谱法是最古老最基本的一种分离类型，以具有高强吸附能力的活性固体，如硅胶、氧化铝、碳酸钙、活性炭为固定相，利用组分吸附作用的不同进行分离。液–固色谱法对具有中等分子量的脂溶性样品（如油品、脂肪、芳烃等）可获得最佳的分离。液–固色谱法的主要优点是柱填料价格便宜，对样品的负载量大，pH在$3\sim8$范围内固定相的稳定性较好。这些优点使得液固色谱法至今仍是大多数制备色谱分离中优先选用的方法。

3.1.2.2 液–液分配色谱法（liquid-liquid partition chromatography）

液–液分配色谱法的流动相和固定相都是液体，是根据组分在互不相溶（或部分互溶）的流动相和固定相中溶解度的不同而实现分离的方法。化学键合色谱法（chemically bonded phase chromatography）是在液–液分配色谱法的基础上发展起来的，将不同功能的有机基团通过化学反应的方法以共价键键合到固体载体表面，形成均一的、牢固的单分子薄层，解决了液–液分配色谱法固定液流失严重的问题，化学键合固定相对各种极性溶剂都有良好的化学稳定性和热稳定性。

3.1.2.3 离子交换色谱法（ion exchange chromatography）

离子交换色谱的固定相是离子交换剂，样品离子和离子交换剂上带电荷的活性交换基之间发生离子交换，样品中不同离子对离子交换剂的亲和力不同，相互作用强弱不同，在离子交换剂上滞留的时间不同，不同离子得以分离。因为pH值能影响样品分子的解离程度，从而影响它们与离子交换剂相互作用的强弱，据此，在离子交换色谱中，还可通过改变流动相的pH值来控制离子的保留值。

3.1.2.4　离子色谱法（ion chromatography）

离子色谱法的分离原理是基于待测离子与离子色谱柱上可离解的具有相同电荷的离子之间进行可逆交换时交换亲和力的强弱差异而被分离。一般通过测定待测离子的电导值来检测含量，适于亲水性阴、阳离子的分离。

3.1.2.5　离子对色谱法（ion pair chromatography）

离子对色谱法又称偶离子色谱法，是液-液分配色谱法的分支。它是根据被测组分离子与离子对试剂离子形成中性的离子对化合物后，在非极性固定相中溶解度增大，从而使其分离效果改善。被测组分保留时间与离子对性质、浓度、流动相组成及其 pH、离子强度有关。主要用于分析离子强度大的酸碱物质。

3.1.2.6　空间排阻色谱法（steric exclusion chromatography）

空间排阻色谱法采用具有一定孔径分布的多孔情性材料为固定相，依据组分分子大小（流体力学体积）不同而分离。当样品溶液随流动相流过色谱柱时，比固定相填料最大孔径还大的样品分子完全被排阻在填料之外，随流动相直接流出色谱柱；比填料最小孔径还小的分子扩散进入填料所有孔内，最后流出色谱柱，中等大小的分子可以进入填料的部分孔内，流出色谱柱的顺序居中。排阻色谱法可用来分离那些因溶解度、极性、吸附或离子特征无足够差异的高分子化合物。

3.1.3　高效液相色谱法的特点

3.1.3.1　分离效能高

由于新型高效固定相填料的使用，液相色谱填充柱的柱效可在 $2 \times 10^3 \sim 5 \times 10^4$ 块·m^{-1} 理论塔板数，远远高于气相色谱填充柱 10^3 块·m^{-1} 理论塔板数的柱效。

3.1.3.2　选择性好

由于液相色谱柱具有高柱效，并且流动相可以控制和改善分离过程的选择性。因此，高效液相色谱法不仅可以分析不同类型的有机化合物及其同分异构体，还可分析在性质上极为相似的旋光异构体，并已在高疗效的合成药物和生化药物的生产控制分析中发挥重要作用。

3.1.3.3　灵敏度高

在高效液相色谱法中使用的检测器大多数具有较高的灵敏度，如使用广泛的紫外吸收检测器，最小检出量可达 10^{-9} g；用于痕量分析的荧光检测器，最小检出量可达 10^{-12} g。

3.1.3.4　分析速度快

基于色谱法高效的分离特点，在仪器配置上使用了高压输液泵，液相色谱法分离时间大大缩短，通常分析一个样品需要 15～30 min，有些样品甚至在 5 min 内即可完成分析。

基于上述优势，高效液相色谱法的应用范围日益扩展。由于它使用了非破坏性检测器，样品被分离后，在大多数情况下，除去流动相即可实现对少量珍贵样品的回收，也可用于样品的纯化制备。

3.2 仪器部分

3.2.1 液相色谱仪基本构成

高效液相色谱仪由高压输液系统、进样系统、分离系统、检测系统、数据记录及处理系统五大部分组成。图3-1为高效液相色谱仪的结构简图。

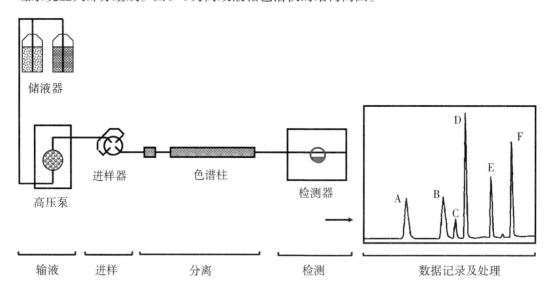

图3-1 高效液相色谱仪的结构简图

3.2.1.1 高压输液系统

高压输液系统的核心部件是高压输液泵，有气动泵和机械泵两种，目前应用最多的是柱塞式往复泵。为提高分析效率，现代色谱仪一般均会配备在线真空脱气机和流量精度较高的混合阀，组成高压输液系统。

3.2.1.2 进样系统

色谱法进样分手动进样和自动进样两种模式，进样方式可分为隔膜进样、阀进样两种。六通阀进样是目前普遍采用的一种进样方式。色谱分析要求进样装置体积小，保证中心进样，进样时色谱柱压力、流量波动小，重复性好，便于实现自动化等。

3.2.1.3 分离系统

分离系统的核心部件是色谱柱，柱技术是现代液相色谱发展的关键因素之一。柱材料常用不锈钢管、氟塑料、玻璃等，为提高分离效率和分析结果精密度，现代色谱仪通常会配备温控系统，实现从低于室温10 ℃至80 ℃柱温的精确控制，对凝胶渗透色谱仪，其柱温可从室温至150℃实现精确控温。

3.2.1.4　检测系统

检测系统主要用于检测经色谱柱分离后组分浓度的变化，检测器的性能直接关系着定性定量分析结果的可靠性和准确度。目前常用的检测器有示差折光检测器（DRD）、紫外吸收检测器（UVD）、荧光检测器（FD）、蒸发光散射检测器（ELSD）、电导检测器（ELCD）等，检测器的选择取决于被测组分的性质。

3.2.1.5　数据记录及处理系统

现代高效液相色谱仪多用计算机控制整个仪器的运转，同时计算机也是色谱数据的记录机和处理机。此系统将检测器产生的各类响应信号转化为电信号，并以色谱图的方式记录并显示，利用色谱工作站进行数据分析和处理。

3.2.2　离子色谱仪及其操作

离子色谱法是利用被测物质的离子性质，进行分离和测定的液相色谱法。按照分离机理可分为离子交换色谱法（ion exchange chromatography，IEC）、离子排斥色谱法（ion chromatography exclusion，ICE）和离子对色谱法（ion pair chromatography，IPC）。

离子交换色谱法是基于固定相表面离子交换基团与流动相中溶质离子、淋洗离子之间可逆交换的色谱方法。该方法主要用于有机和无机离子的分离。例如以NaOH作为淋洗液（流动相），分析水中的F^-、Cl^-、SO_4^{2-}等阴离子。首先，淋洗液提供OH^-基与固定相表面离子交换基团（一般为季铵基，R_4N^+）以库仑力结合，从而平衡阴离子交换柱。进样之后，样品中F^-、Cl^-、SO_4^{2-}等阴离子与流动相中淋洗离子OH^-竞争固定相上的交换位置（R_4N^+）。由于所带电荷、离子半径不同，不同离子与固定相表面离子交换基团之间的库仑力不同。随着流动相的运动，样品离子在固定相上不断被洗脱、吸附，经反复多次分配，原本微小的库仑力差异被放大，使得各个组分分离，达到分析和测定的目的。由于样品离子与固定相功能基团的库仑力大小为$F^- < Cl^- < SO_4^{2-}$，因此各个组分的保留时间顺序为：$F^- < Cl^- < SO_4^{2-}$。

离子排斥色谱法常用于无机、有机弱酸以及短碳链醇、醛的分析。离子排斥色谱法常用的色谱柱是具有较高交换容量的全磺化交联聚苯乙烯阳离子交换剂，树脂表面为磺酸根阴离子，这一层负电荷对阴离子有排斥作用，即Donnan排斥效应。我们把固定相表面的这层电荷层假想成Donnan膜，此膜将固定相颗粒及其微孔中吸留的液体与流动相隔开。由于Donnan膜只允许非离子性化合物通过，因此只有非离子性化合物才能进入树脂内的溶液中，从而在固定相上保留，保留值大小取决于非离子性化合物在树脂内溶液和树脂外溶液间的分配系数。

离子对色谱常用于表面活性剂、药物成分、糖类的分析。离子对色谱的固定相一般采用低极性的十八烷基或八烷基键合硅胶。离子对色谱的分离机理是通过在流动相中加入一种与溶质离子电荷相反的离子对试剂，使之与溶质离子形成中性的疏水性化合物，中性疏水性化合物在固定相与流动相间不断吸附、洗脱，从而实现样品组分分离。离子对色谱基本可以采用反相HPLC的分离体系。

离子色谱仪与HPLC仪器一样，也是先制作成一个个单元组件，然后根据分析要求将各个单元组件组合起来。离子色谱仪最基本的组件包括：高压输液泵、进样器、色谱柱、检测器和数据记录系统。

3.2.2.1　高压输液泵

高压输液泵是离子色谱仪的动力源，其功能是将流动相以稳定的流速或压力输送至色谱系统。高压输液泵的稳定性直接关系到分析结果的准确度和精密度。输液泵按照输出液恒定的因素分为恒压泵和恒流泵。恒压泵的泵出口压力维持不变，当体系阻力变化时，流量会自动增加或减小流量以维持压力的恒定。恒流泵的泵出口流量维持不变，当体系阻力变化时，压力会自动增加或减小压力以维持流量的恒定。对于离子色谱仪来说，流动相的流量稳定更为重要，因此一般选用恒流泵。离子色谱仪输液泵的最大流量一般为 $5\sim10$ mL·min^{-1}，一般分析工作，流动相的流量在 $0.5\sim2$ mL·min^{-1}。

输液泵按照工作方式分为气动泵和机械泵两大类。机械泵中又有螺旋传动注射泵、单柱塞往复泵、双柱塞往复泵和隔膜往复泵。几种输液泵的性能比较见表3-1。

表3-1　几种输液泵性能比较

名　称	恒流或恒压	脉冲	梯度洗脱	再循环	价格
气动放大泵	恒压	无	需两台泵	不可	高
螺旋传动注射泵	恒流	无	需两台泵	不可	中等
单柱塞往复泵	恒流	有	可	可	较低
双柱塞往复泵	恒流	小	可	可	高
隔膜往复泵	恒流	有	可	可	中等

3.2.2.2　脱气装置

流动相中常会因溶解空气而形成肉眼难以察觉的气泡，这些气泡一旦流入色谱仪，往往会导致柱压不稳、基线漂移、色谱图中出现尖刺等问题，更严重的是这些气泡一旦流入色谱柱，往往很难排出。因此，为了防止上述情况发生，流动相在流入管路前，必须进行脱气操作。常用的脱气装置包括超声波脱气、真空脱气以及惰性气体脱气。其中，超声波脱气与真空脱气往往联用，以达到更好的脱气效果。

3.2.2.3　进样器

进样器是将样品溶液定量引入色谱系统的装置，分为自动和手动两种方式。目前最常用的手动进样器是六通阀进样器，进样体积由定量环确定，常用的是10 μL、20 μL和50 μL体积的定量环，如图3-2所示。

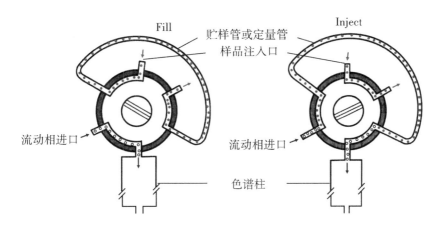

图3-2　六通阀进样过程示意图

3.2.2.4　色谱柱

色谱柱是实现分离的核心部件。色谱柱的填料由基质和功能基团两部分组成。基质由几微米到数十微米的球形颗粒组成，具有一定的刚性，能承受一定的压力。基质的制备原料主要有硅胶和有机聚合物。常用的功能基团主要是能解离出 H^+ 的磺酸基、羧酸基和磷酸基；能解离出 OH^- 的季氨基。基质表面的功能基团能解离出阳离子（H^+），与样品中阳离子进行交换，这样的填料称为阳离子交换剂；基质表面的功能基团能解离出阴离子（OH^-），与样品中阴离子进行交换，这样的填料称为阴离子交换剂。

3.2.2.5　柱温箱

柱温箱是保持色谱柱、电导池和抑制器恒温的装置，一般可在20 ℃～60 ℃范围内保持恒温。

3.2.2.6　检测器

检测器是用来检测经色谱柱分离后流出物的组成和含量变化的装置。现有的检测器可以分为两种类型：溶质性质检测器，即只对被分离组分的物理或化学性质有响应，如紫外、荧光、电化学检测器等；总体性质检测器，即对试样和流动相中的物理或化学性质有响应，如示差折光检测器、电导检测器等。电导检测器对所有离子都有响应，是离子色谱中应用最广泛的检测器。

3.2.2.7　抑制器

抑制器的作用是将流动相中高电离的淋洗离子转化为低电离的分子，从而降低淋洗液的高本底电导，提高电导检测器的灵敏度。

为了解决传统的抑制柱需要定期再生（通常为8～10 h）的问题，研究者发展了微膜抑制器、自动再生抑制器。

3.2.2.8　数据处理系统与自动控制单元

数据处理系统是将检测器采集得到的数据通过一系列处理转化为色谱图，数据处理系统可实现数据的自动采集、处理和保存，当设置好操作参数和分析条件时，可自动给出最终分析结果。自动控制单元将部件与计算机连接起来，通过在色谱软件上给出指令，实现整个分析系统的自动控制。

实验6　高效液相色谱柱效能的测定与评价

一、实验目的

1.了解高效液相色谱法的基本原理。
2.初步掌握高效液相色谱仪的基本构造及基本操作。
3.学习色谱柱效能的评价和分离度的测定方法。

二、实验原理

高效液相色谱法应用范围比气相色谱法更广，特别适于沸点高、难挥发和热稳定性差的化合物，通过调节流动相的试剂种类和组成可以有效改善分离，提高分析方法的选择性。

色谱柱的分离效能可以定量地用塔板数 n 评价：

$$n = 5.54(\frac{t_R}{W_{1/2}})^2 = 16(\frac{t_R}{W})^2 \tag{3-1}$$

式中：t_R 为保留时间；$W_{1/2}$ 为半峰宽；W 为峰宽。

速率理论及范·弟姆特方程式对于研究影响高效液相色谱柱效的各种因素同样具有指导意义：

$$H = A + \frac{B}{u} + Cu \tag{3-2}$$

式中：H 为塔板高度，A 为涡流扩散项，B 为分子扩散项，u 为线速度，C 为传质阻力项。

在现代液相色谱中，传质阻力项（C）是影响柱效的主要因素。提高柱内填料的均匀度、减小粒度，均能加快传质速率，提高柱效；装填技术也会直接影响色谱柱的分离效能。除此之外，进样器、柱前连接管死体积，柱后连接管、检测器流通池死体积，流动相组成和流速，色谱柱使用时长等因素均会影响柱效能。

甲苯、萘、联苯性质不同，在色谱柱中保留时间不同，通过计算色谱峰的理论塔板数以及各个组分间的分离度评价色谱柱的效能。

三、仪器与试剂

1.仪器

高效液相色谱仪（Agient1100或1260，配紫外检测器），色谱柱（250 mm×4.6 mm，

5 μm，C$_{18}$柱），50 μL微量进样针。

2.试剂

甲醇（色谱纯），甲苯、萘、联苯（分析纯）。

3.色谱条件

流动相：甲醇：水 =85：15（V/V）；流速 0.5 mL·min^{-1}；检测波长 254 nm；柱温 30 ℃；进样量 20 μL。

四、实验步骤

1.配制1.0 mg·mL^{-1}标准储备液：分别准确称取甲苯、萘、联苯各0.01 g，甲醇溶解并定容至10 mL，配成1.0 mg·mL^{-1}储备液。

2.配制0.1 mg·mL^{-1}混合标准溶液：分别取1.0 mg·mL^{-1}甲苯、萘、联苯标准储备液各1.0 mL，混合，用甲醇稀释，定容至10 mL，0.45 μm滤膜过滤。

3.开机，按色谱条件设置分离参数，待基线稳定后，对混合标准溶液进行色谱分析，进样2次，记录色谱图。

4.实验结束，清洗色谱系统，按操作规程关机。

五、数据处理

记录各组分的保留时间、峰宽、半峰宽，计算各自对应的理论塔板数及各峰间的分离度（表3-2）。

表3-2　计算各自对应的理论塔板数及各峰间的分离度

组　分	实验号	t_R/ min	$W_{1/2}$/ min	W/ min	n/塔板·m^{-1}
甲苯	1				
	2				
	均值				
萘	1				
	2				
	均值				
联苯	1				
	2				
	均值				

$$R = \frac{t_{R2} - t_{R1}}{(W_1 + W_2)/2} = \frac{2(t_{R2} - t_{R1})}{W_1 + W_2}$$

式中：t_{R1}、t_{R2}分别为相邻两个组分的保留时间，W_1、W_2分别是两个色谱峰的峰宽，R为分离度。

【注意事项】

1.甲苯、萘和联苯都具有毒性，实验过程中戴好手套，防止液体沾染皮肤。

2.流动相在线脱气，流动相和样品溶液进入色谱系统前必须用滤膜过滤，防止固体颗粒进入色谱系统。

3.微量进样针要用待测溶液润洗，进样前要排除气泡。

4.实验结束时，色谱系统要保持在纯甲醇中。

【思考题】

1.为什么本色谱分离中，出峰顺序为甲苯、萘和联苯？用什么方法验证这个出峰顺序？

2.实验计算出的各组分理论塔板数的数据大小的含义是什么？

3.本实验中为何选择254 nm作为检测波长？

4.如何才能延长色谱柱的使用寿命？

实验7　反相高效液相色谱法测定马铃薯叶中的茄尼醇

一、实验目的

1.掌握高效液相色谱仪的基本原理和使用方法。

2.了解反相液相色谱法分离非极性、弱极性化合物的基本原理。

3.掌握高效液相色谱进行定性和定量分析的方法。

二、实验原理

茄尼醇（solanesol）是一种不饱和的聚异戊二烯醇，属三倍半萜醇，是一种很重要的医药中间体，可用作合成维生素 K 及辅酶 Q10 的原料，还可作为某些抗过敏药、抗溃疡药、降血脂药和抗癌药物的合成原料。茄尼醇被发现主要存在于茄科植物中，例如马铃薯叶、烟叶、番茄叶等，以乙醇为提取剂，采用微波辅助法从马铃薯茎叶中提取茄尼醇，用反相液相色谱法在211 nm处测定样品中的茄尼醇。图3-3 为茄尼醇（九聚异戊二烯伯醇）结构式。

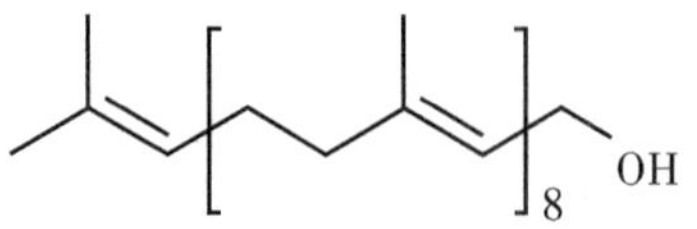

图3-3　茄尼醇（九聚异戊二烯伯醇）结构式

三、仪器与试剂

1.仪器

安捷伦1100高效液相色谱仪；C_{18}柱（4.6 mm×150 mm，5 μm），紫外检测器；微波萃取器，溶剂过滤器，超声清洗器；棕色螺纹口样品玻璃瓶，棕色容量瓶（500 mL、50 mL、10 mL），移液管（2 mL）；0.45 μm滤膜，一次性针式过滤头。

2.试剂

茄尼醇标准品，色谱纯甲醇、乙醇，提取溶剂乙醇（质量浓度≥95%），高纯水，马铃薯叶。

3.色谱条件

XDB-C_{18}色谱柱（4.6 mm×150 mm，5 μm）。流动相：甲醇：乙醇=45：55（V/V），等度洗脱。流速：1.0 mL·min^{-1}。柱温：35 ℃。检测波长：211 nm。进样量：20 μL。

四、实验步骤

1.配制标准储备液

准确称取茄尼醇标准品10 mg，用甲醇溶解，于50 mL棕色容量瓶中定容，摇匀，得茄尼醇质量浓度0.2 mg·mL^{-1}的标准储备液，避光，4 ℃保存。

2.制备样品溶液

采用微波辅助法制备样品溶液。取真空干燥后的马铃薯叶片粉碎过60目筛，准确称取200 g马铃薯叶粉末置于微波提取器中，再加入1 600 mL乙醇（质量浓度≥95%），于55 ℃、微波功率450 W、搅拌速度200 r·min^{-1}的条件下提取20 min，提取完成后冷却，真空抽滤，抽滤后再向滤渣中加入相同体积的乙醇，同一条件下提取3次，最后用500 mL乙醇溶剂洗涤滤渣，合并，混匀提取液，浓缩，定容，置于棕色瓶中，避光4 ℃保存。

3.绘制标准曲线

准确吸取标准储备液0.5 mL、1.0 mL、2.0 mL、4.0 mL、6.0 mL、8.0 mL、10.0 mL置于10 mL棕色容量瓶中，甲醇定容，得浓度为10 μg·mL^{-1}、20 μg·mL^{-1}、40 μg·mL^{-1}、80 μg·mL^{-1}、120 μg·mL^{-1}、160 μg·mL^{-1}、200 μg·mL^{-1}的系列标准溶液，0.45 μm滤膜过滤，按照实验色谱条件，分别取系列标准溶液进样分析，每样重复2次，取平均值。以茄尼醇的峰面积对浓度进行线性回归，得到标准曲线方程。

4.测定样品溶液

吸取样品溶液1 mL，0.45 μm微孔滤膜过滤，逐一进行测定。

5.关机

结束测样后，100%高纯水冲洗流路20 min，逐渐增大甲醇占比，最终以100%甲醇饱和色谱柱10 min，退出化学工作站，关闭电脑和仪器各模块电源。

五、数据处理

1.记录实验过程的相关参数和数据（表3-3），利用化学工作站进行数据分析和处理。

2.定性分析：本实验采用绝对保留时间进行定性分析。测定已知标准物质的保留时间，当待测组分的保留时间在已知标准物质的保留时间预定的范围内即被鉴定。

3.定量分析：本实验采用外标法进行定量分析。

表3-3 记录实验过程的相关参数和数据

浓度	10 /μg·mL⁻¹	20 /μg·mL⁻¹	40 /μg·mL⁻¹	80 /μg·mL⁻¹	120 /μg·mL⁻¹	160 /μg·mL⁻¹	200 /μg·mL⁻¹
峰面积	1	1	1	1	1	1	1
	2	2	2	2	2	2	2
	均值	均值	均值	均值	均值	均值	均值
标准曲线方程							

【注意事项】

1.流动相使用前必须过滤，不要使用存放多日的去离子水（易滋生细菌）。

2.标准溶液和样品溶液一定要存储在棕色瓶中，并注意避光，否则将造成茄尼醇见光分解，影响实验结果的准确度和精密度。对于手动进样器，当使用缓冲溶液时，实验结束后还要用水冲洗进样口，同时扳动进样阀数次，每次20 μL。

3.色谱柱长时间不用，柱内应充满溶剂后存放，两端封死。

4.分离时注意观察柱压，若柱压很高，应检查液路和泵系统是否堵塞，及时更换试剂过滤头和泵上的过滤包头。

5.保护检测器的光源，不检测时可暂时关闭光源以延长灯的使用寿命。

【思考题】

1.茄尼醇为什么可以用紫外检测器进行检测？

2.说明外标法进行色谱定量分析的优点和缺点。

3.如何保护液相色谱柱？

实验8 反相高效液相色谱法测定饮料中的咖啡因

一、实验目的

1. 掌握液相色谱法定性定量分析的原理。
2. 了解高效液相色谱仪的基本构造。
3. 熟悉高效液相色谱仪的操作规程。

二、实验原理

咖啡因是一种天然化合物，主要存在于咖啡豆、可可豆和茶叶中，咖啡中含量为 $1.2\%\sim1.8\%$，茶叶中为 $2.0\%\sim4.7\%$。咖啡因是一种中枢神经兴奋剂，化学名称是 1，3，7-三甲基黄嘌呤（图3-4），常作为添加剂存在于多种饮料中。本实验采用反相高效液相色谱法，以 C_{18} 键合相色谱柱分离饮料中的咖啡因，用紫外检测器进行检测，保留值定性，峰面积定量（外标法）。

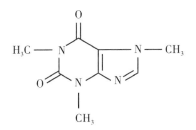

图3-4 咖啡因结构式

三、仪器与试剂

1. 仪器

高效液相色谱仪（Agilent1100或1260系列），UV检测器（254 nm）；色谱柱ODS（n-C_{18}）柱；微量进样器50 μL；容量瓶，移液枪。

2. 试剂

咖啡因标准品，待测饮料，甲醇（色谱纯），高纯水。

3. 色谱条件

甲醇：水（90：10，V/V）。流速：$1.0\ mL\cdot min^{-1}$。T=25 ℃。检测波长：254 nm。

四、实验步骤

1. 配制咖啡因标准溶液：准确称取25 mg咖啡因，超纯水溶解，100 mL容量瓶定容，作为储备液。移液管准确移取准确量储备液，用超纯水稀释，配制成浓度为 25 μg·mL⁻¹、50 μg·mL⁻¹、75 μg·mL⁻¹、100 μg·mL⁻¹、125 μg·mL⁻¹ 系列标准溶液，以 0.22 μm 滤膜过滤，待用。

2.打开电脑，按仪器操作规程设置色谱仪运行参数，打开各模块电源，设定色谱条件，基线稳定后，开始进样。

3.将进样阀转至装载位（LOAD），用微量进样器取 20 μL 浓度最低（25 μg·mL⁻¹）的标准样，注入进样阀中。

4.转动进样阀从装载位（LOAD）至进样位（INJECT），仪器开始记录，当最低浓度咖啡因标准溶液的色谱峰出峰完成后，按3～4步骤连续操作2次，使最低浓度的标准溶液获得3个色谱图。

5.按标准溶液浓度增加的顺序，重复3～4步骤操作，使每一个浓度的标准溶液均获得3个色谱峰面积数据。

6.用一次性针式过滤头过滤饮料试液，置于样品瓶中，按3～4步骤操作进样分析。（咖啡因浓度过大的饮料可适当稀释）。

五、数据处理

1.定性分析

以保留时间定性。以咖啡因标准溶液的保留时间为依据，找到并标出待测试液色谱图中咖啡因的色谱峰。

2.定量分析

用峰面积（峰高）定量。用系列标准溶液的峰面积对浓度作图，求得标准曲线，将待测试液色谱图中咖啡因的色谱峰面积带入标准曲线方程求得咖啡因含量。

【注意事项】

1.凡是进入到液相色谱仪中的液体必须经过滤膜过滤。

2.进样速度不一致导致的数据精密度不好：进样后要等流动相将进样环中的样品溶液全部冲出后再旋转进样阀门，也可在进第二针前再将进样阀旋转至装载位（LOAD）。

3.出现"鬼峰"："鬼峰"产生的两个主要原因是气泡进入检测池或者色谱柱中吸附的前样品成分流出。解决的办法是充分脱气，以现用流动相充分进行柱平衡，同时进样时保证微量进样器中不吸入空气。

4.以硅胶作为载体的化学键合填充剂的稳定性受流动相pH值的影响，使用时应详细阅读该柱的说明书，在规定的pH值范围内使用。使用时可在泵与进样器之间连接一硅胶柱，以保护分析柱。当使用高pH值或含盐的流动相时，应尽可能缩短使用时间，用后立即冲洗。

【思考题】

1.解释用反相高效液相色谱法测定咖啡因的理论基础。

2.在本实验中，可否用峰高 h 代替峰面积定量？为什么？

3.能否用离子交换柱测定咖啡因，为什么？

实验9 柱前衍生高效液相色谱法测定 山黧豆中的 β-ODAP

一、实验目的

1.了解高效液相色谱的基本原理。

2.初步掌握高效液相色谱仪的使用方法。

3.掌握柱前衍生高效液相色谱法测定氨基酸基本原理和方法。

二、实验原理

在组成蛋白质的 20 种常见氨基酸中，除了酪氨酸、苯丙氨酸和色氨酸残基的含有共轭基团苯环在紫外区有吸收外（在 280 nm 左右），其余 18 种均没有紫外吸收，因此，一般在用 HPLC（配置紫外检测器）检测其含量前，给分子引入共轭双键体系，这一分析方法称柱前衍生法，在氨基酸分析中广泛应用。

β-ODAP（图 3-5），是山黧豆中的一种重要的非蛋白氨基酸，与三七中的三七素为同一种次生代谢物，具有止血、兴奋神经、抗菌等生物活性。自20世纪60年代和80年代在山黧豆等豆类和三七等植物中分别发现 β-ODAP 以来，科研工作者建立了多种检测方法，柱前衍生高效液相色谱法是目前应用最广泛的方法。本实验以 2，4-二硝基氟苯（2，4-dinitrofluorobenzene，FDNB）为衍生试剂，在 β-ODAP 分子中引入在紫外区有强吸收的苯环（图 3-6），大大提高了方法的灵敏度。

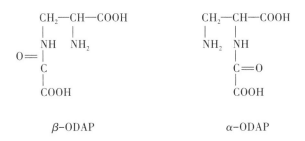

β-ODAP α-ODAP

图 3-5 β-ODAP 及其异构体 α-ODAP

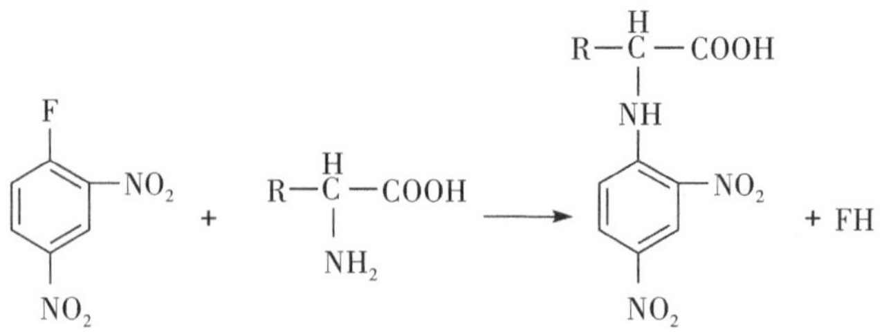

图 3-6 氨基酸与 FDNB 的反应

三、仪器与试剂

1. 仪器

Agilent 1100 液相色谱仪，Luna-C$_{18}$ 色谱柱（4.6 mm×250 mm，5 μm），紫外检测器。

2. 试剂

ODAP 标准品（兰州大学实验室分离提纯，含 75.8% β-ODAP 和 24.2% α-ODAP，以 NaHCO$_3$ 溶液溶解，4 ℃冷存）；2，4-二硝基氟苯（AR），以乙腈配成 10.00 mg·mL^{-1} 的溶液；乙腈（色谱纯）；NaHCO$_3$ 溶液（0.5 mol·L^{-1}）；磷酸盐缓冲溶液（PBS：Na$_2$HPO$_4$-KH$_2$PO$_4$，pH 6.9）；HAc-NaAc 缓冲溶液（pH 4.5）；山黧豆样品。

3. 色谱条件

色谱柱：Luna-C$_{18}$。流动相：乙腈-HAc-NaAc 缓冲溶液（17:83，V/V）。流速：1.00 mL·min^{-1}。柱温：40 ℃。检测波长：360 nm。进样量：20 μL。

四、实验步骤

1. β-ODAP 的衍生化反应

准确吸取一定量 ODAP 标准溶液，加入相应体积的 FDNB 衍生试剂，于 60 ℃恒温水浴 30 min，取出，放至室温。用移液器吸取不同体积的标准品衍生液，以 PBS 缓冲液定容至 1 mL，配制 0.40 μg·mL^{-1}～1.2 mg·mL^{-1}（以 ODAP 浓度计）9 个浓度系列的标准品衍生液，0.22 μm 滤膜过滤。

2. 样品溶液的制备

准确称取山黧豆的根、茎、叶、种子各 1 g（平分 3 份），置于 -20 ℃下冷冻，后置于 -20 ℃下预先冷冻过的研钵中，加 7.00 mL 30% 乙醇，加石英砂研磨至匀浆；静置，取 1.50 mL 上清液，-4 ℃下冷冻离心，准确移取 1.00 mL 上清液置离心管中，于 60 ℃恒温真空干燥至干，加入 NaHCO$_3$ 溶液 100 μL，漩涡混合器震荡，使其完全溶解；加入 10.00 mg·mL^{-1} FDNB 衍生试剂 100 μL，60 ℃恒温水浴 30 min，取出，放至室温，加入 PBS 缓冲溶液 800 μL，以 NaHCO$_3$ 溶液定容至 1 mL，0.22 μm 滤膜过滤，待测。

3. 色谱柱平衡

在色谱仪的三个贮液瓶（A、B、C）中分别装入乙腈、去离子水和过渡的 17% 乙腈（用0.1 M，pH=4.4的NaAc-HAc配制）。色谱柱先用90%乙腈冲洗10 min后，逐渐调整乙腈和水的比例，使乙腈的比例达到20%（至少需20 min完成），最后用17%乙腈平衡30 min直至基线平直。

4.绘制标准曲线

将进样阀转至装载位（LOAD），用微量进样器取20 μL浓度最低（0.40 μg·mL⁻¹）的标准样，注入进样阀中。转动进样阀从装载位（LOAD）至进样位（INJECT），仪器开始记录，当最低浓度标准溶液的色谱峰出峰完成后，按此步骤连续操作2次，使最低浓度的标准溶液获得3个色谱图。按标准溶液浓度增加的顺序，重复前述步骤操作，使每一个浓度的标准溶液均获得3个色谱峰面积数据。

5.样品分析

用一次性针式过滤头过滤山黧豆样品衍生试液，置于样品瓶中，按绘制标准曲线的步骤进样分析。

6.冲洗色谱系统

样品分析结束后，按纯水→20%乙腈→90%乙腈的顺序清洗色谱系统，最后一个浓度冲洗至少30 min然后按顺序关机。

五、数据处理

1.标准曲线绘制

在选定的色谱条件下，以逐级稀释的β-ODAP标准溶液为分析对象进行液相色谱测定。不同浓度的衍生物色谱图如图3-7、3-8所示。以β-ODAP浓度为横坐标，吸收峰面积为纵坐标（单位为mAU）作图，得到标准曲线和对应曲线方程。

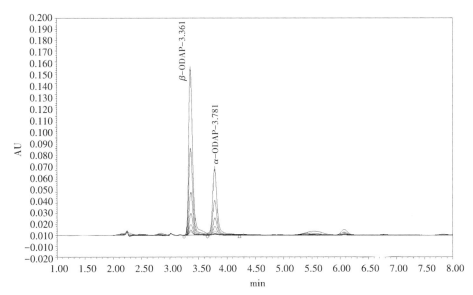

图3-7 ODAP标准品与2，4-二硝基氟苯衍生物色谱图

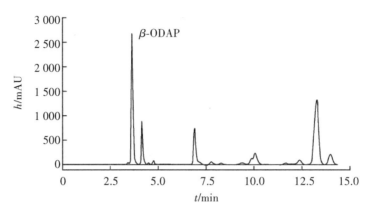

图3-8 山黧豆种子萃取物与2,4-二硝基氟苯衍生物的色谱图

2.β-ODAP含量计算

通常将不同样品色谱图中β-ODAP的面积代入标准曲线方程中，求出不同样品中β-ODAP的含量。

【注意事项】

1.样品溶液中β-ODAP的含量应在配制的系列标准溶液浓度的范围内。一般可通过调整标准溶液的浓度范围或适当准确稀释样品溶液达到此目的。

2.不能用纯乙腈作为流动相，这样会使单向阀粘住而导致泵不进液。

3.衍生化后的样品溶液一定要进行过滤。

【思考题】

1.什么是反相色谱柱？用此类柱分析时，不同极性物质被洗脱出的顺序如何？

2.除了本实验中的方法，氨基酸的微量分析还有哪些方法，其原理是什么？

3.以本实验为例，说明作标准曲线时如何确定适宜的"吸光度值-浓度"呈线性关系的氨基酸浓度范围。

实验10 高效液相色谱法同时测定苦荞皮中 芦丁和槲皮素的含量

一、实验目的

1.学习梯度洗提的操作方法。

2.进一步熟悉高效液相色谱仪的操作规程。

3.学习基于单点校正的外标定量方法。

4.了解单点校正与标准曲线法的优、缺点。

二、实验原理

液相色谱法中梯度洗脱的流动相由几种不同极性的溶剂组成，按一定的程序改变流动相中各溶剂组成的比例，从而改变流动相的极性，使每个流出的组分都有合适的容量因子 k 和选择性因子 α，使样品中的所有待测组分可在最短时间内实现最佳分离。梯度洗脱特别适合组分极性差异较大的复杂试样的分析。

黄酮类化合物泛指两个具有酚羟基的苯环通过中间三个碳原子相互连接而成的一系列化合物的总称，是具有C6-C3-C6结构的一类化合物。黄酮类化合物广泛存在于植物中，具有多种药理活性。芦丁和槲皮素是较常见且在植物中含量较高的黄酮类化合物，其结构式如图3-9所示。

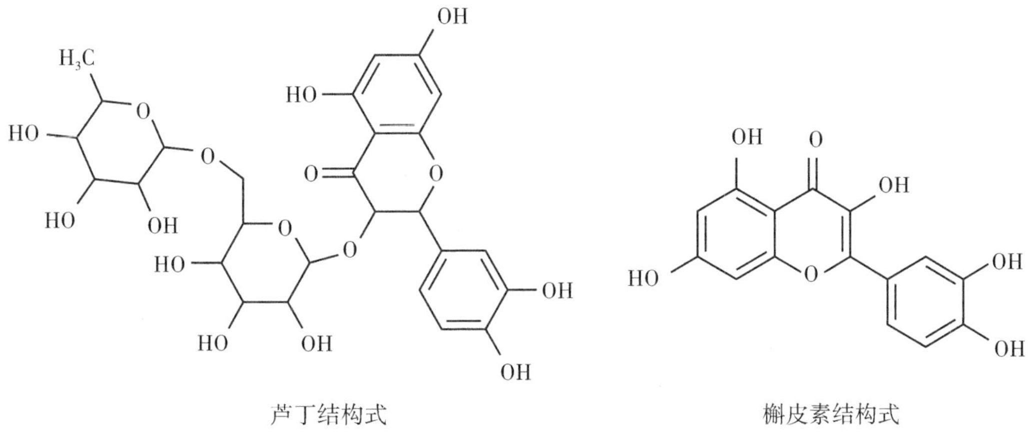

芦丁结构式   槲皮素结构式

图3-9 芦丁和槲皮素的结构式

现代医学证实，苦荞麦具有较高的药用价值，主要活性成分为黄酮类化合物，苦荞皮作为苦荞制粉过程中的副产物，亦富含黄酮类化合物，可作为一种廉价而丰富的总黄酮提取材料，芦丁和槲皮素在其中的含量均较高。由于芦丁和槲皮素极性差异较大，采用高效液相色谱法同时测定其含量时，等度洗脱难以使两者同时获得理想的容量因子和分离度。本实验以苦荞麦皮为原料，采用梯度洗脱法对超声波辅助提取法提取的芦丁和槲皮素进行色谱分离，同时采用单点校正外标法对其含量进行测定。单点校正外标法是先配制一个与待测溶液中芦丁和槲皮素含量接近的标准溶液，定量进样，标准溶液中组分（浓度为 c_0）的峰面积为 A_0，待测溶液中对应组分的峰面积 A_i，按下式计算待测组分的浓度 c_i。

$$c_i = \frac{A_i}{A_0} c_0 \tag{3-3}$$

三、仪器与试剂

1.仪器

高效液相色谱仪，C_{18}色谱柱（4.6 mm×250 mm，5 μm）；微波萃取器；超声波清洗器；旋转蒸发器；微量进样器（50 μL）。

2.试剂

芦丁、槲皮素标准品（纯度>98%），磷酸（分析纯），甲醇、乙腈（色谱纯），乙醇（分析纯），超纯水。

四、实验步骤

1.配制标准储备液

分别准确称取减压干燥至恒重的芦丁、槲皮素标准品各5 mg，甲醇溶解，定容至50 mL，得质量浓度为100 μg·mL⁻¹标准储备液，4 ℃冷藏。

配制系列标准溶液：在初步试验的基础上，依据苦荞皮中芦丁和槲皮素的大致含量，准确吸取适量标准储备液，混合，以甲醇为稀释剂，配制标准系列溶液，使样品中芦丁和槲皮素的含量在系列标准溶液浓度范围的中间，过0.22 μm滤膜。

2.制备样品溶液

取干燥过的苦荞皮，打成细粉，过60目标准筛，准确称取6.0 g苦荞皮粉置于250 mL具塞锥形瓶中，准确加入65%（*V/V*）的乙醇溶液100 mL浸泡24 h，在50 ℃、超声功率300 W下超声提取30 min，取上清液用0.22 μm滤膜过滤作为待测液。

3.绘制标准曲线

设定色谱运行参数。乙腈-0.2%磷酸水溶液为流动相。线性梯度洗脱：0～20 min，18%乙腈～40%乙腈；20～25 min，40%乙腈。流速：1.0 mL·min⁻¹。检测波长：360 nm。柱温：25 ℃；进样量：20 μL。

以流动相梯度洗脱初始比例进行柱平衡（至少30 min），待基线平直时即可进样。吸取最小浓度的混合标准溶液20 μL进样，采集色谱数据，25 min后结束数据采集。按浓度由小到大的顺序逐一进样，每次结束数据采集后均需用初始比例流动相平衡系统至基线平直。

4.测定样品溶液

按照标准溶液进样方法取20 μL待测溶液进行样品分析，结束后以乙腈和超纯水清洗流路。

5.关机

实验结束后按仪器操作规程关闭仪器。

五、数据处理

1.本实验也可采用单点校正外标法计算苦荞麦皮中芦丁和槲皮素的含量，即配制一个与苦荞待测溶液中芦丁和槲皮素含量接近的标准溶液，定量进样，标准溶液中组分（浓度为c_0）的峰面积为A_0，待测溶液中对应组分的峰面积A_i，按下式计算待测组分的浓度c_i。

$$c_i = \frac{A_i}{A_0}c_0$$

2.绘制标准曲线。在Excel中以峰面积对浓度作图，绘制标准曲线，得到相关系数和标准曲线方程。

3.计算样品溶液中芦丁和槲皮素含量，换算出苦荞皮中芦丁和槲皮素的质量百分含量。

【注意事项】

1.为了获得良好结果，样品和标准溶液的进样量要严格保持一致。

2.以六通阀进样时，微量注射器中进样溶液的体积应该是定量环的4～6倍，满刻度进样以保证进样准确性和重现性。

3.流动相流速的升降和组成的改变要逐步进行。

【思考题】

1.液相色谱中的梯度洗脱和气相色谱中的程序升温法相比有何异同点？

2.单点校正法与标准曲线法相比，有何优缺点？

实验11　水样中苯酚的测定

一、实验目的

1.熟悉高效液相色谱仪的结构。

2.掌握苯酚的高效液相色谱–紫外测定方法。

3.熟练掌握高效液相色谱仪的操作原理。

二、实验原理

苯酚是最简单的酚，为无色固体，有特殊气味，显酸性。苯酚是有机化工工业的基本原料，可通过多种途径对环境水体造成污染，对人类、鱼类以及农作物带来严重危害。根据国家环保部门有关规定，工作场所苯酚的最高允许质量浓度为5×10^{-6} μg·L^{-1}，饮用水中为 2 $\mu g \cdot L^{-1}$，地面水中为 0.1 $mg \cdot L^{-1}$。苯酚的测量方法有多种，如溴化容量法、比色法、高效液相色谱法等。但前两种方法分析速度较慢、精度较低，高效液相色谱法是近年来发展起来的一种新技术，具有分析速度快、检测灵敏度高、操作简便、样品用量少等特点。

三、仪器与试剂

1.仪器

高效液相色谱仪（安捷伦1200），紫外检测器，C_{18} 色谱柱；万分之一电子天平；冷冻高速离心机；超声波清洗器；0.22 μm 微孔针式过滤器；离心管；量筒；容量瓶；移液管等。

2.试剂

苯酚（分析纯），甲醇（色谱纯），超纯水等。

四、实验步骤

1.标准溶液的制备

苯酚标准储备液（100 $mg \cdot L^{-1}$）：准确称取纯苯酚 10.00 mg 于 100.0 mL 容量瓶中，用适量甲醇溶解，并稀释至刻度，混匀。

苯酚标准使用液：移取苯酚标准储备液，加甲醇逐级稀释，制成系列标准使用液，此系列溶液浓度分别为 1.0 $mg \cdot L^{-1}$、2.5 $mg \cdot L^{-1}$、5.0 $mg \cdot L^{-1}$、10.0 $mg \cdot L^{-1}$、25.0 $mg \cdot L^{-1}$、50 $mg \cdot L^{-1}$。

2.样品处理

将水样经过过滤（0.45 μm 滤膜）处理后，测定其峰面积值，根据标准曲线进行定量。同时，将超纯水经0.45 μm 滤膜过滤后作为待测空白样品。

3.仪器参数

高效液相色谱仪（安捷伦1200），紫外检测器，C_{18} 色谱柱。流动相：甲醇（A）和水（B）。柱温：30 ℃。进样体积：20 μL。流速：1.0 $mL \cdot min^{-1}$。

4.仪器操作

（1）打开电脑进入window XP 画面。

（2）打开安捷伦1200 各模块电源。

（3）待各模块自检完成后，双击"联机"图标"进入化学工作站"。

（4）把流动相放入溶剂瓶中。

（5）数据采集及分析方法编辑。

5.分析样品

（1）建立程序文件（program file）。

（2）建立方法文件（method file）。

（3）建立样品表文件[sequence（using wizard）]。

（4）加入样品到自动进样器或手动进样。

（5）启动样品表。

（6）按系统提示进行逐个进样分析。

（7）建立并打印标准曲线。

（8）打印待测样品报告。

6.关机

（1）关机前先关灯，用相应的溶剂充分冲洗系统。

（2）退出化学工作站，关闭计算机。

（3）关闭安捷伦1200各模块电源开关。

五、数据处理

1.标准曲线的制作

将标准系列工作液分别注入液相色谱仪中，得到各浓度标准工作液色谱图，测定相应的峰高（μS）或峰面积，以标准工作液的浓度为横坐标，以峰高（μS）或峰面积为纵坐标，绘制标准曲线。

2.试样溶液的测定

将试剂空白和试样溶液注入液相色谱仪中，得到试剂空白和试样溶液的峰高（μS）或峰面积，根据标准曲线得到待测液中苯酚的浓度。

【注意事项】

1.流动相必须用HPLC级的试剂，使用前过滤除去其中的颗粒性杂质和其他物质（使用0.45 μm或更细的膜过滤）。

2.流动相过滤后要用超声波脱气，脱气后温度应该恢复到室温后使用。

3.长时间不用仪器，应该将柱子取下用堵头封好保存，注意不能用纯水保存柱子，而应该用有机相（如甲醇等），因为纯水易长霉。

【思考题】

1.高效液相色谱法是如何实现快速、高效、灵敏的？

2.简述液相色谱法中引起色谱峰扩展的主要因素。

实验12 反相高效液相色谱法分离芳香烃

一、实验目的

1.了解高效液相色谱仪的基本结构和使用方法。
2.了解反相高效液相色谱法的原理和应用。
3.掌握色谱定性和定量方法。

二、实验原理

流动相为液体的色谱称为液相色谱。经典的液相色谱由于大多在常压下操作，应用极为有限。高效液相色谱法是在经典液相色谱的基础上，根据色谱法理论，在技术上采用高压输液泵、高效色谱柱和高灵敏度的检测器发展起来的一种仪器分析方法，具有准确、快捷、方便等优点，广泛地应用于化工、医药、食品、环保、科研等各个领域。液相色谱按分离机制不同可分为液固吸附、液液分配、离子交换及空间排阻等类型。本实验属于液液分配色谱。液液分配色谱是根据样品各组分在不相溶的两相间分配系数的不同从而实现分离的。流动相为有机溶剂、水或有机溶剂-水等混合溶剂，固定相是由固定液（如十八烷、聚乙二醇）涂渍在惰性载体或通过化学反应键合到硅胶表面上而组成的，它与流动相互不相溶，且有一明显分界面。当样品溶于流动相后，经色谱柱在两相间进行分配，待分配达到平衡时，样品组分的分配服从于下式：

$$K = \frac{c_S}{c_M} = k \cdot \frac{V_M}{V_S} \tag{3-4}$$

式中：K是分配系数，k为分配比，c_S和c_M分别是组分在固定相和流动相中的浓度，V_S和V_M分别表示色谱柱中固定相和流动相的体积。k值除与组分的性质、固定相及流动相的性质有关外，还与温度、压力有关。在一定条件下，k值的大小反映了组分分子与固定液分子间作用力的大小，k值大，说明组分与固定相的亲和力大，即组分在柱中滞留的时间长，移动速度慢。分离顺序决定于分配系数的大小，分配系数相差越大，越容易实现分离。

根据所选用的流动相与固定相相对极性不同，可将液液分配色谱分为两类：固定相的极性大于流动相的极性，称为正相分配色谱；固定相的极性小于流动相的极性，称为反相分配色谱。化学键合固定相反相高效液相色谱，流动相较简单，一般由甲醇-水、乙腈-水、乙腈-水-盐或甲醇-水-盐等体系构成，流动相的有机溶剂浓度、pH值和盐浓度的变化可以改善洗脱强度，提高分离效果，所以化学键合相反相HPLC色谱应用非常广泛，适于分离几乎所有类型的化合物。

三、仪器与试剂

1.仪器

岛津 LC-10A 高效液相色谱仪，色谱工作站 N-2000，超声波清洗器，色谱柱（C$_{18}$），微量注射器（100 μL）。

2.试剂

甲醇（色谱纯），苯（分析纯），甲苯（分析纯），萘（分析纯），联苯（分析纯）。

四、实验步骤

1.溶液配制

（1）储备溶液配制：准确分别称取 0.10 g 萘和 0.10 g 联苯分别置于 2 个 50 mL 烧杯中，用甲醇溶解后，转移到 100 mL 容量瓶中，稀释定容至刻度。

（2）标准溶液配制：根据实验需要，准确吸取一定量的储备液，分别配制 0.5 μg·mL^{-1} 甲苯、100 μg·mL^{-1} 萘、20 μg·mL^{-1} 联苯标准溶液。

2.高效液相色谱仪的操作条件

（1）色谱柱 C$_{18}$：4.6 mm×15 cm。

（2）流动相：甲醇-水（超声脱气 30 min）。

（3）流速：1 mL·min^{-1}。

（4）进样量：20.0 μL。

（5）检测器 UV：检测波长 254 nm。

3.选择合适的流动相配比

分别选择甲醇：水为 60%：40%，70%：30%，80%：20%，90%：10% 的溶剂配比，优化色谱条件，通过比较不同溶剂配比条件下待测样品的峰宽、保留时间和峰型，从而确定出最佳的流动相配比（进样量：20 μL）。

4.在最佳的流动相配比条件下，确定待测样品的组成

在最佳的流动相配比条件下，待基线走稳后，用 100 μL 微量注射器分别进样 20 μL 甲苯标准溶液（0.5 μg·mL^{-1}）、10 μL 萘标准溶液（100.0 μg·mL^{-1}）、20 μL 联苯标准溶液（20.0 μg·mL^{-1}）和 20 μL 待测溶液（微量注射器用甲醇润洗 3～5 遍），观察并记录色谱图上显示的保留时间，确定待测样品的组成。

5.测定待测样品中萘的含量

在最佳的流动相配比条件下，待基线走稳后，用 100 μL 微量注射器分别进样 20.0 μg·mL^{-1}、40.0 μg·mL^{-1}、60.0 μg·mL^{-1}、80.0 μg·mL^{-1}、100.0 μg·mL^{-1} 萘标准溶液 20 μL，记录各色谱图上的色谱峰面积，绘制萘标准溶液峰面积与相应浓度的标准曲线，从绘制的标准曲线上查出待测溶液中萘的浓度。

6.实验完毕

按要求关好仪器。

五、数据处理

1.流动相配比的选择（表3-4）。

表3-4　流动相配比的选择

甲醇:水	峰宽			保留时间 t/min			峰型		
	甲苯	萘	联苯	甲苯	萘	联苯	甲苯	萘	联苯
60%:40%									
70%:30%									
80%:20%									
90%:10%									
结论									

2.待测样品组成分析（定性分析）

根据保留值定性：同一物质，在同一色谱条件下，由于在色谱柱中的保留值是一定的，所以出峰的时间也是一定的（仅适用标准比较法），因此可以利用保留时间进行定性（表3-5）。

表3-5　根据保留值定性

样　品	保留时间 t/min
甲苯标准溶液($0.5\ \mu g \cdot mL^{-1}$)	
萘标准溶液($100.0\ \mu g \cdot mL^{-1}$)	
联苯标准溶液($20.0\ \mu g \cdot mL^{-1}$)	
20 μL待测溶液	
待测样品组成	

3.测定待测样品中萘的含量

采用外标法（标准曲线法），根据峰面积定量（表3-6）。

表3-6　根据峰面积定量

萘标准溶液浓度	保留时间 t/ min	峰面积
$20\ \mu g \cdot mL^{-1}$		
$40\ \mu g \cdot mL^{-1}$		
$60\ \mu g \cdot mL^{-1}$		
$80\ \mu g \cdot mL^{-1}$		
$100\ \mu g \cdot mL^{-1}$		
待测样品中萘的含量/($\mu g \cdot mL^{-1}$)		

【注意事项】

1.用注射器吸样时，不能有气泡。

2.用注射器吸不同样品时，应充分洗涤注射器，防止污染样品。

【思考题】

1.用作高效液相色谱流动相的溶剂使用前为什么要脱气？

2.色谱定性和定量分析的依据是什么？

实验13　高效液相色谱法测定苹果中酒石酸的含量

一、实验目的

1.了解高效液相色谱仪的基本结构和使用方法。

2.了解高效液相色谱法的原理和应用。

3.掌握色谱标准曲线定量分析方法。

二、实验原理

采用高效液相色谱法分析测定苹果中酒石酸的含量以及与标准酒石酸的分析对比，高效液相色谱分析法具有高压、高速、高效、高灵敏度等特点，可对试样进行分析测定。

液相色谱法就是同一时刻进入色谱柱中的各组分，由于在流动相和固定相之间溶解、吸附、渗透或离子交换等作用的不同，随流动相在色谱柱中运行时，在两相间进行多次（$10^3 \sim 10^6$次）的分配过程，使得原来分配系数具有微小差别的各组分，产生了保留能力明显差异的效果，进而各组分在色谱柱中的移动速度就不同，经过一定长度的色谱柱后，彼此分离开来，最后按顺序流出色谱柱而进入信号检测器，在记录仪上或色谱数据机上显示出各组分的色谱行为和谱峰数值。测定各组分在色谱图上的保留时间（或保留距离），可直接进行组分的定性；测量各峰的峰面积，即可作为定量测定的参数，采用工作曲线法（外标法）测定相应组分的含量。

三、仪器与试剂

1.仪器

高效液相色谱仪，配 Phen cmenex luna 5 μm C_{18}色谱柱（250 mm×4.60 nm）；离心机，超声机，抽滤泵，滤膜（0.45 μm），容量品，锥形瓶（50 mL），量筒（100 mL），玛瑙研钵，电子天平，HH-Z电热恒温水浴锅，电炉子，蒸发皿，烧杯。

2.试剂

乙醇、酒石酸、磷酸二氢铵，均为分析纯，实验用水均为二次蒸馏水。

四、实验步骤

1.标准溶液配制

精确称取酒石酸标准品0.25 g，置于烧杯中用二次蒸馏水完全溶解，转移至100 mL容量瓶中加二次蒸馏水稀释并定容，然后用移液管移取分别稀释成2.5 μg·mL^{-1}、2.0 μg·mL^{-1}、1.5 μg·mL^{-1}、1.0 μg·mL^{-1}、0.8 μg·mL^{-1}等不同质量浓度的标准品，并用0.45 μm的滤膜过滤，然后超声处理。

2.样品溶液的配制

准确称取20 g苹果于玛瑙研钵中研碎，用25 mL 80%的乙醇溶液转移到50 mL锥形瓶中，置锥形瓶于75 ℃水浴中浸提30 min后，在3 000 r·min^{-1}下分离，分出上层清液，沉淀。用同样的方法浸提2次，每次大约10 min，加入80%的乙醇10 mL，合并以上3次上述清液，定容于50 mL，移取其中5 mL，于75 ℃蒸干，残渣用流动相溶解并定容至5.0 mL，经0.45 μm的滤膜过滤，超声处理后作为进样的试液。

3.流动相的配制

采用电子天平准确称取1.32 g（NH$_4$）$_2$HPO$_4$晶体，于小烧杯中加入少量二次蒸馏水完全溶解，然后转移到1 000 mL容量瓶中并定容至刻度线，最后经0.45 μm的滤膜过滤，超声15 min处理作为流动相。

4.色谱参数

固定相：Phen cmenex luna 5 μm C$_{18}$色谱柱（250 mm×4.60 nm）。流动相：0.01 mol·mL^{-1}（NH$_4$）$_2$HPO$_4$溶液。流速：1 mL·min^{-1}，检测波长：210 nm。柱温：30 ℃。

按上述色谱条件，待基线稳定后，用移液管准确移取1.50 mL不同质量浓度的样品分别置于进样瓶中，放入高效液相色谱仪进样盘中，洗针并进样，依次对不同质量浓度的标准品进行测定。测定完成后按上述色谱条件待基线稳定后，用移液管准确移取1.50 mL苹果样品分别置于进样瓶中，放入高效液相色谱仪进样盘中，洗针并进样后测定峰面积。

五、数据处理

1.标准曲线绘制

色谱峰的峰面积A为纵坐标，标准溶液的质量浓度C为横坐标，绘制标准曲线。

2.计算苹果中酒石酸的含量

按上述色谱条件，待基线稳定后，用移液管移取1.5 mL苹果样品置于进样瓶中，放入高效液相色谱仪进样盘中，洗针并进样，根据试样的峰面积A，从标准曲线求出苹果中酒石酸的含量并计算百分含量。

【注意事项】

1.用注射器吸样时,不能有气泡。

2.待基线稳定后再进样。

【思考题】

1.如何选择合适的色谱柱?

2.哪些条件会影响浓度测定值的准确性?

3.与气相色谱法比较,液相色谱法有哪些优点?

实验14　离子交换色谱法测定自来水中常见阴离子

一、实验目的

1.掌握离子交换色谱法的基本原理。

2.掌握离子色谱仪的组成和基本操作技术。

3.利用离子色谱法测定水中常见无机阴离子。

二、实验原理

离子色谱法是一门从液相色谱法中独立出来的色谱分离技术。离子交换色谱是离子色谱的一种,它以低交换容量的离子交换树脂为固定相,电解质溶液为流动相(淋洗液),对离子性物质进行分离。电导检测器是最常用的检测器之一。为了消除淋洗液中的强电解质对电导检测的干扰,在分离柱和检测器之间连接抑制柱。

离子色谱仪主要由高压输液泵、淋洗液、进样阀、色谱柱、抑制器、检测器和流通器等单元构成(图3-10)。样品通过六通阀进样器被定量装载在定量环内;转换阀柄位置,淋洗液通过定量环将样品带入色谱柱。在流动相的洗脱下,样品离子与固定相表面离子交换基团之间不断发生可逆交换。由于不同离子体积所带电荷数不同,因此离子与固定相表面功能基团之间的作用力不同,不同离子在色谱柱中表现出不同的迁移速度,从而实现各离子的分离。地表水、地下水、饮用水等环境水样中阴离子主要有 F^-、Cl^-、NO_3^-、SO_4^{2-}、NO_2^-等,本试验以 $NaCO_3/NaHCO_3$ 为淋洗液,用阴离子交换柱进行分离,样品离子在分离柱中发生如下交换过程:

$$R - HCO_3^- + A^- \rightleftharpoons R - A^- + HCO_3^-$$

$$R - HCO_3^- + B^- \rightleftharpoons R - B^- + HCO_3^-$$

式中:R表示阴离子交换树脂的固定相,A和B表示不同的阴离子。由于不同阴离子所带电荷量、离子半径不同，因此其与带正电的固定相表面的库仑力不同，不同阴离子在固定相和流动相两相间的分配系数不同。随着流动相的运动，阴离子在分离柱上不断被吸附、洗脱，性质差异拉大，实现各组分的分离。

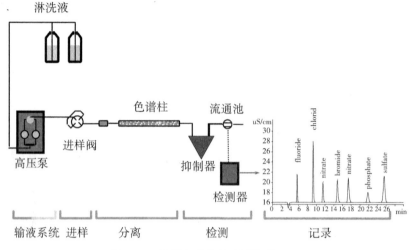

图 3-10　离子色谱仪的主要构成

从色谱柱流出的组分跟随流动相依次从一端进入抑制器，在抑制器中发生如下反应：

$$R - H^+ + Na^+HCO_3^- \longrightarrow R - Na^+ + H_2CO_3$$
$$2R - H^+ + Na_2^+CO_3^{2-} \longrightarrow 2R - Na^+ + H_2CO_3$$
$$R - H^+ + M^{n+}A^{n-} \longrightarrow R - M^{n+} + H_nA$$

式中：R 表示阳离子交换树脂的固定相，HCO_3^-、CO_3^{2-} 为淋洗离子，A^{n-} 为待测阴离子，M^{n+} 为阴离子的配对阳离子。通过抑制器，强电解质淋洗液 $NaHCO_3$、Na_2CO_3 转化为弱酸 H_2CO_3，背景电导显著降低；样品中的 $M^{n+}A^{n-}$ 盐也被转化成对应的 H_nA 酸。因为电导检测器测定的是阴、阳离子的电导之和，H^+ 摩尔电导是所有阳离子中最高的，因此将 $M^{n+}A^{n-}$ 转化为 H_nA，大大提高了阴离子的检测灵敏度。抑制柱需要定期再生，阴离子交换柱一般采用稀硫酸作为再生液。

在进行离子色谱分析时，可以根据保留时间、峰高以及峰面积的大小进行定性和定量分析：

（1）定性分析：待测组分的保留时间与待测组分的性质密切相关。在相同分离条件下，若标准物质的保留时间与待测组分一致，可以初步认为两者为同一物质。此外，可以利用加标法，在待测物中加入一定量的标准物质作为样品，进行分离，若待测组分峰面积变大，则表明待测组分与标准物是同一物质。

（2）定量分析：色谱定量分析的依据是被测组分的量与对应色谱峰的峰面积或者峰高成正比，即

$$m=fA \text{ 或 } m=f'H$$

操作条件确定时，

$$c=fA \text{ 或 } c=f'H$$

式中：c 是被测组分的浓度，A 是峰面积，H 是峰高，f 和 f' 是对应的比例常数。

三、仪器与试剂

1.仪器

离子色谱仪（瑞士万通 Eco IC），超声波清洗器，玻璃砂芯过滤装置，针式过滤器，自动进样器，容量瓶，比色管，移液管等。

2.试剂

（1）NaF，NaCl，Na_2SO_4，$NaNO_2$，$NaNO_3$，$NaHCO_3$，Na_2CO_3，浓硫酸，以上试剂均为优级纯。

（2）淋洗储备液（100 mmol·L^{-1} $NaHCO_3$–350 mmol·L^{-1} Na_2CO_3）：分别准确称取 16.80 g $NaHCO_3$ 和 74.20 g Na_2CO_3，溶于超纯水，转移至 1 000 mL 容量瓶中，定容。

（3）5 种阴离子标准储备液（浓度均为 1.00 mg·mL^{-1}）：分别准确称取 0.500 0 g NaF、NaCl、Na_2SO_4、$NaNO_2$、$NaNO_3$ 标准物质，依次溶于水后转移自至 500 mL 容量瓶中，再加入 5.00 mL 淋洗液储备液，最后用超纯水定容。共得到 5 种浓度均为 1.00 mg·mL^{-1} 的阴离子标准储备液。

（4）实验用水均为超纯水，其电阻率≥18 MΩ·cm。淋洗液、再生液、待测液均使用微孔滤膜（0.45 μm）过滤、超声脱气后使用。

四、实验步骤

1.溶液配制

（1）淋洗液（1.0 mmol·L^{-1} $NaHCO_3$–3.5 mmol·L^{-1} Na_2CO_3）：准确移取 20 mL 淋洗储备液（100 mmol·L^{-1} $NaHCO_3$–350 mmol·L^{-1} Na_2CO_3）于 2 000 mL 容量瓶中，超纯水定容至刻度，转移至洗脱液储瓶中。

（2）再生液：准确移取 4.7 mL 浓硫酸于装有超纯水的 2 000 mL 容量瓶中，摇匀后定容至刻度，再转移至再生液储瓶中。

（3）5 种阴离子标准使用液（浓度均为 10 μg·mL^{-1}）：分别吸取 5 种阴离子储备液各 0.50 mL，置于 5 只 50 mL 容量瓶中，各加入淋洗储备液 0.5 mL，加超纯水稀释至刻度，摇匀备用。

（4）5 种阴离子混合标准储备液（浓度均为 1 mg·mL^{-1}）：按照表 3-7 分别吸取上述 5 种阴离子标准储备液于 100 mL 容量瓶中，用超纯水定容。混合标准储备液中各标准物质的浓度见表 3-7。

表3-7　5种阴离子混合标准储备液的配制

标准储备液	NaF	NaCl	NaNO$_3$	NaNO$_2$	Na$_2$SO$_4$
移取体积 V/mL	2.00	3.00	1.00	5.00	25.00
所得混合储备液中各标准物质的浓度 c/ μg·mL^{-1}	20	30	10	50	250

（5）不同浓度阴离子混合标准使用液：分别移取 2.00 mL、4.00 mL、6.00 mL、8.00 mL、10.00 mL 阴离子混合标准储备液于5只20 mL容量瓶中，再依次加入0.2 mL淋洗液储备液，超纯水定容至刻度。

2.离子色谱的操作条件

色谱柱：阴离子色谱柱，其型号为 Metrosep A，supp 5，柱长150 mm，柱内径4.0 mm。

检测器：电导检测器。

抑制器：MSM抑制器。

淋洗液：1.0 mmol·L^{-1} NaHCO$_3$–3.5 mmol·L^{-1} Na$_2$CO$_3$。

流量：1 mL·min^{-1}。

进样量：10 μL。

3.离子色谱操作步骤

（1）打开仪器和电脑，等待仪器完成自检后，设置仪器参数，建立分析方法。

（2）仪器平衡30 min，等待基线平稳。

（3）分别移取5种阴离子标准使用液 2.0 mL 于5只离心管中，将5只离心管放入自动进样器的转盘中，启动程序，依次进行样品分析。每个样品平行测定两次，记录保留时间，填入表3-8中。

（4）分别移取 2.0 mL 5个不同浓度的阴离子混合标准使用液于5只离心管中，将5只离心管放入自动进样器的转盘中，启动程序，依次进样，进行样品分析，得到各个样品的色谱图。

（5）取自来水 100 mL，加入 1 mL 淋洗液储备液，摇匀后用 0.45 μm 的滤膜过滤，得到自来水样。采用相同的检测条件，对自来水样进行分离检测，得到其色谱图。

五、数据处理

1.记录各阴离子的保留时间 t_R，填入表3-8中。

2.记录混合标准液中各阴离子的保留时间 t_R，与表3-8进行比较，确定各个峰的归属。记录色谱峰的面积，填入表3-9中。

3.以阴离子的浓度 c 为横坐标，对应色谱峰的峰面积 A 为纵坐标，分别绘制5种阴离子的标准曲线，得到5个以 c 和 A 为未知数的二元一次方程。

4.确定自来水中各个色谱峰所对应的组分，根据峰面积和所对应的阴离子标准曲线，计算出自来水中各阴离子的含量。

表3-8　5种阴离子标准液色谱峰保留时间

离子	t_R/ min		
	第一次	第二次	平均值
F^-			
Cl^-			
NO_3^-			
NO_2^-			
SO_4^{2-}			

表3-9　溶液浓度与峰面积数据记录表

浓度c/μg·mL^{-1}	峰面积A				
	F^-	Cl^-	NO_3^-	NO_2^-	SO_4^{2-}
自来水					

【注意事项】

1.淋洗液、再生液以及冲洗液应当保持新鲜，定期更换，防止细菌滋生。

2.实验用水的电阻率≥18 MΩ·cm。

3.所有的溶液必须使用0.45 μm的微孔滤膜过滤后才能进入色谱仪。

【思考题】

1.为什么淋洗液需要进行脱气处理？

2.为什么抑制柱需要再生而离子分离柱不需要再生？

3.离子色谱仪主要有哪些单元组成？各个单元的作用是什么？

实验15 离子色谱法测定腌制菜中的亚硝酸盐

一、实验目的

1. 加深了解离子色谱法的原理。
2. 学习掌握离子色谱仪的基本结构和操作使用方法。
3. 熟悉掌握食品中亚硝酸根离子的提取方法及原理。

二、实验原理

离子色谱是高效液相色谱的一种，故又称高效离子色谱（HPIC）或现代离子色谱。其检测原理为：大多数电离物质在溶液中会发生电离，产生电导，通过对电导的检测，就可以对它的电离程度进行分析。由于在稀溶液中大多数电离物质都会完全电离，因此可以通过测定电导值来检测被测物质的含量。离子色谱通用检测器主要以电导检测器为基础。

离子色谱分离原理是基于离子色谱柱（离子交换树脂）上可离解的离子与流动相中具有相同电荷的溶质离子之间进行的可逆交换和分析物溶质对交换剂亲和力的差别而被分离。适用亲水性阴、阳离子的分离。例如检验亚硝酸盐，样品溶液进样之后，首先亚硝酸根离子与分析柱的离子交换位置之间直接进行离子交换（被保留在柱上），然后被淋洗液中的OH^-基置换并从柱上被洗脱。对树脂亲和力弱的分析物离子先于对树脂亲和力强的分析物离子依次被洗脱，如F^-、Cl^-，然后是亚硝酸根离子，硝酸根离子，这就是离子色谱分离过程。

离子色谱法的测定范围通常为$1 \sim 100\,000$ $\mu g \cdot L^{-1}$。电导检测器对常见阴离子的检出限是< 10 $\mu g \cdot L^{-1}$，灵敏度更高地可达$pg \cdot L^{-1}$级。

本实验通过采用提取和净化腌制蔬菜中NO_2^-，以氢氧化钾溶液为淋洗液，阴离子交换柱分离，电导检测器检测，以保留时间定性，外标法定量。

三、仪器与试剂

1. 仪器

离子色谱仪（美国 Dionex ICS3000），配备四元梯度泵、电导检测器、阴离子抑制器及 Chromeleon 6.7 色谱工作站；C_{18}小柱（3 mL·500 mg^{-1}），万分之一电子天平，冷冻高速离心机，超声波清洗器，0.22 μm 微孔针式过滤器，离心管，量筒，容量瓶，移液管等。

2. 试剂

亚硝酸钠（$NaNO_2$），基准试剂氢氧化钾（KOH），市售无公害腌制蔬菜，超纯水等。

四、实验步骤

1.标准溶液的制备

（1）亚硝酸盐标准储备液（100 mg·L⁻¹）：准确称取 0.150 0 g 于 110 ℃ ~120 ℃ 干燥至恒重的亚硝酸钠，用水溶解并转移至 1 000 mL 容量瓶中，加水稀释至刻度，混匀。

（2）亚硝酸盐标准中间液（1 mg·L⁻¹）：准确移取亚硝酸根离子（NO_2^-）标准储备液 1.0 mL 于 100 mL 容量瓶中，用水稀释至刻度。

（3）亚硝酸盐标准使用液：移取亚硝酸盐标准中间液，加水逐级稀释，制成系列标准使用液，亚硝酸根离子浓度分别为 0.02 mg·L⁻¹、0.04 mg·L⁻¹、0.06 mg·L⁻¹、0.08 mg·L⁻¹、0.10 mg·L⁻¹、0.15 mg·L⁻¹、0.20 mg·L⁻¹。

2.样品处理

称取试样 5 g（精确至 0.001 g），置于 150 mL 具塞锥形瓶中，加入 80 mL 水，1 mL 1 mol·L⁻¹ 氢氧化钾溶液，超声提取 30 min，每隔 5 min 振摇 1 次，保持固相完全分散。于 75 ℃ 水浴中放置 5 min，取出放置至室温，定量转移至 100 mL 容量瓶中，加水稀释至刻度，混匀。溶液经滤纸过滤后，取部分溶液于 10 000 r·min⁻¹ 离心 15 min，上清液备用。

空白样品的制备除不称取样品以外，其他步骤与样品处理步骤相同。

取上述备用溶液约 15 mL，通过 0.22 μm 水性滤膜针头滤器、C₁₈ 柱，弃去前面 3 mL，收集后面洗脱液待测。

3.仪器参数

阴离子交换色谱分析柱为 Dionex IonPac AS11－HC 4 mm×250 mm（带 IonPac AG11－HC 型保护柱 4 mm×50 mm）。柱温：30 ℃。进样体积：50 μL。淋洗液：氢氧化钾溶液，浓度 6~70 mmol·L⁻¹。洗脱梯度：6 mmol·L⁻¹ 30 min，70 mmol·L⁻¹ 5 min，6 mmol·L⁻¹ 5 min。流速：1.0 mL min⁻¹。

4.仪器操作

（1）开机：依次打开打印机、计算机显示器和主机进入 WIN-XP 操作系统；打开 N₂ 钢瓶总阀，调节钢瓶减压器上的分压表指针为 0.2 MPa 左右，再调节色谱主机上的减压表指针为 5 psi 左右；打开离子色谱主机的电源、AS-DV 电源。

（2）双击屏幕右下角 Sever Monitor 快捷图标，出现对话界面后点击 Start 启动，等 Dongle 序号出来以后（表示 Sever Monitor 程序运行正常）可以点击 Close 来关闭界面。

（3）选择开始>程序>Chromeleon>Sever Confi gration，点击 file 下面的 Sever Confi gration-CD，保存退出。

（4）双击在桌面上的 Chromeleon 图标（工作站主程序）。

（5）点击根目录下面控制面板文件夹，双击打开右边窗口中的 ICS-3000-CD System.pan（离子色谱操作控制面板）。

（6）操作控制面板打开后，进入泵子界面，设置流速为零，设置淋洗液量，旋松PUTGE阀，设置要使用的通道比例为100%，点击PRIME进行排气泡，默认5 min后将要使用的通道进行逐个排气泡；排完气泡后关闭PURGE阀。

（7）设置流速，开泵启动仪器。注意流速不能设置过大，若系统超过了最大压力，则会自动关闭泵。

（8）进入Detector Compartment设置柱温箱的温度并选择ON模式，使柱温箱开始工作。

（9）在抑制器REGEN OUT有液体流出后，设置抑制器电流值并打开。

（10）点击蓝色圆点并设置抑制器电流值查看基线，等基线稳定后即可分析样品。

5.分析样品

（1）建立程序文件（program file）。

（2）建立方法文件（method file）。

（3）建立样品表文件〔sequence（using wizard）〕。

（4）加入样品到自动进样器或手动进样。

（5）启动样品表。

（6）按系统提示进行逐个进样分析。

（7）建立并打印标准曲线。

（8）打印待测样品报告。

6.关机

（1）首先关闭抑制器电流，然后关闭泵，关闭操作软件。

（2）选择开始>程序>Chromeleon>Sever Monitor或双击屏幕右下角快捷图标，出现对话界面后点击Stop关闭。

（3）关闭SP电源及DC电源，关闭N_2钢瓶总阀并将减压表卸压。

（4）关闭计算机、显示器、打印机的电源开关。

五、数据处理

（1）标准曲线的制作

将标准系列工作液分别注入离子色谱仪中，得到各浓度标准工作液色谱图，测定相应的峰高（μS）或峰面积，以标准工作液的浓度为横坐标，以峰高（μS）或峰面积为纵坐标，绘制标准曲线。

（2）试样溶液的测定

将空白液和试样溶液注入离子色谱仪中，得到空白液和试样溶液的峰高（μS）或峰面积，根据标准曲线得到待测液中亚硝酸根离子的浓度。

试样中亚硝酸离子的含量按下式计算：

$$X = \frac{\left(\rho - \rho_0\right) \times f}{m} \tag{3-5}$$

式中：X为试样中亚硝酸根离子的含量，单位为毫克每千克（mg·kg^{-1}）；ρ为测定用试样溶液中的亚硝酸根离子或硝酸根离子浓度，单位为毫克每升（mg·L^{-1}）；ρ_0为试剂空白液中亚硝酸根离子的浓度，单位为毫克每升（mg·L^{-1}）；V为试样溶液体积，单位为毫升（mL）；f为试样溶液稀释倍数，等于1.5；m为试样取样量，单位为克（g）。

【注意事项】

1.所有玻璃器皿使用前均需依次用2 mol·L^{-1}氢氧化钾和水分别浸泡4 h，然后用水冲洗3～5次，晾干备用。

2.固相萃取柱使用前需进行活化，C$_{18}$柱（1.0 mL）使用前依次用10 mL甲醇、15 mL水通过，静置活化30 min。

【思考题】

离子色谱法与比色法测定亚硝酸盐有什么区别？各自优缺点是什么？

本章思考题
参考答案

附录1　Agilent 1100系列高效液相色谱仪操作规程

1.开机

（1）开机前用0.45 μm滤膜过滤流动相，并将流动相放入溶剂瓶中（一般A瓶为水相，B瓶为有机相）。

（2）打开电脑，进入Windows 2000操作系统，运行Bootp server程序。

（3）打开1100 LC各模块电源。

（4）双击"Instrument 1 Online"图标，进入化学工作站。

（5）从"View"菜单中选择"Method and Run Control"画面，点击"View"菜单中的"Show Top Toolbar"，"Show Status Toolbar"，"System Diagram"，"Sampling Diagram"，使其命令前有"√"标志来调用所需的显示界面。

2.编辑参数及方法

（1）从"View"菜单中选择"Method and Run Control"画面。开始编辑完整方法：从"Method"菜单中选择"New method"，出现DEF-LC.M，从"Method"菜单中选择"Edit entire method"，选择方法信息、仪器参数及收集参数、数据分析参数和运行时间表等各项，单击"OK"，进入下一画面。

（2）方法信息：在"Method Comments"中加入方法的信息，如方法的用途等。单击"OK",进入下一画面。

（3）泵参数设定：进入"Setup pump"画面，在"Flow"处输入流量，如 $1.0\ mL\cdot min^{-1}$；在"Solvent B"处输入有机相的比例如 70.0，（A=100-B），也可在"Timetable"中"Insert"一行"Timetable"编辑梯度；输入保留时间；在"Pressure Limits Max"处输入柱子的最大耐高压，以保护柱子。单击"OK",进入下一画面。

（4）VWD 参数设定：在"Wavelength"下方的空白处输入所需的检测波长，如 254 nm。在"Peak Width（Response Time）"下方点击下拉式三角框，选择合适的响应时间，如>0.1 min。在"TimeTable"中"Insert"一行输入随时间切换的波长，如 1 min，波长=300 nm。点击"OK"进入下一画面。

（5）DAD 检测器参数设定：进入"DAD signals"画面，输入样品波长及其带宽、参比波长及其带宽（参比波长带宽默认值为 100 nm）。选择 Stoptime：as Pump。在"Spectrum"中输入采集光谱方式"store"。选 All，如只进行正常检测，则可选 None。范围 Range：可选范围为 190～950 nm。步长 Step：可选 2.0 nm。阈值：选择需要的灯。Peak width（Response time）：响应值应尽可能接近要测的窄峰峰宽，可选"2 s"或"4 s"。Slit-：狭窄缝，光谱分辨率高。宽时，噪音低，可选 4 nm 单击"OK",进入下一画面。

（6）进入"Signal Details"画面，单击"OK",进入下一画面。

（7）进入"Edit Integration Events"（编辑积分结果）画面，单击"OK",进入下一画面。

（8）进入"Specify report"（积分参数）画面，单击"OK",进入下一画面。

（9）进入"Instrument curves"画面，单击"OK",进入下一画面。

（10）进入"Run Time checklist"（运行时间表）画面，选择"Date Acquistition"和"Standard Date Analsis"，单击"OK",完成参数设定，回到工作站画面。

（11）单击"Method"菜单，选中"Save method as"，输入文件名，单击"OK"。（路径：e\HPCHEM\1\methods***）

注：如果调用一个方法，则在"Method"菜单中选中"Load method"，选方法名单击"OK"。

（12）从菜单"View"中选择"Online signal"，选中 Window 1，然后单击 Change 钮，将所要绘图的信号移到右边的框中，点"OK"。（如同时检测两个信号，则重复 11，选中 Window 2）。

3.检测样品

（1）单击泵（Pump）图标下面的小瓶图标，输入溶剂的实际体积和瓶体积，并且选停泵体积。单击"OK"。

（2）手动打开 Purge 阀：逆时针转 2～3 圈。

（3）单击泵（Pump）图标，出现参数设定菜单，单击"Setup pump"选项，进入泵编辑画面。设 Flow：5 mL·min^{-1}，单击"OK"。

（4）开泵：直接点"Pump"图标下面的泵开关小图标，或单击"Pump"图标，出现参数设定菜单，单击"Pump control"选项，选中"On"，单击"OK"。

（5）排气：系统开始排液（Purge），直到管线内（由溶剂瓶到泵入口）无气泡为止，切换通道继续排液，直到所有通道无气泡为止。（每个管线内液体约 20 mL，在 5 mL·min^{-1}的流速下，均需 4～5 min 才能排完）

（6）单击泵（Pump）图标，出现参数设定菜单，单击"Setup pump"选项，进入泵编辑画面。把 Flow 改为 0.5～1.0 mL·min^{-1}，单击"OK"。

（7）等待流速降下来后，关闭 Purge 阀。

（8）待压力稳定后，从"Instrument"菜单中选择"System on"或单击"GUI"图标的"On"图标启动系统。开始走基线，并可选择观察信号。

（注：仪器运行过程，画面颜色由灰色转变成黄色或绿色，当各部件都达到所设参数时，画面均变为绿色，左上角红色的"not ready"变为绿色"ready"，表明可以进行分析。此时如果要终止仪器的运行，可单击流程图右下角的"off"，再单击"Yes"，关闭输液泵和检测器氘灯）。

（9）单击最大化按钮，将"Online Plot"窗口放大。待基线平稳后，点信号窗口的"Banlance"，调至零点。

（10）等仪器 Ready，从"Runcontrol"菜单中选择 F5 或"Run method"。

（11）编辑样品信息：从"Run control"菜单中选择"Sample information"选项，即打开了样品信息页面，输入操作者（Operator Name）、数据存储通道（Subdirectory）、样品名（Sample Name）、进样瓶号（Vial）、浓缩因子（Multipline）、稀释因子（Dilution），"Data file"中选择"Prefix"，在"Prefix"框中输入批号或日期等，在"Counter"框中输入计算器的起始位，仪器会自动命名。[样品量（Sample Amount）、内标量（ISID Amount）可不选，"Location"只对自动进样器有用，不填则走空白，检查干扰峰的来源。]单击"OK"。

（12）进样分析：进样阀扳到"Load"位置，插入注射器，注样品，进样后扳动阀至"Inject"位置。

（13）进样分析结束，点"Close"键退出样品分析。

（注意：检测完尽量要关 DAD 的灯，以保持灯的寿命。单击 DAD 图标，出现参数设定菜单，单击"Control"，选择关灯。）

4.数据分析方法编辑（可在offline下操作）

（1）从"View"菜单中选"Date analysis"进入数据分析画面。该页面最上方为命令栏，依次为"File""Graphics""Integration"等。命令栏下为快捷操作图标，如积分、校正、色谱图、单一色谱图调用、多色谱图调用、调用方法、保存等。

（2）从"File"菜单中选"Load signal"，或单击快捷操作的"单一色谱图调用"图标，选择色谱图文件名，单击"OK"，画面中即出现所调用的色谱图。

（3）作图谱优化，从"Graphics"菜单中选择"Signal options"选项。从"Ranges"中选择"Auto scale"及合适的显示时间，单击"OK"，或选择"Use Ranges"调整。反复进行，直到图的比例合适为止。

（4）积分：先调用所要分析的色谱图，从"Integration"中选择"Auto integrate"，从"Integration"中选择"Integration Results"，此时仪器将内置的积分参数给出积分结果。

如积分结果不理想，再从"Integration"菜单中选择"Integration Events"选项，或单击快捷操作的"编辑 /设定积分表"图标，此时，在屏幕下方左侧出现积分参数表，右侧为积分结果，在积分参数表中按实际的要求输入修改的参数，如斜率（Slope sensitivity）、峰宽（Peak width）、最小峰面积（Area reject）、最低峰高（Height reject）等。从"Integration"中选择"Integrate"选项或单击快捷操作的"对现有色谱图积分"图标，仪器即按照新设定的积分参数重新积分。若积分结果不理想，则修改相应的积分参数，直到满意为止。完成后，单击左边的"˅"图标，将积分参数存入方法。

（5）打印报告：从"Report"菜单中选择"Specify report"选项，或单击最右侧快捷操作的"定义报告及打印格式"（右下角带叉的报告画面）图标，进入打印画面。根据实际要求选择报告的格式和输出形式等。可在"Calculate"右侧的黑三角中选"Percent"（面积百分比），其他项不变。［如"Destination"项下选择"Screen"；"Based On"选"Area"；"Sorted By"选"Signal"；"Repirt Style"选"Short"；选择"Add chromatogram Output（打印色谱图）"；选择"With Calibrated Peaks"；选择"Portrait"；可根据需要选择"Size"］。单击"OK"。

选择快捷操作的"报告预览"图标，可预览报告的全貌。从"Report"菜单中，选择"Print Report"，则报告打印到屏幕上，如想输出到打字机上，则单击"Print"，即可进行报告的打印。最后，单击"Close"退出此操作页面。

（6）定量分析：如果需要进行标准曲线制备，可按此项进行操作。

一级校正表的建立：在"Data Analysis"界面下，调用最低浓度的色谱图，在栏"Calibration"下，选择"New Calibration Table"，选择"Automatic Setup Level"，并设校正级数为"1"，单击"OK"。在画下方左侧出现校正表，右侧为校正图。在画面左下侧的校正表中选择所要的色谱峰，输入校正级数、化学物名称及浓度，如果采用内标法，需对内标峰进行标记。单击"OK"，工作站提示是否删除 0 浓度行，单击"Yes"。

二级校正表的建立：调用第二个色谱图，在命令栏"Calibration"下，选择"Add Level"，设为"2"，单击"OK"，在画面左下侧的校正表中输入校正级数、化学物名称及样品浓度。（如需对校正表中的某些数据进行重新修正，可调用新的图谱，在命令栏

"Calibration"下，选择"Recalibration"，并在校正表中输入校正级数，样品浓度。）此时，校正表右侧自动绘制各组分的标准曲线，并进行线性回归。单击校正表中的"Print"，可进行打印。

5.关机

（1）关机前，用过缓冲盐溶液必须先用100%的水冲洗系统（打开排液阀，调流速为 5 mL·min^{-1}，冲洗约 5 min，然后调流速为 1 mL·min^{-1}，待流速降下来后，关闭排液阀，再冲洗约20 min）；然后用甲醇同法清洗 20 min，关泵。

注意：此方法适于反相色谱柱，而正相色谱柱应用适当的溶剂冲洗。

（2）清洗进样器：将进样器扳至"Load"的位置，用专用的注射器装约 10 mL适当溶剂冲洗进样器。当使用缓冲溶液时，要用水冲洗进样口，同时扳动进样阀数次，每次数毫升。

（3）退出化学工作站及其他窗口，关闭计算机（用 Shut down）。

（4）关掉 Agilent 1100各模块电源。

6.仪器维护保养规范

（1）为使仪器正常运行，必须正确地执行仪器的开机、关机操作。

（2）为使仪器内部设备干燥，运行良好，在无样品检测时，每月至少开机自检两次。

（3）每次开机测样时，操作须严格按照操作规程，在仪器最大性能要求范围内操作，正确地维护和使用本仪器。

（4）色谱柱存放时，应充满溶剂。

（5）使用缓冲溶液时，要用水冲洗进样口。

（6）流动相使用前必须过滤。

（7）不使用多日存放的蒸馏水。

第4章　电化学分析

电化学分析也称作电分析化学（electroanalytical chemistry），是仪器分析的一个重要组成部分，它是根据物质在溶液中的电化学性质及其变化来进行分析的方法，以电导、电位、电流和电量等电化学参数与被测物质含量之间的关系作为计量的基础。

4.1　基本原理

电分析化学法根据所测量的电学量的不同，一般可分为电位分析法、电导分析法、电解分析法、库仑分析法、伏安法与极谱分析法等，近年来基于化学振荡反应的电位分析法的应用也受到关注。

4.1.1　电位分析法（potentiometric analysis）

用一个指示电极（其电位与被测物质浓度有关）和一个参比电极（其电位保持恒定），或采用两个指示电极，与试液组成电池，然后根据电池电动势（或指示电极电位）的变化来进行分析的方法称为电位分析法，电位分析法分为电位法和电位滴定法两种。

电位法是根据测量到的某一电极的电极电位，从能斯特公式的关系直接求得待测离子的浓（活）度，例如用电位法测量溶液的pH值和用离子选择电极来指示待测离子的浓（活）度等。

电位滴定法是根据滴定过程中某电极电位的变化来确定滴定终点，从所消耗的滴定剂的体积及其浓度来计算待测物质的含量。

在电位分析中，构成电池的两个电极，其中一个电极，其电位随待测离子浓度的变化而变化，能指示待测离子的浓（活）度，称为指示电极；而另一个电极，其电位不受试液组成变化的影响，而具有较恒定的数值，称为参比电极，将指示电极和参比电极一起浸入试液，组成电池体系，在通过电路的电流接近于零的条件下测量指示电极的平衡电位，从而求得待测离子的浓度。平衡电位是指在被测量的电化学体系中没有电流通过，即净电流为零时的电极电位。

4.1.2　电导分析法

电解质溶液的导电过程是通过溶液中所有离子的迁移运动来进行的，当溶液中离子浓度发生变化时，其电导也随之而改变，因此，可以根据溶液电导的变化来指示溶液中离子浓度的变化，这就是电导分析的依据，电导分析法（conductometric analysis）可以分为两种：电导法（conductometry）和电导滴定法（conductometric titration）。直接根据溶液的电导（或电阻）与被测离子浓度的关系进行分析的方法称为电导法。电导滴定法是一种容量分析方法，它根据溶液电导的变化来确定滴定终点，滴定时，滴定剂与溶液中被测离子生成水、沉淀或其他难离解的化合物，使溶液的电导发生变化，利用等当点时出现转折点来指示滴定终点。

由于溶液的导电性并不是某一个离子的特性，所以离子间的干扰严重，从而使电导法的选择性很差，并使得其应用受到很大的限制，但是尽管如此，电导分析在某些场合仍有一定的应用，并具有其特点。

4.1.3 电解分析法

使用外加电源电解试液，然后直接称量电解后在电极上析出的被测物质的质量来进行分析的方法称为电重量法，如果将电解的方法用于物质的分离，则称为电解分离法。

4.1.4 库仑分析法

使用外加电源电解试液，根据电解过程中所消耗的电量来进行分析的方法称为库仑分析法，库仑分析法分为库仑滴定法（控制电流库仑分析法）和控制电位库仑分析法两种。库仑分析的定量依据是法拉第定律。

法拉第定律是指在电解过程中电极上所析出的物质的量与通过电解池电量的关系，可用数学式表示如下：

$$m = \frac{M}{nF}it \tag{4-1}$$

式中：m 为析出物质的质量（g），M 为其摩尔质量，n 为电极反应中的电子数，F 为法拉第常数（96 487 C·mol^{-1}），i 为通过溶液的电流（A），t 为通过电流的时间（s）。

法拉第定律是自然科学中最严格的定律之一，它不受温度，压力，电解质浓度，电极材料和形状，溶剂性质等因素的影响。

4.1.4.1 库仑滴定法（控制电流库仑分析法）

控制电解电流为恒定值，以100%的电流效率电解试液，产生某一试剂与被测物质进行定量的化学反应，反应的等当点可借助于指示剂或电化学方法来确定，根据等当点时电解过程所消耗的电量求得被测物质的含量，这种方法称为库仑滴定法。

4.1.4.2 控制电位库仑分析法

控制工作电极的电位为恒定值，以100%的电流效率电解试液，使被测物质直接参与电极反应，再根据电解过程中所消耗的电量，求得其含量，这种方法称为控制电位库仑分析法。

4.1.5 伏安法与极谱分析法

伏安法与极谱分析法是一种特殊形式的电解分析法，它以小面积的工作电极与参比电极组成电解池，电解被分析物质的稀溶液，根据所得到的电流-电压曲线来进行分析。这类方法根据所用的工作电极的不同可以分为两类：一类是用固定或固态电极作为工作电极，如悬汞滴、石墨、Pt电极等，称之为伏安法（voltammetry），另一类是用液态电极作为工作电极，如滴汞电极，其电极表面做周期的连续更新，称为极谱法（polarography）。

极谱分析法的实际应用相当广泛，凡能在电极上被还原或被氧化的无机离子和有机物质，一般都可用极谱法测定，在基础理论研究方面，极谱法常用来研究化学反应机理及动力学过程，测定络合物的组成及化学平衡常数等。随着极谱分析的发展，又出现了单扫描极谱、交流极谱、方波极谱、脉冲极谱、极谱催化波法及溶出伏安法等新的技术和方法。

4.1.6 化学振荡分析法

化学反应，除了我们熟知的以四大平衡为基础的线性化学外，在特定的条件下，有些反应体系中，部分组分或中间产物的浓度能随时间、空间发生有序的周期性变化，即化学振荡。化学振荡反应的电位-时间曲线可以分为规则振荡曲线、双周期振荡曲线和混沌现象（图4-1），这些曲线都可以用于分析测定。微量分析物会改变振荡体系动力学特征，如诱导期、振荡周期、振荡振幅等。振荡体系物理化学特征改变量与加入分析物浓度间的关系是建立工作曲线的主要依据。

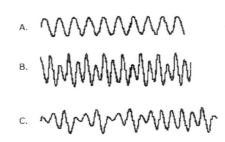

A.规则振荡；B.双周期振荡；C.混沌状态。

图4-1 双周期振荡曲线和混沌现象

化学振荡反应在分析化学领域的应用面很宽，可用于金属离子及配合物、阴离子、各种有机化合物及气体的测定。不仅规则、稳定的化学振荡电位-时间曲线被用于分析测定，而且一些化学混沌体系也可应用于此目的。

随着生产与科研的发展，对分析方法的灵敏度、速度、选择性、自动控制等方面都提出了越来越高的要求，与其他仪器分析方法一样，电分析化学也逐步得到发展，应用日益广泛。电化学分析具有下述的特点。

4.1.6.1 分析速度快

电化学分析法一般都具有快速的特点，如极谱分析法有时一次可以同时测定数种元素，试样的预处理手续一般也比较简单。

4.1.6.2 灵敏度高

电化学分析法适于痕量甚至超痕量组分的分析，如脉冲极谱、溶出伏安法和极谱催化波法等都具有非常高的灵敏度，有的项目可测定浓度低至10^{-11}mol·L^{-1}，含量为$10^{-7}\%$的组分。

4.1.6.3 选择性好

电化学分析法的选择性一般都比较好，这也是使分析快速和易于自动化的一个有利条件。

4.1.6.4 用样量少

一般适于进行微量操作，如超微型电极，可直接刺入生物体内，测定细胞内原生质的组成，进行活体分析和监测。

4.1.6.5 易于自动控制

由于电化学分析法是根据所测量的电学量来进行分析的方法，因此易于采用电子系统进行自控，适于工业生产流程的监测和自动控制以及环境保护监测等方面。

4.1.6.6 其他

电化学分析法还可用于各种化学平衡常数的测定以及化学反应机理和历程的研究。

4.2 仪器部分

4.2.1 常用电极及其使用

4.2.1.1 电极的分类

电极按其组成体系及作用机理的不同，可以分成五类。

1.第一类电极

第一类电极是指金属与该金属离子溶液组成的电极体系，其电极电位决定于金属离子的活度。

$$M^{n+}+ne^-\!\!=\!\!=\!\!=M$$

$$\varphi = \varphi^{\theta}_{M^{n+},M} + \frac{0.0591}{n}\ln a_{M^{n+}} \tag{4-2}$$

式中，φ为金属电极的电极电位，$\varphi^{\theta}_{M^{n+},M}$为金属电极的标准电极电位，$a_{M^{n+}}$为金属离子的活度。这些金属有银、铜、锌、镉、汞和铅等。

2.第二类电极

第二类电极是指金属及其难溶盐（或络离子）所组成的电极体系，它能间接反映与该金属离子生成难溶盐（或络离子）的阴离子的活度，例如氯离子能与银离子生成氯化银难溶盐，在以氯化银饱和过的含有氯离子的溶液中，用银电极可以指示氯离子的活度。

$$AgCl + e^- === Ag + Cl^-$$

$$\varphi = \varphi^\theta_{AgCl,Ag} - 0.0591 \lg a_{Cl^-} \qquad (4-3)$$

式中，φ 为 Ag/AgCl 电极的电极电位，$\varphi^\theta_{AgCl,Ag}$ 为 Ag/AgCl 电极的标准电极电位，a_{Cl^-} 为氯离子的活度。氰离子能与银离子生成二氰合银络离子，同样银电极能指示氰离子的活度。

$$Ag(CN)_2^- + e^- === Ag + 2CN^-$$

$$\varphi = \varphi^\theta_{Ag(CN)_2^-,Ag} + 0.053 \lg \frac{a_{Ag(CN)_2^-}}{a^2_{CN^-}} \qquad (4-4)$$

式中，φ 为 Ag/Ag(CN)$_2^-$ 电极的电极电位，$\varphi^\theta_{Ag(CN)_2^-,Ag}$ 为 Ag/Ag(CN)$_2^-$ 电极的标准电极电位，$a_{Ag(CN)_2^-}$ 为 Ag(CN)$_2^-$ 离子的活度，a_{CN^-} 为 CN$^-$ 离子的活度。所以银电极的电位与氰离子活度的关系符合能斯特公式。这类电极中常用的有银-氯化银和甘汞（Hg/Hg$_2$Cl$_2$）电极。

3.第三类电极

第三类电极是指金属与两种具有共同阴离子的难溶盐或难离解的络离子组成的电极体系。例如草酸根离子能与银和钙离子生成草酸银和草酸钙难溶盐，在以草酸银和草酸钙饱和过的、含有钙离子的溶液中，用银电极可以指示钙离子的活度。

$$Ag_2C_2O_4, CaC_2O_4, Ca^{2+} | Ag$$

银电极电位由下式确定：

$$\varphi = \varphi^\theta_{Ag^+,Ag} + 0.0591 \lg a_{Ag^+} \qquad (4-5)$$

从难溶盐的溶度积得

$$a_{Ag^+} = \left[\frac{K_{sp(1)}}{a_{C_2O_4^{2-}}}\right]^{\frac{1}{2}}$$

$$a_{C_2O_4^{2-}} = \frac{K_{sp(2)}}{a_{Ca^{2+}}}$$

因此，

$$\varphi = \varphi^{\theta'} + \frac{0.0591}{2} \lg a_{Ca^{2+}} \qquad (4-6)$$

式中，

$$\varphi^{\theta'} = \varphi^\theta_{Ag^+,Ag} + \frac{0.0591}{2} \lg \frac{K_{sp(1)}}{K_{sp(2)}} \qquad (4-7)$$

式（4-5）、（4-6）、（4-7）中，φ 为电极的电极电位，$\varphi_{Ag^+, Ag}$ 为 Ag/Ag^+ 电极的标准电极电位，a_{Ag^+} 为 Ag^+ 的活度，$a_{C_2O_4^{2-}}$ 为 $C_2O_4^{2-}$ 的活度，$K_{sp\,(1)}$ 和 $K_{sp\,(2)}$ 分别为 $Ag_2C_2O_4$ 和 CaC_2O_4 的溶度积常数。这类电极由于涉及3个相间的平衡，达到平衡的速度较慢，所以实际应用较少。

4. 零类电极

零类电极采用惰性金属材料（如铂、金等）作为电极，它能指示同时存在于溶液中的氧化态和还原态活度的比值，以及用于一些有气体参与的电极反应，这类电极本身不参与电极反应，仅作为氧化态和还原态物质传递电子的场所，同时起传导电流的作用。例如：

$$Fe^{3+},\ Fe^{2+} \mid Pt$$

$$\varphi = \varphi^{\theta} + \frac{0.059\,1}{2} \lg \frac{a_{Fe^{3+}}}{a_{Fe^{2+}}} \tag{4-8}$$

式中，φ 为电极电位，φ^{θ} 为标准电极电位，$a_{Fe^{2+}}$ 和 $a_{Fe^{3+}}$ 为 Fe^{2+} 和 Fe^{3+} 的离子活度。

5. 膜电极

具有敏感膜且能产生膜电位的电极称为膜电极，它能指示溶液中某种离子的活度。膜电位起源于被膜分隔的两边不同成分的溶液，其测量体系为：

参比电极1｜溶液1｜膜｜溶液2｜参比电极2

测量时需用两个参比电极，体系的电位差取决于膜的性质和溶液1和溶液2中的离子活度。膜电位的产生不同于上述各类电极体系，不存在电子的传递与转移过程，而是由于离子在膜与溶液两相界面上扩散的结果。膜可以是固态物质，也可以是液态物质，属于离子导体。

这类电极有各种离子选择电极，其膜电位与响应离子的活度符合能斯特公式的关系。

4.2.1.2 指示电极、工作电极、参比电极、辅助电极与对电极

1. 指示电极和工作电极在电化学池（自发电池或电解池）中借以反映离子浓度、发生所需电化学反应或响应激发信号的电极。一般对于平衡体系，或在测量期间主体浓度不发生任何可觉察变化的体系，相应的电极称为指示电极；如果有较大的电流通过，主体浓度发生显著改变的体系，则相应的电极称为工作电极。

2. 参比电极在测量过程中，其电位基本不发生变化。

3. 辅助电极或对电极是提供电子传导的场所，与工作电极组成电池，形成通路，但电极上进行的电化学反应并非实验中所需研究或测试的，当通过的电流很小时，一般直接由工作电极和参比电极组成电池，但是，当通过的电流较大时，参比电极将不能负荷，其电位不再稳定；或体系的iR降太大，难以克服，此时需再采用辅助电极即构成所谓三电极系统来测量或控制工作电极的电位，其作用原理将在后面有关章节中进行讨

论。在不用参比电极的两电极系统中，与工作电极配对的电极则称为对电极，但有时辅助电极也叫对电极，两者常不严格区分。

4.2.2 酸度计及其使用

pHS-3C型酸度计操作规程如下。

4.2.2.1 概述

酸度计是对溶液中的氢离子活度产生选择性响应的一种电化学传感器。理论上，溶液的酸度可以这样测得：以参比电极、指示电极和溶液组成工作电池，测量出电池的电动势。用已知pH值的标准缓冲溶液为基准，比较标准缓冲溶液所组成的电池的电动势，从而得出待测试液的pH值。因此酸度计也叫pH计。

4.2.2.2 组成

酸度计由电极和电动势测量装置组成。

电极用来与试液组成工作电池；电动势测量部分对电池的电动势产生响应，显示出溶液的pH值。多数酸度计还兼有毫伏挡，可以直接测电极电位。若配备合适的离子选择电极，还可以测定溶液中某离子的活度（浓度）。

实验室中广泛使用的pHS-3C型酸度计是一种精密数字显示酸度计。其测量范围宽，重复误差小。pHS-3C型pH计由主机、复合电极组成。主机上有5个按钮，它们分别是选择、定位、斜率、温度和确定按钮。

4.2.2.3 操作步骤

（1）检查酸度计的接线是否完好。接通电源，按下背面的电源开关，预热30 min后方可使用。

（2）取下复合电极上的电极套，注意不要将电极套中的饱和KCl溶液撒出或倒掉。用蒸馏水冲洗电极头部，用滤纸吸干残留水分。

（3）定位：在测量之前，首先对pH计进行校准，我们采用两点定位校准法，具体的步骤如下：

①打开电源开关，按"pH/mV"按钮，使仪器进入pH测量状态。

②用温度计测量被测溶液的温度，读数，例如25 ℃。按"温度"旋钮至测量值25 ℃，然后按"确认"键，回到pH测量状态。

③调节斜率旋钮至最大值。

④打开电极套管，用蒸馏水冲洗电极头部，用吸水纸仔细将电极头部吸干，将复合电极放入pH为6.86的标准缓冲溶液，使溶液淹没电极头部的玻璃球，轻轻摇匀，待读数稳定后，按"定位"键，使显示值为该溶液25 ℃时标准pH值6.86，然后按"确认"键，回到pH测量状态。

⑤将电极取出，洗净、吸干，放入pH值为4.01的标准缓冲溶液中，摇匀，待读数稳定后，按"斜率"键，使显示值为该溶液25 ℃时标准pH值4.01，按"确认"键，回

到pH测量状态。

⑥取出电极，洗净、吸干。重复校正，直到两标准溶液的测量值与标准pH值基本相符为止。

注：在当日使用中只要仪器旋钮无变动则可不必重复标定。

（4）校正过程结束后，进入测量状态。用蒸馏水清洗电极，将复合电极放入盛有待测溶液的烧杯中，轻轻摇动，待读数稳定后，记录读数。

完成测试后，移走溶液，用蒸馏水冲洗电极，吸干，套上套管，关闭电源，结束实验。

4.2.3　自动电位滴定仪

ZDJ-2D型自动电位滴定仪操作规程如下。

4.2.3.1　概述

ZDJ-2D型自动电位滴定仪是一种由微处理器控制的自动分析装置，依靠内置的智能分析程序对容量电位分析提供精确和重现的结果。最小测量电位0.1 mV，最小体积增量0.001 mL。

4.2.3.2　组成

本仪器主要由主机、驱动平台、滴定台、滴定瓶、滴定管线、打印机以及钼、汞-硫酸亚汞电极组成。

4.2.3.3　操作步骤

（1）标定滴定液：从键盘模式键P参量中，选择标定；从键盘滴定参数键中，设定最小进给量、最大进给量、开始体积、门槛值等参数；从键盘公式键中，输入基准氯化钠称样量；从键盘模式键P参量中，选择结果输出方式。按启动键，滴定开始。标定结束后，仪器显示经公式运算得到的硝酸汞滴定液（0.02 mol·L^{-1}）滴定度结果t（F值）和（或）图谱。

（2）样品测定：从键盘模式键P参量中，选择总量测定；从键盘滴定参数中，设定最小进给量、最大进给量、开始体积、门槛值等参数；从键盘公式键中，输入称样量、滴定液浓度、标准系数；从键盘模式键P参量中，选择结果输出方式。按启动键，滴定开始。滴定结束后，仪器显示公式运算所得总量的滴定结果和（或）图谱。

（3）从键盘模式键P参量中，选择降解物测定；从键盘滴定参数中，设定最小进给量、最大进给量、开始体积、门槛值等参数；从键盘公式键中，输入称样量、滴定液浓度、标准系数；从键盘模式键P参量中，选择结果输出方式。按启动键，滴定开始。滴定结束后，仪器显示公式运算所得降解物的滴定结果和（或）图谱。

总量测定结果减去降解物测定结果，即为样品含量。如有多批样品，则重复上述过程。

4.2.3.4 注意事项

（1）放置仪器的实验室其室温最好在实验时控制为 15 ℃～25 ℃，实验完毕后打开门窗通风，以防仪器元件、线路板腐蚀或老化。

（2）滴定时，应注意管路和活塞中无气泡存在。

（3）实验完毕后，擦拭滴定管头、搅拌桨；冲洗干净管路；电极擦干套上保护套，以防内充液挥发；擦拭滴定平台和仪器面板。在主菜单状态下关机，拔去电源插头。

4.2.4 电导率仪

雷磁 DDS-307A 电导率仪操作规程如下。

4.2.4.1 开机

（1）将电导电极和温度电极安装在电极架上，用蒸馏水清洗电极。

（2）连接电源线，打开仪器开关，仪器进入测量状态，预热 30 min 后可进行测量。

4.2.4.2 设置参数

（1）按"电导率/TDS"键切换显示电导率和TDS。

（2）按"温度"键设置当前温度值（在插入温度电极的情况下不设置温度值，由温度电极测量当前温度）。

（3）按"电极常数"和"常数调节"键进行电极常数设置。

4.2.4.3 电导率或TDS的测量

（1）按"电导率/TDS"键，仪器进入电导率或TDS测量状态。

（2）用蒸馏水清洗电极头部，再用被测溶液清洗1次，将温度电极、电导电极浸入被测溶液中，用玻璃棒搅拌溶液使溶液均匀，在显示屏上读取电导率或TDS值。

（3）测定完毕后，将样品弃去，并清洗电极，用滤纸吸干电极头部水分，套上盛有KCl溶液的保护套。

4.2.5 电化学分析系统

4.2.5.1 电化学分析系统及其主要部件

电化学分析系统（电化学分析仪或电化学工作站）是电化学研究和教学常用的测量设备，主要由主机、电解池、计算机三部分组成，可以进行循环伏安法、线性扫描伏安法、计时电流法、差分脉冲伏安法、方波伏安法、交流阻抗等实验。

电化学分析仪的主机内含快速数字信号发生器、高速数据采集系统、电位电流信号滤波器、多级信号增益、iR降补偿电路、恒电位仪、恒电流仪等。电解池大多是采用三电极系统：工作电极，参比电极和辅助电极（对电极），其中电流在工作电极与辅助电极间流过，参比电极与工作电极组成一个电位监控回路，由于回路中的运算放大器输入阻抗高，实际上没有明显的电流通过参比电极而使其电位保持恒定，因此可利用该回路来控制和测量工作电极的电极电位。工作电极以玻碳电极、铂电极、汞电极三种居多。玻碳电极是由结构致密、坚硬、低孔度的玻璃状碳材料制成，具有高导电率、化学惰性、氢过电位和溶解氧还原过电位小、表面更新容易的特点，其工作电位范围很宽，且易于制作汞膜电极。铂电极是最常用的一种金属电极，因为铂具有电位窗宽，化学惰性、氢过电位小等特点，能在较正的电位范围内工作。参比电极则有饱和甘汞电极、Ag/AgCl电极等，辅助电极一般用铂丝或铂片等。

4.2.5.2 CHI660E电化学工作站的使用方法及注意事项

CHI660E电化学工作站是一种多功能通用电化学分析仪。电位范围为±10 V，电流范围为±250 mA，电流测量下限低于10 pA。使用操作方法如下：

（1）开机：打开计算机和电化学工作站的电源开关，点击CHI660E软件图标进入软件界面。

（2）连接三电极系统：将三电极插入待测溶液中，绿色电极夹连接工作电极，白色电极夹连接参比电极，红色电极夹连接对电极。

（3）选择实验方法，设置实验参数。在下拉菜单"Set up"的"Technique"中或使用快捷方式选择测定方法，然后设置相应的实验参数。

（4）进行实验测定。点击"Control"菜单中的"Running Experiment"或使用快捷方式运行程序，进行实验测定。

（5）保存与处理数据。实验结束后，可执行"Graphics"菜单中的"Present data plot"命令进行数据显示，实验参数和结果如峰高、峰电位等都会在图的右边显示出来，可做各种显示和数据处理。

（6）点击"File"菜单中的"Save as"或使用快捷方式，可将图及相关实验参数用文件形式保存到指定目录下，文件的后缀自动生成为".bin"。在下拉菜单"File"中选择"Convert to txt"，可将所选的文件由"*.bin"转变为同名的"*.txt"文本文件以便采用其他作图程序来处理。

（7）关闭程序和仪器。实验结束后，先关闭CHI660E软件程序，后关闭电化学工作站和计算机。

操作注意事项：

（1）如果实验过程中发现电流溢出（overflow，经常表现为电流突然成为一条水平直线或得到警告），应停止实验。在参数设定命令中重设灵敏度"Sensitivity"，数值越小越灵敏。如果溢出，应将灵敏度调低（数值调大）。灵敏度的设置以尽可能灵敏而又不溢出为准。

（2）三电极与仪器连接时应注意一一对应，不要夹错。实验过程中，电极夹子不要相碰，以免造成短路损坏仪器。

（3）固体电极（Pt电极、Au电极、玻碳电极等）在使用前，要打磨抛光、清洗等预处理，以获得平滑光洁、新鲜的电极表面。饱和甘汞电极使用后必须仔细清洗，在3 mol·L^{-1} KCl溶液中浸泡保存或者套上电极帽保存。

4.2.6　库仑滴定仪

雷磁ZDJ-5库仑滴定仪操作规程如下。

4.2.6.1　开机

（1）开启电源开关，将手自动开关置手动挡，按慢滴开关，则黄灯亮，按快滴开关，则黄绿灯亮。

（2）检查搅拌装置，观察是否运转正常。

（3）将极化电压置50 mV，灵敏度10^{-9}，门限值置0，将手动开关置自动挡，再将门限值置10格时，应黄灯亮，5～7 s后灯亮，再将门限值置0，黄绿灯即暗。过90 s左右红灯亮，蜂鸣叫。

（4）将自动开关置手动挡，红灯亮。

4.2.6.2　操作步骤

（1）装上滴定管，并加入滴定液。

（2）将电磁阀门盖打开，按手动开关的快滴或慢滴，标准液流下，气泡也流下，待导管内无气泡时，盖上门盖。

（3）调节液滴速度，拧动右边电磁阀螺丝，使慢滴速度为0.02～0.03 mL/次。拧动左边电磁阀螺丝，使快滴速度成线状。

（4）将极化电压、灵敏度、门限值按照测定的样品调节到规定范围。

（5）安装活化的电极（电极一般在使用前，经清洁液浸泡0.5～1 min，并冲洗干净）。注意电极活化不宜过长，过长会影响分析，使电极的铂片与烧杯的圆周方向一致，电极应处于溶液漩涡的下游位置，便于迅速分散均匀。

（6）将标准液注入滴定管内，按慢滴开关，使滴定管内标准液为零刻线。

（7）将盛有测定样品的烧杯置搅拌器上，并将电极、滴定管口插入液面。

（8）把开关置自动挡，滴定开始，待红灯亮则终点到，记录滴定管上的读数。

（9）将开关恢复到手动位置，用蒸馏水冲洗电极，从操作步骤（5）开始，重复操作。

4.2.6.3　注意事项

（1）仪器所用的铂-铂电极，有时可用电导仪的双白金电极，但若电极玻璃和铂烧结得不好，当用硝酸处理时，微量硝酸存留在铂片和玻璃空隙不易洗出，以至电极刚刚插入就出现在极化状态，使用时必须注意。

（2）电极的清洁状态是滴定成功与否的关键，污染的电极在滴定时指示迟钝，终点时电流变化小，此时应重新处理电极。处理方法：可将电极插入10 mL浓硝酸和1滴三氯化铁的溶液内，煮沸数分钟，取出后用水冲洗干净。

实验16　玻璃电极响应斜率和溶液pH的测定

一、实验目的

1. 通过实验加深理解pH计测定溶液pH值的原理。
2. 掌握pH计测定溶液pH值的方法。

二、实验原理

在进行溶液pH值的测定时，把玻璃电极与饱和甘汞电极插入使试液组成下列电池：

$$AgCl，Ag｜内参比溶液｜玻璃膜｜试液｜饱和KCl ‖ Hg_2Cl_2，Hg$$

$$\underset{E_{玻}}{} \qquad \underset{E_{溶液}}{} \qquad \underset{E_{SCE}}{}$$

$$E_{电池}=E_{SCE}-E_{玻}+E_{溶液}$$

$$E_{玻}=K-0.059\ pH$$

在一定条件下，$E_{溶液}$和E_{SCE}为一常数，因此，电动势可写为

$$E=K'+0.059\ pH（25\ ℃） \tag{4-9}$$

其中0.059 V·pH^{-1}或59 mV·pH^{-1}称为pH玻璃电极响应斜率（25 ℃），理想的pH玻璃电极在25 ℃时其斜率应为59 mV·pH^{-1}，但实际上由于制作工艺等的差异，每个pH玻璃电极其斜率可能不同，要用实验方法来测定。

三、仪器与试剂

1. 仪器

pHS-3C型酸度计，pH复合电极。

2. 试剂

pH=4.00标准缓冲溶液，pH=6.86标准缓冲溶液，pH=9.18标准缓冲溶液。

3. 其他

pH标准缓冲溶液（详见配制方法），未知pH试液。

四、实验步骤

1. pHS-3C酸度计的标定

（1）把选择开关旋钮调到pH挡。

（2）调节温度补偿旋钮，使旋钮白线对准溶液温度值。

（3）把斜率调节旋钮顺时针旋到底。

（4）把用蒸馏水清洗过的电极插入pH=6.86标准缓冲溶液中。

（5）调节定位调节旋钮，使仪器显示读数与该缓冲溶液在当时温度下的pH值相

一致。

（6）用蒸馏水清洗电极，用滤纸吸干，再插入 pH=4.00 的标准缓冲溶液中，调节斜率旋钮使仪器显示读数与该缓冲液当时温度下的 pH 值一致，仪器完成标定。

仪器标定后，不得再转动定位调节旋钮，否则应重新进行标定工作。

2. 玻璃电极响应斜率的测定

把选择开关旋钮调到 mV 挡，将电极插入 pH=4.00 的标准缓冲溶液中，摇动烧杯使溶液均匀，在显示屏上读出溶液的 mV 值，依次测定 pH=6.86，pH=9.18 标准缓冲溶液的 mV 值。

3. 未知 pH 试液的测定

当被测溶液与标定溶液温度相同时，用蒸馏水清洗电极，滤纸吸干，将电极插入未知试液中，摇动烧杯使溶液均匀，在显示屏上读出溶液的 pH 值；用蒸馏水清洗电极，滤纸吸干。

取下电极，用水冲洗干净，妥善保存，实验完毕。

五、数据处理

1. 用以上测得的 E 值对 pH 作图，求其直线的斜率。该斜率即为玻璃电极的响应斜率，若电极响应斜率偏离理论值（$59\ mV \cdot pH^{-1}$）很多，则此电极不能使用。

2. 记录所测试样溶液 pH 值结果。

【注意事项】

1. 使用前，将玻璃电极的球泡部位浸在蒸馏水中 24 h 以上。如果在 50 ℃蒸馏水中浸泡 2 h，冷却至室温后可当天使用。不用时也须浸在蒸馏水中。

2. 安装时要用手指夹住电极导线插头，切勿使球泡与硬物接触。玻璃电极下端要比饱和甘汞电极高 2～3 mm，防止触及杯底而损坏。

3. 玻璃电极测定碱性水样或溶液时，应尽快测定。测量胶体溶液、蛋白质和染料溶液时，用后必须用棉花或软纸蘸乙醚小心地擦拭，酒精清洗，最后用蒸馏水洗净。

【思考题】

1. 测定 pH 时，为什么要选用 pH 与待测溶液的 pH 相近的标准缓冲溶液来定位？

2. 为什么普通的毫伏计不能用于测量 pH？

实验17　乙酸的电位滴定分析及其解离常数的测定

一、实验目的

1. 掌握电位滴定法测定弱酸解离常数。
2. 掌握确定电位滴定终点的方法。
3. 学习使用自动电位滴定计。

二、实验原理

用电位滴定法测定弱酸离解常数 K_a，组成的测定电池为

$$pH 玻璃电极 \mid H^+ (c=x) \parallel KCl (s), Hg_2Cl_2, Hg$$

$$pH_x = pH_s + \frac{E_{电池x} - E_{电池s}}{0.059\,2} \tag{4-10}$$

当用 NaOH 标准溶液滴定弱酸溶液时，仪器可直接给出 pH 值随 NaOH 体积变化的 pH-V 滴定曲线。通过微分可得到滴定终点时消耗的 NaOH 体积，并由此计算出终点时弱酸盐浓度 $c_盐$，再根据下式算出弱酸离解常数 K_a。

$$\left[OH^-\right] = \sqrt{K_b c_盐} = \sqrt{\frac{K_w}{K_a} c_盐}$$

$$K_a = \frac{K_w c_盐}{\left[OH^-\right]^2} \tag{4-11}$$

三、仪器与试剂

1. 仪器

自动电位滴定仪，复合玻璃电极。

2. 试剂

$0.100\,0\ mol \cdot L^{-1}$ NaOH，醋酸溶液，超纯水等。

四、实验步骤

1. 用 pH = 4.01 和 pH = 9.18 的标准缓冲溶液校准仪器。

2. 打开 ZDJ-4A 程序，通过预滴定程序测 pH-V 曲线：向 50 mL 0.02 mol·L⁻¹ 的 HAc 溶液中滴加标准的 0.1 mol·L⁻¹ 的 NaOH 溶液，随 NaOH 的滴入，溶液的 pH 值升高，仪器自动绘制 NaOH 体积随电位值变化的 pH-V 曲线，使用仪器自身程序找出滴定突越点的 pH 值和消耗的 NaOH 体积，保存实验数据。

3.试验后处理：将反应器和电极表面清洗至pH ≈ 7，然后将电极浸入3 mol·L^{-1}的KCl溶液中。

五、数据处理

1.pH-V曲线的制作

利用Origin软件绘制pH-V曲线（图4-2），并对曲线作一阶微分。

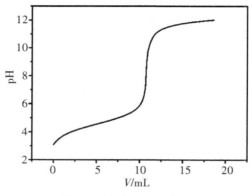

图4-2　滴定pH - V曲线

2.曲线一阶微分图像

在微分曲线上（图4-3）找到尖峰的最高点所对应的V，即滴定终点所消耗的NaOH的体积。利用Origin软件Screen Reeader功能找到尖峰所对应终点体积V_f和终点pH。

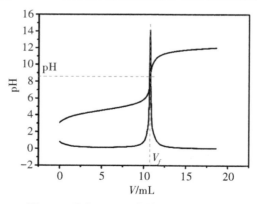

图4-3　滴定pH - V曲线一阶微分图像

终点时，

$$[OH^-] = 10^{14-pH}$$

$$c_{HAc} = \frac{V_f c_{NaOH}}{V_{HAc}}$$

$$c_{盐} = \frac{c_{HAc}V_{HAc}}{V_{HAc} + V_f}$$

进而即可计算乙酸的解离常数。

【注意事项】

复合玻璃电极极易碎，使用时应小心。

【思考题】

1. 测定未知溶液的 pH 时，为什么要用 pH 标准缓冲溶液进行校准？
2. 测得的 K_a 与文献值进行比较和分析。

实验18　电导滴定法测定HCl和HAc 混合酸中各组分的浓度

一、实验目的

1. 掌握混合酸电导滴定方法的原理及应用。
2. 了解电导仪的结构，学会电导仪的操作方法。

二、实验原理

溶液导电的实质是离子的定向移动，其导电能力可以用电导值衡量，且与离子的电导值成正比。温度一定时，电解质溶液的导电能力取决于溶液中离子的种类和浓度。在滴定过程中，溶液体系中的离子组成和浓度将随着滴定的进行不断发生变化，呈现出滴定体系的特性，这就为利用滴定过程中滴定体系电导的变化特性确定滴定终点成为可能，即利用滴定终点前后电导的变化确定滴定终点。这种滴定分析方法可以克服传统化学滴定的缺陷，即可用于很稀溶液、有色或混浊溶液和没有合适指示剂体系的滴定分析。电导滴定法不仅可以用于酸碱反应，还可用于氧化还原反应、配位反应和沉淀反应，是一种广谱性滴定分析方法。

本实验中，以 NaOH 标准溶液为滴定剂，采用电导滴定法测定 HCl 和 HAc 混合溶液中 HCl 和 HAc 各自的浓度。

滴定初期，滴定反应为：

$$H^+ + Cl^- + Na^+ + OH^- + HAc \longrightarrow Na^+ + Cl^- + H_2O + HAc$$

滴定初期只是 HCl 与 NaOH 的反应，HAc 几乎没有参与，这是因为 HCl 是强电解质，在溶液中 100% 电离，产生的 H^+ 对 HAc 有很强的同离子效应，抑制了 HAc 的电离。在溶液中，由于 H^+ 和 OH^- 是通过氢键长链传递而导电的，其导电能力明显地强于 Na^+、Cl^- 及

产物 H_2O 和中性分子，电导率都很大。滴定开始前，由于 H^+ 浓度最大，溶液的电导最大；随着滴定中 NaOH 的加入，溶液中的 H^+ 不断与 OH^- 结合生成电导很小的 H_2O，相当于强导电 H^+ 被弱导电 Na^+ 替代，使溶液中的 H^+ 浓度逐步减小，致使溶液的电导不断下降。

滴定接近化学计量点及计量点后，滴定反应为：

$$H^+ + Cl^- + Na^+ + OH^- + HAc \longrightarrow Na^+ + Cl^- + H_2O + Ac^-$$

当80%以上的 HCl 被滴定消耗后，溶液中的 H^+ 浓度逐步减少，HCl 对 HAc 解离的抑制作用减弱了，HAc 逐步解离参与滴定反应，溶液的电导值缓慢降低；当 HCl 全部被反应，滴定剂 NaOH 与 HAc 反应，生成了弱导电的 NaAc，相当于弱导电的 NaAc 替代了不导电的 HAc，使溶液的电导值缓慢上升，滴定体系的"电导-NaOH体积"曲线上形成了第一个拐点。当 HAc 反应完全，随着 NaOH 的加入，溶液中过量的 OH^- 的浓度逐步增大，溶液的电导值快速上升，滴定体系的"电导-NaOH体积"曲线上形成了第二个拐点；两个拐点分别对应 HCl 和 HAc 的滴定终点。滴定过程中，滴定体系的电导与 NaOH 体积间的关系如图4-4所示。

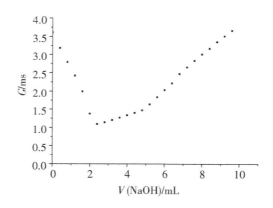

图4-4　NaOH 对 HCl 和 HAc 混合酸的电导滴定曲线

三、仪器与试剂

1.仪器

电导仪（DDS-320型，或其他型号），电导电极（$k=1.0$），温度探头，超级恒温水浴（ZH-1C型，或其他型号），磁力加热搅拌器（79-1，或其他型号）移液枪（100～1 000 μL），玻璃夹套反应器。

2.试剂

HCl（分析纯），HAc（分析纯），NaOH（分析纯），蒸馏水。

四、实验步骤

1.HCl和HAc混合试样溶液的准备

分别吸取 50 mL 浓度约 0.1 mol·L^{-1} HCl 和 HAc 溶液混合，摇匀待用。

2. 0.1 mol·L^{-1} NaOH 标准溶液的配制

称取 0.4 g 分析纯 NaOH 于 250 mL 烧杯中，加入 50 mL 蒸馏水溶解，加水稀释至 100 mL，摇匀，用邻苯二甲酸氢钾基准试剂标定。

3.仪器操作

（1）打开电导仪预热 10 min，熟悉仪器荧光屏，学会仪器各旋钮及按钮的使用。

（2）按 "MOOD" + "SET" 键，显示屏显示 α=x.xx，按 "Δ" "∇" 键，调整 α= 2.00，参比温度为 25 ℃，测定时，连接温度探头，显示屏显示 "ATC"，仪器进入自动温度补偿状态。

（3）移取 5.00 mL HCl 和 HAc 混合酸于夹套反应器中，放入磁转子，选择规格常熟 k=1.0 的电导电极，与温度探头一起插入夹套反应器。

（4）加入蒸馏水稀释待测液至液面超过电导电极铂极片 1~2 mm，打开磁力搅拌器，把磁子的转速调到 300 r·min^{-1} 左右。

（5）通过 "MOOD" 键将仪器调到 "电导" 测量模式，通过 "SET" 键选择电导电极规格常数为 "1.0"。

（6）待电导值稳定后，记录第一个电导值。

（7）用移液枪加入 0.4 mL NaOH 标准溶液，待电导值稳定后，记录第二个电导值；重复这项操作，共采集 30 组滴定数据。

（8）实验结束，关闭电导仪和磁力搅拌器，洗涤电极、夹套反应器等。

五、数据处理

1.利用软件 "Origin" 处理数据。

2.以 NaOH 标准溶液的体积为横坐标，电导为纵坐标绘制滴定曲线。为了便于后期数据拟合，滴定曲线绘制成 "点" 图。

3.分三段对滴定曲线进行拟合，得到三段曲线，即 HCl 滴定段、HAc 滴定段及 NaOH 过量段。三段曲线形成两个交叉点，分别对应 V_1 和 V_2（图4-5），确定 HCl 和 HAc 所消耗的 NaOH 的体积分别为 V_1 和 V_2-V_1，以此为基础，计算 HCl 和 HAc 的浓度。

【注意事项】

1.详细了解各种仪器的构造，熟练和规范地操作各种设备。

2.滴定过程中，若 NaOH 标准溶液没有直接加入反应液中，而是滴到了电极上，或温度探头上，或夹套反应器器壁上，必须先用蒸馏水将其冲入反应液且电导稳定后再记录数据。

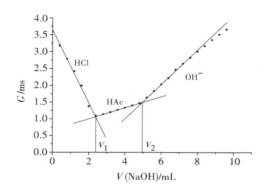

图4-5 电导滴定拟合曲线

【思考题】

1.简述移液枪的操作步骤。

2.实验开始前，需要加水对混合酸进行稀释；实验中，若反应液滴加到反应液以外了，需要加水冲洗；这两次加水对实验结果有影响吗？为什么？

3.数据处理过程中，曲线拟合应注意什么？

实验19 利用化学振荡分析法测定农药甲胺磷的含量

一、实验目的

1.了解化学振荡现象的基本原理。
2.掌握化学振荡在药物分析中的应用。
3.熟悉电化学工作站的使用方法。

二、实验原理

化学振荡反应是化学反应体系的状态随时间周期性变化的现象，也被称作化学时钟，由于其类似于生物时钟而吸引了科学界广泛的兴趣。化学振荡反应要发生，通常至少需要满足以下的两个条件：

（1）反应体系要远离热力学平衡。

（2）反应体系所对应的动力学方程必须是非线性的。在上述条件下，反应体系中的一些物质浓度随着时间的推移呈现出有规律的变化，具备了相似于生物体系中的自组织功能。

在这类复杂的化学振荡体系中，别洛索夫-扎鲍京斯基反应（Belousov-Zhabotinskii，B-Z）（在催化剂 Ce^{4+} 存在的条件下，用溴酸钾氧化丙二酸）是最知名的一个化学振荡反应，B-Z 化学振荡反应也是所有振荡体系中最稳定、最规则的一类化学振荡反应体系，有将 B-Z 化学振荡反应体系用于分析测定的方法被建立。

在实际的分析测试过程中，当 B-Z 化学振荡体系达到稳定时，振荡曲线呈现出的振幅和周期不再发生变化。如果在振荡曲线的最低点进样，将会引起振荡振幅或振荡周期的变化，而且变化的程度与加入物的浓度成正比，这种正比关系为加入物的测定奠定了基础；或者将待测物与振荡底液一起加入，测定振荡体系的诱导期的变化，这个变化与加入物的浓度成正比，也可以建立起待测物的测定方法。

三、仪器与试剂

1.仪器

电化学工作站（CHI660-C 型，或其他型号），铂电极（213 型，或其他型号），参比电极 [C(K_2SO_4)-1 型，或其他型号]，超级恒温水浴（ZH-1C 型，或其他型号）；AL204 电子天平（或其他型号），磁力搅拌器（ML-902 型，或其他型号），40～50 mL 玻璃夹套反应器。

2.试剂

实验所用 H_2SO_4、$Ce(SO_4)_2 \cdot 4H_2O$、$KBrO_3$、$CH_2(COOH)_2$ 均为分析纯，涉及的其他药品均为分析纯，实验中全部使用蒸馏水。

四、实验步骤

1.振荡底液的配制

H_2SO_4 溶液的配制（0.8 mol·L^{-1}）：将量取的 2.2 mL18.4 mol·L^{-1} 浓 H_2SO_4 在搅拌下溶于 200 mL 蒸馏水中，并用蒸馏水定容至 500 mL，摇匀。

$KBrO_3$ 溶液的配制（0.2 mol·L^{-1}）：称取 1.7 g $KBrO_3$ 用 0.8 mol·L^{-1} 的 H_2SO_4 溶液溶解、定容至 50 mL，摇匀。

$CH_2(COOH)_2$ 溶液的配制（0.5 mol·L^{-1}）：称取 2.6 g $CH_2(COOH)_2$ 用 0.8 mol·L^{-1} 的 H_2SO_4 溶液溶解、定容至 50 mL，摇匀。

$Ce(SO_4)_2$ 溶液的配制（0.04 mol·L^{-1}）：称取 0.8 g $Ce(SO_4)_2 \cdot 4H_2O$ 用 0.8 mol·L^{-1} 的 H_2SO_4 溶液溶解、定容至 50 mL，摇匀。

2.待测物储备液的配制

盐酸多巴胺储备液的配制（0.01 mol·L^{-1}）：称取 0.1 g $C_8H_{11}NO_2 \cdot HCl$ 用蒸馏水溶解、定容至 50 mL，摇匀。

3.仪器参数

电化学工作站运行时间 10 000 s；采样间隔 0.1 s；最大电位 1.0 V，最小电位 0.3 V；

超级恒温水浴温度25 ℃；搅拌速度设置为300 r·min^{-1}。

4.仪器操作步骤

（1）打开电化学工作站电源开关，使仪器预热15 min，连接工作电极、参比电极及对电极，打开电脑电源开关，双击"CHI660C"软件图标，打开电化学工作站操作软件。

（2）单击"Setup"在下拉菜单中单击"Technique"，在弹出的分析技术中心选择"Open Circuit Potential-Time"，单击，弹出"Parameters for Open Circuit Potential-Time"对话框，按"3.仪器参数"设置仪器参数，设置工作完成。

（3）在夹套反应器中，依次加入7.4 mL 0.2 mol·L^{-1}的KBrO$_3$溶液、6.5 mL 0.5 mol·L^{-1}的CH$_2$(COOH)$_2$溶液、1.0 mL 0.04 mol·L^{-1}的Ce(Ⅳ)溶液、再加入0.8 mol·L^{-1}的H$_2$SO$_4$，使总体积达到20.00 mL。打开连接恒温夹套反应器的超级恒温水浴的循环泵，使反应物在25 ℃下用磁力搅拌器搅拌2～3 min，装好3个电极，立即开始记录"Potential-Time"曲线。

（4）当规则的振荡图形达到稳定后，就可以向反应体系中加入盐酸多巴胺溶液。用微量进样器在振荡曲线最低点进样0.1 mL，进样后连续记录4～5个振荡周期后停止运行，采集数据，计算进样前后两个周期的振荡振幅的变化。所有的振荡图形由电脑控制的电化学分析仪记录。

（5）按照仪器操作步骤（4），盐酸多巴胺溶液的浓度在10^{-4}～10^{-7}mol·L^{-1}之间制作标准曲线。

（6）按仪器操作步骤（4）进样待测样，采集待测样的振荡振幅变化值。

（7）关闭电化学工作站、超级恒温水浴、磁力搅拌器，清洗设备。

五、数据处理

1.标准曲线绘制：以所进标准溶液后引起的振荡振幅的变化值ΔE为纵坐标，以加入的相应盐酸多巴胺溶液标准溶液浓度c为横坐标，绘制标准曲线。

2.计算盐酸多巴胺未知样溶液的浓度：根据待测样振幅的变化值ΔE，在标准曲线的横坐标上确定待测盐酸多巴胺未知样溶液的浓度。

【注意事项】

1.B-Z化学振荡易受温度影响，注意控温。

2.进样点对结果的影响很大，注意控制进样点的重复性。

3.进样的速度对结果影响很大，注意控制进样过程的重复性。

4.电化学工作站的散热状况影响分析结果，做好仪器的散热。

【思考题】

1.本实验除了标准曲线法还可以采用什么方法进行?

2.实验条件是如何影响测定结果的?

实验20 循环伏安法测定电极反应参数

一、实验目的

1.掌握循环伏安法的基本原理、特点和应用。

2.学习固体电极表面的处理方法。

3.学习电化学工作站的基本操作。

4.了解扫描速率和浓度对循环伏安图的影响。

二、基本原理

循环伏安法(cyclic voltammetry,CV)是将循环变化的电压施加于工作电极和参比电极之间,记录工作电极上得到的电流与施加电压的关系曲线。循环伏安法施加电压与扫描时间的关系(图4-6):起始电位为+0.8 V,扫至转折电位-0.2 V,终点又回扫至+0.8 V,直线的斜率即是扫描速率$0.050\ \text{V}\cdot\text{s}^{-1}$。CV法由于电压与时间是三角形关系,也常称为三角波线性电位扫描方法。

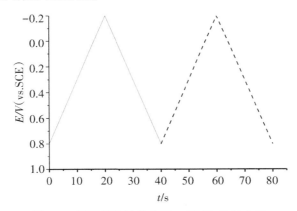

图4-6 循环伏安法的电压E-时间t关系曲线

电对$[\text{Fe}(\text{CN})_6]^{3-}/[\text{Fe}(\text{CN})_6]^{4-}$:

$$[\text{Fe}(\text{CN})_6]^{3-} + \text{e}^- =\!=\![\text{Fe}(\text{CN})_6]^{4-}, \quad \varphi^{\ominus}=0.36\ \text{V}\ (\text{vs.NHE})$$

如图4-7所示,在一定扫描速率下,从起始电位+0.8 V正向扫描至转折电位-0.2 V,当电压减小到某一个值时,工作电极附近的$[\text{Fe}(\text{CN})_6]^{3-}$被还原为$[\text{Fe}(\text{CN})_6]^{4-}$,产生阴极

峰电流 i_{pc}；当反向扫描从转折电位 -0.2 V 扫描至起始电位 $+0.8$ V 期间，刚才生成的 $[Fe(CN)_6]^{4-}$ 又被氧化为 $[Fe(CN)_6]^{3-}$，产生阳极峰电流 i_{pa}。为了使液相传质过程只受扩散控制，应在溶液处于静止的状态下进行电解。溶液中的溶解氧也会出峰，扫描前通 N_2 驱除氧。

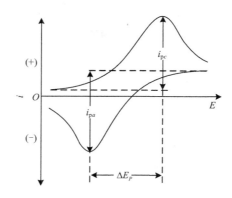

图4-7　循环伏安曲线

循环伏安法能迅速提供电活性物质电极反应过程的可逆性、化学反应过程、电极表面吸附等信息。在循环伏安图中可以得到：阳极峰电流（i_{pa}）、阴极峰电流（i_{pc}）、阳极峰电位（E_{pa}）和阴极峰电位（E_{pc}）等重要参数。

对于可逆体系的正向峰电流，有 Randles-Savcik 方程（扩散电流方程）：

$$i_p = 2.69 \times 10^5 n^{3/2} A D^{1/2} v^{1/2} c \tag{4-12}$$

式中：i_p 为峰电流（A），n 为电子转移数，A 为工作电极表面积（cm^2），D 为扩散系数（$cm^2 \cdot s^{-1}$），v 扫描速度（$V \cdot s^{-1}$），c 为浓度（$mol \cdot L^{-1}$）。

从扩散电流方程式可以看出：在其他条件一定时，i_p 与 c 呈线性关系，可以用于定量测定；i_p 与 $v^{1/2}$ 也呈线性关系。

对可逆电极过程，有：

$$\Delta E_P = E_{pa} - E_{pc} \approx \frac{56 - 63}{n} mV \tag{4-13}$$

即阳极峰电势 E_{pa} 与阴极峰电势 E_{pc} 之差为 $56/n \sim 63/n$ mV 之间，确切的值与扫描过阴极峰电势之后多少毫伏再回扫有关。一般在过阴极峰电势之后有足够的毫伏数再回扫，ΔE_p 值为 $58/n$ mV。

判断电极反应是否可逆的重要依据：$i_{pa}/i_{pc} \approx 1$。

三、仪器与试剂

1. 仪器

CHI660E 电化学工作站，铂盘电极（工作电极），铂丝电极（辅助电极），饱和甘汞电极（参比电极），电解池，移液管，容量瓶。

2.试剂

1.0 mol·L^{-1} KNO$_3$ 溶液，铁氰化钾 K$_3$[Fe（CN）$_6$]溶液（浓度 0.001 mol·L^{-1}、0.002 mol·L^{-1}、0.004 mol·L^{-1}、0.006 mol·L^{-1}、0.008 mol·L^{-1}，其中均含 1.0 mol·L^{-1} KNO$_3$）。

四、实验步骤

1.工作电极的预处理

在湿的电极抛光布上，用 α-Al$_2$O$_3$ 粉末（粒径 0.05 μm）将工作电极表面打磨抛光后，用蒸馏水冲洗干净即可，必要时分别在蒸馏水、乙醇中超声清洗 2 min。

2.支持电解质 KNO$_3$ 的循环伏安图

往电解池中加入 30 mL 1.0 mol·L^{-1} KNO$_3$ 溶液，插入连接好的三电极（以预处理过的铂盘电极为工作电极，铂丝电极为辅助电极，饱和甘汞电极为参比电极）。通 N$_2$ 除氧 15 min。选择循环伏安法，设置实验参数：起始电位 +0.8 V，终止电位 -0.2 V，扫描速率 0.050 V·s^{-1}。进行循环伏安法扫描，保存循环伏安图及实验数据。

3.不同浓度的 K$_3$[Fe(CN)$_6$]溶液的循环伏安图

在 +0.8～ -0.2 V 电位区间，扫描速率均为 0.050 V·s^{-1}，分别作不同浓度的 K$_3$[Fe（CN）$_6$]溶液的循环伏安图，测量主要参数 i_{pc} 和 i_{pa}、E_{pc} 和 E_{pa}，并记录在表4-1中。

每一次测量完毕，用去离子水冲洗三电极系统，并用滤纸吸干电极表面的水分。

4.不同扫描速率下 K$_3$[Fe(CN)$_6$]溶液的循环伏安图

取 30 mL 0.004 mol·L^{-1} K$_3$[Fe(CN)$_6$]溶液加入电解池，分别以 0.100 V·s^{-1}、0.125 V·s^{-1}、0.150 V·s^{-1}、0.175 V·s^{-1}、0.200 V·s^{-1} 的速率，在 +0.8～-0.2 V 电位区间进行扫描，分别记录循环伏安图，并将主要参数 i_{pc} 和 i_{pa}、E_{pc} 和 E_{pa} 记录在表4-2中。

五、数据处理

1.不同浓度 c 对峰电流 i 的影响（表4-1）。

表4-1　浓度 c 对 CV 图参数的影响（扫描速率 v 均为 0.050 V·s^{-1}）

浓度 c/mol·L^{-1}	0.001	0.002	0.004	0.006	0.008
阴极峰电流 i_{pc}/μA					
阳极峰电流 i_{pa}/μA					
阴极峰电位 E_{pc}/ V					
阳极峰电位 E_{pa}/ V					
ΔE/ V					

分别以 i_{pa}、i_{pc} 对 K$_3$[Fe(CN)$_6$]溶液的浓度 c 作图，说明峰电流与浓度的关系。

2.扫描速率 v 对峰电流 i 的影响（表4-2）。

表4-2 扫描速率 v 对CV图参数的影响（浓度 c 均为 0.004 mol·L⁻¹）

扫描速度 v / V·s⁻¹	0.100	0.125	0.150	0.175	0.200
阴极峰电流 i_{pc}/μA					
阳极峰电流 i_{pa}/μA					
阴极峰电位 E_{pc} / V					
阳极峰电位 E_{pa} / V					

分别以 i_{pa}、i_{pc} 对 $v^{1/2}$ 作图，说明峰电流 i 与扫描速率 v 之间的关系。

3.计算 i_{pc}/i_{pa} 的值、ΔE 值，说明 $K_3[Fe(CN)_6]$ 在 KNO_3 溶液中电极过程的可逆性。

【注意事项】

1.实验前电极表面要处理干净。理论表明，在电极和电解质物质之间电子的转移需要平整的界面，光滑洁净的电极表面有利于电子在不同物质之间的转移。

2.每个样品开始扫描前要通 10～15 min 的 N_2，以除去溶液中的溶解氧。

3.为了使液相传质过程只受扩散控制，应使电解质溶液处于静止条件下进行扫描。

4.在实验步骤4中完成每一个扫速的测定后，为使电极附近溶液恢复至初始条件，应将电极提起后再放入溶液中或将溶液搅拌，等溶液静止 1～2 min 后再扫描。

5.避免电极夹头互碰导致仪器短路。

【思考题】

1.由实验记录的 ΔE 值和表的 i_{pc}/i_{pa} 值判断该电极过程是否可逆？

2.$K_4[Fe(CN)_6]$ 和 $K_3[Fe(CN)_6]$ 的循环伏安图是否相同，为什么？

3.扫描过程中溶液为什么要保持静止？为什么要加入 1.0 mol·L⁻¹ 的支持电解质 KNO_3？

实验21 阳极溶出伏安法测定水中的铅和镉

一、 实验目的

1.了解线性扫描阳极溶出伏安法的基本原理。
2.掌握汞膜电极的使用方法。
3.学习用标准加入法进行定量分析。

二、基本原理

溶出伏安法（stripping voltammetry）的测定包含富集和溶出两个基本过程。首先将工作电极控制在某一条件下，使被测物质在电极上富集，然后施加线性变化电压于工作电极上，使被富集的物质溶出，同时记录电流 i 与电极电位 E 的 i-E 关系曲线，根据溶出峰电流 i 的大小来确定被测物质的含量。

溶出伏安法主要分为阳极溶出伏安法、阴极溶出伏安法和吸附溶出伏安法。本实验采用阳极溶出伏安法（anodic stripping voltammetry）测定水中的 Pb^{2+} 和 Cd^{2+}，其过程可表示为：

$$M^{2+}+2e^-+Hg \Longrightarrow M（Hg）（M=Pb^{2+}/Cd^{2+}）$$

本实验使用玻碳电极为工作电极，采用同位镀汞膜测定技术。本方法是在分析溶液中加入一定量的 $Hg(NO_3)_2$（浓度通常是 $10^{-5}\sim10^{-4}$ mol·L^{-1}），在被测物质所加电压下富集时，Hg^{2+} 与被测物质 Pb^{2+}、Cd^{2+} 同时在玻碳电极的表面上被还原析出，形成汞齐。此时停止搅拌，让溶液静置片刻（约30 s），使沉积的待测物质 Pb 和 Cd 在汞齐内的分布均匀一致。然后反向电位扫描到较正的电位时，使 Pb 和 Cd 从汞齐中重新"溶出"，此时电极上发生氧化反应，而产生"溶出"电流峰。

在酸性介质中，当电极电位控制为-1.0 V（vs.SCE）时，Pb^{2+}、Cd^{2+} 与 Hg^{2+} 离子同时富集在玻碳工作电极上形成汞齐膜。然后当阳极化扫描至-0.1 V时，可得到两个清晰的溶出电流峰。铅的波峰电位约为-0.4 V，而镉的约为-0.6 V（vs.SCE）。

影响峰电流的因素较多，如溶液中金属离子的浓度、电解富集时间、富集时的搅拌速度、电极的面积、扫描速度和温度等因素。当其他条件一定时，峰电流 i_p 只与溶液中金属离子的浓度 c 成正比：

$$i_p=Kc$$

用标准曲线法或标准加入法均可进行定量测定。标准加入法的计算公式为：

$$c_x = \frac{c_s V_s h_x}{H\left(V_x + V_s\right) - h_x V_x} \tag{4-14}$$

式中：c_x、V_x、h_x 分别为试样的浓度、体积和溶出峰的峰高；c_s、V_s 分别为加入标准液的浓度和体积；H 为试样中加入标准液后，测得的溶出峰的峰高。

由于加入标准液的体积 V_s 相对于试样的体积 V_x 非常小，可以忽略不计，所以上式可以简化为：

$$c_x = \frac{c_s V_s h_x}{(H - h_x)V_x} \tag{4-15}$$

三、仪器与试剂

1.仪器

CHI660E电化学工作站，玻碳电极（工作电极），铂丝电极（辅助电极），饱和甘汞电极（参比电极），电解池，移液管，容量瓶。

2.试剂

$1.0\ mol\cdot L^{-1}$ HCl溶液，$1.0\times10^{-5}\ mol\cdot L^{-1}\ Pb^{2+}$标准液，$1.0\times10^{-5}\ mol\cdot L^{-1}\ Cd^{2+}$标准液，$5.0\times10^{-3}\ mol\cdot L^{-1}\ Hg^{2+}$溶液。

四、实验步骤

1.工作电极的预处理

在湿的电极抛光布上，用$\alpha-Al_2O_3$粉末（粒径$0.05\ \mu m$）将玻碳电极表面抛光，然后依次分别用$1:1\ HNO_3$、乙醇、蒸馏水超声清洗1 min。在电解池中加入20 mL 0.5 $mol\cdot L^{-1}$ H_2SO_4溶液，插入三电极，选择循环伏安法扫描，即初始电位+1.1 V，转折电位-1.2 V，扫描速率0.1 V·s^{-1}。反复扫描直至达到稳定的循环伏安图为止，取出电极，用蒸馏水冲洗干净。

2.溶液的配制

移取两份25.0 mL水样于两个50 mL容量瓶中，分别加入5 mL 1.0 $mol\cdot L^{-1}$ HCl、1.0 mL $5.0\times10^{-3}\ mol\cdot L^{-1}\ Hg(NO_3)_2$溶液：

（1）未加标准液的样品：将一个容量瓶用水稀释至刻度，摇匀。

（2）加入标准液的样品：在另一个容量瓶中加入1.0 mL $1.0\times10^{-5}\ mol\cdot L^{-1}\ Pb^{2+}$标准液和1.0 mL $1.0\times10^{-5}\ mol\cdot L^{-1}\ Cd^{2+}$标准液，用水稀释至刻度，摇匀。

3.连接仪器，选择实验方法——线性扫描溶出伏安法，实验参数设置参考如下：

富集电位：-1.0 V。　　　　　　　富集时间：30 s。

静止电位：-1.0 V。　　　　　　　扫描速度：0.1 V·s^{-1}。

扫描范围：-1.0～+0.1 V。　　　　静止时间：30 s。

4.测定未加标准液的样品

将未加标准液的样品加入电解池中，通N_2除氧10 min，开动搅拌器。运行程序，保存溶出伏安曲线及实验数据，分别测定溶出Pb^{2+}、Cd^{2+}离子的峰高h_x。平行测定2次，每完成1次，在-0.1 V处清洗电极30 s。

5.测定加入标准液的样品

保持实验条件不变，测定加入标准液的样品溶出Pb^{2+}、Cd^{2+}离子的峰高H。平行测定两次。每完成1次，在0.1 V处清洗电极30 s。

6.实验结束

实验结束后，清洗电极，退出程序，关闭仪器和计算机。

五、数据处理

表4-3为水样中Pb^{2+}、Cd^{2+}离子的阳极溶出伏安法的测定结果。

表4-3 水样中Pb^{2+}、Cd^{2+}离子的阳极溶出伏安法的测定结果

	峰高h_x(样品)			峰高H(样品+标准液)			测定结果/ $mol \cdot L^{-1}$
Pb^{2+}	第1次	第2次	平均值	第1次	第2次	平均值	
Cd^{2+}	第1次	第2次	平均值	第1次	第2次	平均值	

【注意事项】

1.每个样品开始扫描前要通$10\sim15$ min 的N_2，以除去溶液中的溶解氧。

2.富集时必须搅拌，但是在富集过程完成后，应该及时关闭搅拌器，溶出过程应该在溶液静止条件下进行。

3.每次测试后，电极要在较正电位条件下清洗。

4.整个实验过程中应保持所有测定条件不变。

【思考题】

1.溶出伏安法为什么有较高的灵敏度？

2.为了提高实验结果的准确度和重现性，哪几步实验步骤应该严格控制？

实验22 库仑滴定法测定微量肼

一、实验目的

1.学习库仑滴定法的基本原理。

2.学会简易恒电流库仑仪的安装和使用。

3.掌握恒电流库仑滴定法测定微量肼的实验方法。

二、实验原理

库仑分析法是以测量电解反应所消耗的电量为基础的一类分析方法。根据电解方式的不同，库仑分析法可分为控制电位库仑分析和恒电流库仑滴定两种类型。控制电位库仑分析是使工作电极的电位保持恒定，使待测组分在该电极上发生定量的电解反应，并用库仑计或电流积分库仑计（电子库仑计式）记录电解过程所通过的电量，进而求得被测组分的含量。恒电流库仑滴定也通称为库仑滴定，其过程是在试液中加入大量辅助电解质，然后控制恒定的电流进行电解，该辅助电解质由于电极反应而产生一种能与待测

组分进行定量滴定反应的物质（称滴定剂），选择适当的确定终点方法，记录从电解开始到终点所需要的时间，进而根据反应的库仑数求出被测组分的含量。

本实验采用恒电流库仑滴定法，即在试液中加入大量的辅助电解质，以恒定的电流使辅助电解质电解，其产物作为滴定剂与被测组分发生定量反应，因此库仑滴定所利用的反应类型与通常的化学滴定分析相同，库仑滴定所利用的反应，也应该是反应速度快，基本上进行完全，而且无副反应发生。只是库仑滴定所用的滴定剂是在电解池中由电极反应产生，而不是通过滴定管加入的。由于所选择的电极反应，保证电流效率100%，因而通过电量的准确测量，可以进行精确的定量计算。它可以选择安培法、电位法、电导法、比色法或指示剂法指示反应的终点。

本实验是在 $0.3\ mol \cdot L^{-1}$ HCl 溶液中，使 $0.1\ mol \cdot L^{-1}$ KBr 在铂电极（工作电极）上以恒电流进行电解，其反应为：

$$阳极：2Br^- \longrightarrow Br_2 + 2e$$

$$阴极：2H^+ + 2e \longrightarrow H_2$$

阳极产生的 Br_2 与试液中被测组分硫酸肼（$NH_2 \cdot NH_2 \cdot H_2SO_4$）发生下述定量反应：

$$NH_2 \cdot NH_2 \cdot H_2SO_4 + 2Br_2 \longrightarrow 4HBr + H_2SO_4 + N_2$$

实验采用双指示电极法指示滴定终点。在化学计量点之前，工作电极产生的滴定剂 Br_2 全部与硫酸肼反应，因而溶液中没有多余的 Br_2，仅存在不可逆的肼电对。指示电极间仅有微弱的残余电流通过，当到达化学计量点后，溶液中有过量的 Br_2 存在，形成 Br_2/Br^- 可逆电对，这时虽然施加于指示电极的外加电压很小（约0.2 V），但仍可发生下列反应：

$$指示阳极：2Br^- \longleftrightarrow Br_2 + 2e^-$$

$$指示阴极：Br_2 + 2e \longleftrightarrow 2Br^-$$

由法拉第定律可知，在电极上生成或被消耗的某物质的质量 m 与通过该体系的电荷量 Q 成正比，且当电解过程中电流 I 恒定，则有：

$$m = \frac{M}{nF}Q = \frac{M}{96\,487n}It \qquad (4-16)$$

式中：M 为反应物质的相对原子质量或相对分子质量，n 为电解反应中电子的转移数，I 为电解电流，t 为电解时间，F 为法拉第常数，1F=96 487库仑。

化学试剂中如果存在有其他微量的还原性物质，会造成对测定的干扰，为此在正式滴定之前可先以少量试样加到电解质溶液中进行预电解，以消除杂质的影响。

三、仪器与试剂

1.仪器

KLT-1型通用库仑仪，配套电解池，磁力搅拌器，移液管，烧杯等。

2.试剂

0.3 mol·L⁻¹ HCl-0.1 mol·L⁻¹ KBr混合溶液，3 mol·L⁻¹ H₂SO₄，硫酸肼水溶液，超纯水等。

四、实验步骤

1.预电解

（1）连接电极线路，接通总电源。

（2）量程选择为"10 mA"。

（3）按下"电流"及"上升"挡。

（4）注入少量硫酸肼样品，开动搅拌器。

（5）"补偿极化电位"调至4左右，按下"启动"键。

（6）按住"极化电位"键，调节"补偿极化电位"使表针指示在20 μA左右，松开"极化电位"键。

（7）按下"电解"，指示灯灭，"工作、停止"开关置"工作"位置，开始电解计数，直到mQ表头显示读数稳定，指示红灯亮，弹出"启动"键，"工作、停止"开关置"停止"位置，仪器自动清零，预电解完毕。

2.样品测定

预电解结束后，用移液管准确移取1 mL硫酸肼样品，按下"启动"和"电解"键，"工作、停止"开关置"工作"位置，开始电解计数，直到mQ表头显示读数稳定，指示红灯亮，记录读数，然后弹出"启动"键，"工作、停止"开关置"停止"位置，再用移液管准确移取1 mL硫酸肼样品，重复上述步骤，平行实验3次。

五、数据处理

计算原始试样中硫酸肼的含量，以 g·L⁻¹ 表示。

【注意事项】

1.仪器准备时，应该按步骤准确调制。

2.每次试液必须准确移取。

3.每次测量结束后，应按"启动"将数值归零。

【思考题】

1.以本实验为例，说明库仑滴定法的原理，本实验采用哪一种电解方式？

2.预电解后，若溶液中还含有微量的Br₂，是否影响测定的准确度？

3.电解液为什么可反复使用多次？这样有什么好处？

4.如在平行测定过程中，若其中有一次电解过头，是否再进行预电解？

5.为什么调节"补偿极化电位"使表针指示在 20 μA 左右？

实验23　库仑滴定法标定 $Na_2S_2O_3$ 溶液的浓度

一、实验目的

1. 学习库仑滴定和永停法指示终点的基本原理。
2. 学习库仑滴定的基本操作技术。

二、实验原理

1.库仑滴定

化学分析法所用的标准溶液大部分是借助于另一种标准物质作为基准，而基准物的纯度、使用前的预处理（如烘干、保干或保湿）、称量的准确度，以及滴定时对终点颜色变化的目视观察等，无疑对标定的结果都有重要影响。利用库仑滴定法通过电解产生纯物质与标准溶液反应，不但能对标准溶液进行标定，而且由于利用近代电子技术可以获得非常稳定而精度很高的恒电流，同时，电解时间也易精确记录，因此可以不必使用基准物质，因而可避免上述以基准物标定时可能引入的分析误差，提高标定的准确度。

本实验是在 $0.1\ mol\cdot L^{-1}$ NaAc-HAc 缓冲介质中，以电解 KI 溶液产生的 I_2 标定 $Na_2S_2O_3$ 溶液。在工作电极上以恒电流进行电解，发生下列反应：

$$阳极反应：2I^- \Longrightarrow I_2 + 2e$$

$$阴极反应：2H^+ + 2e \Longrightarrow H_2$$

工作阴极置于隔离室（玻璃套管）内，套管底部有一微孔陶瓷芯以保持隔离室内外的电路畅通，这样的装置避免了阴极反应对测定的干扰。阳极产物 I_2 与 $Na_2S_2O_3$ 溶液发生作用：

$$I_2 + 2S_2O_3^{2-} \Longrightarrow S_4O_6^{2-} + 2I^-$$

由于上述反应，在化学计量点之前溶液中没有过量的 I_2，不存在可逆电对，因而两个铂指示电极回路中无电流通过，继续电解，产生的 I_2 全部与 $Na_2S_2O_3$ 作用完毕，稍过量的 I_2 即可与 I^- 离子形成 I_2/I^- 可逆电对，此时在指示电极上发生下列电极反应：

$$指示阳极：2I^- \Longrightarrow I_2 + 2e。$$

$$指示阴极：I_2 + 2e \Longrightarrow 2I^-。$$

由于在两个指示电极之间保持一个很小的电位差（约 200 mV），所以此时在指示电极回路中立即出现电流的突跃，以指示终点的到达。

正式滴定前，需进行预电解，以清除系统内还原性干扰物质，提高标定的准确度。

2.仪器工作原理

本实验采用KLT-1型通用库仑仪进行测定。工作原理是：

（1）终点方式选择控制电路：指示电极由用户自己选用，其中有一铂片，电位法和电流法指示时共用，面板设有"电位、电流""上升、下降"键开关，任用户根据需要选择。指示电极的信号经过放大器进行放大，然后经微分电路输出一脉冲信号到触发电路，推动开关执行电路去带动继电器使电解回路吸合、释放。

（2）电解电流变换电路：由电压源、隔离电路及跟随电路组成。电解电流大小可通过变换射极电阻大小获得，电解电流共有5 mA、10 mA、50 mA三挡，由于电解回路与指示回路的电流是分开的，故不会产生电解对指示的干扰。

（3）电量计算电路：该电路包括电流采样电路、$V-f$转换电路及整形电路、分频电路等组成部分。积分精度在0.2%～0.3%，能满足一般通用库仑分析的要求。

（4）数字显示电路：该电路全采用CMOS集成复合块，数码管是4位LED显示。

3.永停终点法

接通回路开始电解，电解起初时电解液得到的I_2迅速与硫代硫酸钠反应，电路中没有电流。当滴定达到终点后，电解液中有过量I_2，与I^-形成可逆电对，使指示回路的电流迅速变化，起到指示作用。

由法拉第定律可知，在电极上生成或被消耗的某物质的质量m与通过该体系的电荷量Q成正比，且当电解过程中电流I恒定，则有：

$$m = \frac{M}{nF}Q = \frac{M}{96\,487n}It \qquad (4-17)$$

式中：M为反应物质的相对原子质量或相对分子质量；n为电解反应中电子的转移数；I为电解电流；t为电解时间；F为法拉第常数，1F=96 487库仑。

化学试剂中如果存在有其他微量的还原性物质，会造成对测定的干扰，为此在正式滴定之前可先以少量试样加到电解质溶液中进行预电解，以消除杂质的影响。

三、仪器与试剂

1.仪器

KLT-1型通用库仑仪，配套电解池，磁力搅拌器，移液管，烧杯等。

2.试剂

电解液（40 mL 0.1 mol·L^{-1} KI + 40 mL 0.1 mol·L^{-1} NaAc-HAc），未知浓度$Na_2S_2O_3$溶液。

四、实验步骤

1.仪器准备

接通电源，打开仪器预热10 min。将电解池清洗干净，量取40 mL碘化钾和40 mL NaAc-HAc电解液置于电解池中，放入搅拌磁子，将电解池放在电磁搅拌器上，并从电解池加液侧管中滴入几滴 $Na_2S_2O_3$ 溶液。

2.将电极系统装在电解池上（注意铂片要完全浸入试液中），在铂丝阴极隔离管中用滴管注入电解液至管的 $2/3$ 部位。铂片电极接"阳极"（红线），隔离管中铂丝电极接"阴极"（黑线）。启动搅拌器，将指示电极连线夹头接在另一对铂电极的引出线上。注意使隔离管内的液面略高于电解池中的液面。

3."量程选择"置10 mA挡，微安表指针应在0，按下"电流、上升"键开关，调节微安表示数为4；按下"启动"和"极化电位"，调节"补偿极化电位"，使微安表指针在10，弹起"极化电位"。"工作/停止"开关置工作状态，按下"电解"，此时电解过程开始。

4.观察数码管显示的消耗电量数值。当终点指示灯亮，电解停止，数码显示的电量即为此次电解所消耗的电量毫库仑数。弹起"启动"，再滴加几滴 $Na_2S_2O_3$ 溶液，按下"启动"，按"电解"开始电解，"终点指示灯"亮时终点达到。

5.准确移取待测 $Na_2S_2O_3$ 溶液1 mL从加液侧管中加入到电解池中，按下"启动"，按"电解"开始电解，"终点指示灯"亮时终点达到。记下电解库仑值（mQ）。弹起"启动"，再加入1 mL $Na_2S_2O_3$ 溶液，按下"启动"，按"电解"，同样步骤测定。重复实验4～5次。

6.关闭仪器电源，拆除电极接线，将电解液倒入回收瓶中，洗净电解池及电极（注意清洗铂丝阴极隔离管），并注入蒸馏水，留待下组同学使用。

五、数据处理

根据几次测量的结果，取相近的5组数据进行处理，计算 $Na_2S_2O_3$ 溶液的质量浓度。
误差分析：
1.移取时存在误差。
2.记录数据时观察发现，每次停止时微安表的指针位置不同，对测量存在影响。

【注意事项】

1.仪器准备时，应该按步骤准确调制。
2.每次试液必须准确移取。
3.每次测量结束后，应按"启动"将数值归零。

【思考题】

1.以本实验为例，说明库仑滴定的原理，本实验采用哪一种电解方式？
2.如在平行测定过程中，若其中有一次电解过头，是否再进行预电解？

本章思考题
参考答案

第5章 原子发射光谱分析

原子发射光谱法（atomic emission spectrometry，AES）是依据处于激发态的待测元素原子跃迁回到基态时发射的特征谱线对待测元素进行定性与定量分析的方法。原子发射光谱法可对约70种元素（主要为金属元素及磷、硅、砷、碳、硼等非金属元素）进行分析。由于原子发射光谱法具有灵敏度高，选择性好，分析速度快，用样量少，能同时进行多元素的定性和定量分析等优点，所以原子发射光谱法成为元素分析的最常用手段之一，广泛应用于地质、冶金、生物、医药、食品、化工、核工业及环保等领域。

5.1 基本原理

原子通常处于稳定的最低能量状态即基态，当原子受到外界电能、光能或热能等激发源的激发时，原子核外层电子便跃迁到较高的能级上而处于激发态，这个过程称为激发。

外层电子处在激发态的原子是很不稳定的，在极短的时间内（$10^{-10} \sim 10^{-8}$ s）跃迁回基态或其他较低的能态而释放出多余的能量，释放能量的方式可以是无辐射跃迁，即通过与其他粒子的碰撞，进行能量的传递；也可以以一定波长的电磁波形式辐射出去，辐射的波长与其能量 $h\nu$ 有关，等于电子跃迁前、后两个能级的能量之差 ΔE，即

$$\Delta E = E_2 - E_1 = h\nu = hc/\lambda = hc\sigma \tag{5-1}$$

式中：h 为普朗克（Planck）常量；ν 为所辐射电磁波的频率；c 为光在真空中的传播速度；λ 为所辐射电磁波的波长；σ 为所辐射电磁波的波数，是所辐射电磁波波长的倒数；E_2 和 E_1 分别为电子所在的较高能级能量和较低能级能量。显然，原子发射光谱线的波长为：

$$\lambda = hc/\Delta E \tag{5-2}$$

在一定条件下，一种原子的电子可能在多种能级间跃迁，能辐射出不同特征波长 λ 或不同频率 ν 的光。利用分光仪将原子发射的特征光按频率分成若干条线状光谱，这就是原子发射光谱。

5.2 仪器部分

5.2.1 原子发射光谱分析仪基本构成

原子发射光谱仪大致由激发光源、分光系统、检测系统和数据处理系统4部分组成。

5.2.1.1 光源

光源具有使样品蒸发、离解、原子化和激发跃迁产生光辐射的作用。目前常用的光源有火焰、直流电弧、交流电弧、高压电火花、直流等离子体喷焰（DCP）、电感耦合等离子体（ICP）、微波感生等离子体（MIP）以及辉光放电（GD）和激光光源等。各种光源具有不同特点和性能（激发温度、蒸发温度、稳定性、强度、热性质等）。火焰原子发射光谱仪又称为火焰光度计（图5-1）。电感耦合等离子体（ICP）与其他光源相比具有稳定性好、基体效应小、检出限低、线性范围宽等特点而被广泛应用，目前已被公认为最有活力、前途广阔的激发源。

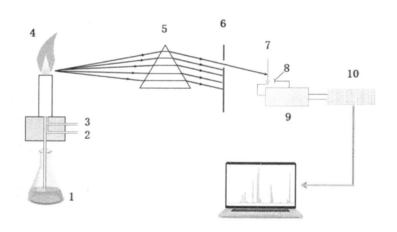

1.样液；2.燃气；3.助燃气；4.火焰；5.单色器；6.可调狭缝；7.阳极；8.光电管；9.放大器；10.检测器。

图5-1 火焰光度计结构示意图

5.2.1.2 分光系统

分光系统的作用是将光源中待测样品发射的原子谱线按波长顺序分开并排列在检测器上或分离出待测元素的特征谱线。分光系统采用的分光元件有3种类型：一是滤光片，当采用低级烷烃火焰作为光源时，由于火焰温度较低，只有较少元素的原子（主要是K、Na等碱金属元素）能产生较强的发射线且各自的原子发射光谱波长相差较大，此时只需要滤光片便可以使谱线分离；二是以棱镜作为色散元件的分光系统；三是以光栅作为色散元件的分光系统。

5.2.1.3 检测系统

原子发射光谱的检测方法主要可分为摄谱法和光电检测法两类。

1.摄谱法

摄谱法是用感光板来记录光谱。感光板由感光乳剂和载片两部分组成。感光乳剂由卤化银（常用 AgBr）的微小晶粒均匀地分散在精制的明胶中制成。载片是玻璃或醋酸纤维软片。感光板放置在摄谱仪投影物镜的焦面上，接受被分析试样发射光谱的辐射而感光，一次曝光可以永久记录光谱的许多谱线。感光后的感光板经显影、定影处理，呈现出黑色条纹状的光谱图；然后用光谱投影仪观测谱线的位置及强度进行光谱定性分析，用测微光度计测量谱线的黑度进行光谱定量分析。

2.光电检测法

光电检测法是用光电直读光谱仪（俗称光量计）进行检测的。光电直读光谱仪是由看谱镜和摄谱仪发展起来的。用光电检测器代替了人眼和感光板，避免了目视观测的误差和感光片化学处理的烦琐程序。

试样经光源激发后，所辐射的光经入射狭缝到色散系统凹面光栅或棱镜，分光后的各单色光被聚焦在焦面上，形成光谱。在焦面上放置若干个出射狭缝，将待测元素的特定波长引出，分别投射到光电倍增管上，将光能转变为电信号，由积分电容储存。当曝光终止时，由测量系统逐个测量积分电容上的电压，根据测定值的大小来确定含量。

光电直读光谱仪的激发光源应保证分析线的强度大、放电的稳定性高和对记录装置的电干扰小，因此在原子发射光谱分析中一般采用交流电弧或电感耦合等离子体等作为激发光源。其分光系统与摄谱仪大体相同，但必须满足工作光谱区、色散率、分辨率和光强等方面的要求。最常用的光学系统是凹面光栅成像系统，其次是反射式垂直对称平面光栅成像系统。

光学系统的色散率以中等（0.4～0.8 nm·mm⁻¹）以上为宜。光电直读光谱仪的检测系统必须具有较高的稳定性和较低的噪声，才能提高光电光谱分析的精密度，降低检出限。大多数光电检测系统都具有复杂的结构。

5.2.1.4 数据处理系统

数据处理方法与使用的检测方式有关，在采用胶片记录的摄谱仪测定系统中，为了对胶片（感光板）上的原子发射光谱进行细致观察，除了设置处理胶片显影的暗室外，同时还要配套映谱仪进行放大观察，配套测微光度计进行发射谱线的黑度量化，这一系列的实验过程需要3～4 h，整个操作烦琐复杂。更重要的是，这种方法所用仪器与现代原子光谱分析所用仪器相差较大；而且越来越大。目前这种方法已经逐步退出应用领域。

现代原子发射光谱仪普遍使用光电检测系统，把光能转变为电能，既直观又可即时显示出来。尤其是计算机技术的应用，实现仪器的自动控制及信息处理是一个越来越突出的发展方向。分析仪器上使用的数字显示和数字计算,并将微处理与分析仪器合二为一,做成一个整体,利用计算机强大的数据处理优势,使分析仪器的功能发生了质的飞跃,大大强化了实验的手段,这对分析仪器的在线式施行实时数据采集、实时控制和数据处理,实验的速度和精度及实验的自动化程度都是一个极大的提高。现在大部分进口分析仪器都带有微机系统或专用工作站,能实行半自动化或全自动化操作控制。

火焰光度计又称为火焰原子发射光谱仪,一般使用低温火焰作为光源,能量较低,只能满足待测试样中碱金属,如钾、钠等元素的基态原子蒸气的激发,发射光谱简单,而且发射强度较大,除了可以使用廉价的滤光片作为分光元件、使用光电池或光电管作为检测器外,输出信号的处理方式也没有必要做得太复杂,一般能显示或打印相对发射强度即可,这样可以降低仪器造价,适应广泛的应用场合。

5.2.2 电感耦合等离子体发射光谱仪

等离子体光源是近年来发展比较快的一种光源技术,它主要有直流等离子体、激波等离子体、电容耦合等离子体和电感耦合等离子体(inductively coupled plasma, ICP)光源,其中,ICP光源为数十年来发展较快的一种新型激发光源,性能优异,应用广泛。

电感耦合等离子体原子发射光谱法(inductively coupled plasma atomic emission spectrometry,缩写ICP-AES),也称为电感耦合等离子体光学发射光谱法(inductively coupled plasma optical emission spectrometry,缩写ICP-OES),是利用通过高频电感耦合产生等离子体放电的光源来进行原子发射光谱分析的方法。它是一种火焰温度范围为 6 000~10 000 K 的火焰技术。

电感耦合等离子体(ICP)是由高频电流经感应线圈产生高频电磁场,使工作气体形成等离子体,并呈现火焰状放电(等离子体焰炬),达到 10 000 K 的高温,是一个具有良好的蒸发-原子化-激发-电离性能的光谱光源(图5-2)。由于这种等离子体焰炬呈环状结构,有利于从等离子体中心通道进样并维持火焰的稳定;较低的载气流速(低于 1 L·min^{-1})便可穿透ICP,使样品在中心通道停留时间在 2~3 ms,可完全蒸发、原子化;ICP环状结构中心通道的高温,高于任何火焰或电弧火花的温度,是原子、离子的最佳激发温度,分析物在中心通道内被间接加热,对ICP放电性质影响小;ICP光源又是一种光薄的光源,自吸现象小,且系无电极放电,无电极沾污。这些特点使ICP光源具有优异的分析性能,符合一个理想分析方法的要求。

当今ICP-AES仪器的发展趋势是精确、简捷、易用,且具有极高的分析速度。它更加注重实际工作的需求及效率,使用者无须在仪器的调整上耗费时间和精力,从而能够把更多的精力放在分析测定工作上,使ICP成为一个易操作、通用性的实用工具。ICP-AES仪器更具多样化的适配能力,可根据实际工作需要选择不同的配置,例如在同一台仪器上可实现垂直观测、水平观测、双向观测,全波段覆盖、分段扫描,无机样品、有机样品、油样分析，自动进样器、超声雾化器、氢化物发生器、流动注射进样、固体进样等配置形式，并可根据需求随时升级，真正做到了一机多能，高效易用。新型的ICP-AES仪器，综合了前几代仪器的优点，对仪器的结构、控制和软件功能等方面进行调整，推出新一代的ICP-AES仪器。由于高集成固体检测器的普遍使用，高配置计算机的引入，使仪器在结构上更加紧凑、功能更加完善，并在控制的可靠性、数据通用性上都有了质的飞跃。

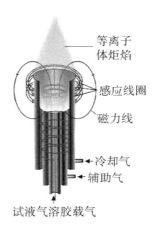

图5-2　ICP光源示意图

5.2.3　电感耦合等离子体发射光谱仪——ICAP6300光谱仪使用方法

5.2.3.1　开机预热

（若仪器一直处于开机状态，应保持计算机同时处于开机状态）

（1）确认有足够的氩气用于连续工作（储量≥1瓶）。

（2）确认废液收集桶有足够的空间用于收集废液。

（3）打开稳压电源开关，检查电源是否稳定，观察约1 min。

（4）打开氩气并调节分压在0.60～0.65 MPa之间。保证仪器驱气1 h以上。

（5）打开计算机。

（6）若仪器处于停机状态，打开主机电源。仪器开始预热。

（7）待仪器自检完成后，启动iTEVA软件，双击"iTEVA"图标，进入操作软件主界面，仪器开始初始化。检查联机通信情况。

5.2.3.2　编辑分析方法

（1）新建方法

点击桌面快捷图标TEVA → 输入用户名：Admin，Ok，点击应用栏中"分析"出现方法列表（最后使用的方法显示在最前面），不选择其中的方法点击取消。

进入分析界面后，点击任务栏中"方法"下拉菜单，选择"新建"，或者点击图标栏第二组第一个"新建方法"图标，进行新方法编辑。

①选择元素及谱线：点击元素变成绿色，并出现谱线列表[列表显示谱线（级次）、相对强度、状态]，点击谱线可以看到干扰元素及谱线，双击该谱线即可选定，此时，该谱线前会出现蓝色"√"，点击"确定"完成谱线选择。建议初建方法时多选择几条谱线进行比较。

②设置参数：点击左下角"方法"，在第二项"分析参数"中设置测定重复次数、样品冲洗时间、等离子观测、积分时间等参数。

重复次数、样品冲洗时间和积分时间均可改变。等离子观测一般选择水平观测。

水平观测：短波、长波都是水平观测。

垂直观测：短波、长波都是垂直观测。

自动：短波水平观测，长波垂直观测。

谱线选择：对同一元素中不同谱线设置不同观测方式。

③设置工作曲线：点击第九项"标准"，选中"高标"删除，依次"添加"标准，更改标准名称，输入标准浓度，完成工作曲线设置。（注：各种元素都是同一浓度）

方法参数设置完成后，点击任务栏中"方法"下拉菜单选择"保存"以保存方法。

5.2.3.3 点火操作

（1）再次确认氩气储量和压力，并确保驱气时间大于1 h，以防止CID检测器结霜，造成CID检测器损坏。

（2）光室温度稳定在38±0.2 ℃。CID温度小于−40 ℃。

（3）检查并确认进样系统（炬管、雾化室、雾化器、泵管等）是否正确安装。

（4）夹好蠕动泵夹，把样品管放入蒸馏水中。

（5）开启通风。

（6）开启循环冷却水。

（7）单击右下角点火图标，打开等离子状态对话框，查看连锁保护是否正常，若有红灯警示，需要做相应检查，若一切正常，点击等离子体开启，进行点火操作。

（8）待等离子体稳定15 min后，即可开始测定样品。

5.2.3.4 建立标准曲线并分析样品

（1）自动寻峰：

①打开或新建分析方法，点击"仪器"下拉菜单选择"执行自动寻峰"，选择谱线时，如果谱线前有绿色"✓"表示该谱线已经进行过寻峰，如果没有则需要进行寻峰操作。

②执行自动寻峰时，标准溶液浓度不能太低，也不能太高，最好控制在$1\times10^{-6}\sim10\times10^{-6}$，否则有可能出现寻峰失败。遇到此种情况，可采用单标，对寻峰失败的谱线重新进行寻峰。寻峰结束后，需要重新保存方法，才可以继续标准化。若谱线没有漂移或漂移很小，可忽略此步骤。若谱线漂移很远，需要重新做波长校准。

（2）标准曲线法（适用纯标曲线和高纯基体匹配曲线）：

①点击"运行"下拉菜单，选择"运行校正标准"进行工作曲线测定，或者点击图标栏第三组第四个图标"运行校正标准"。

②点击左下角"方法"，在第十项"元素"中选择"拟合"查看元素曲线线性。如果某一点结果不好，可以将最后一列"权重"中的"1"改为"0"，将该点去除。

③点击"运行"下拉菜单，选择"未知样"进行样品测定，或者点击图标栏第三组第一个图标"运行未知样"。每进一个样点击一次，样品序号自动排列。

（3）标准加入法（适用需要用标准加入法扣除基体空白的一般基体匹配曲线）：

①点击"运行"下拉菜单，选择"运行校正标准"进行工作曲线测定，或者点击图标栏第三组第四个图标"运行校正标准"。点击左下角"方法"，在第十项"元素"中选择"拟合"查看元素曲线线性。检查标准及试样背景扣除情况，有必要时调整背景扣除位置，以得到较好的分析结果。

②测定工作曲线后点击"运行未知样"，选择"MSA"进行"MSA设置"，将浓度改为工作曲线浓度，确定后运行，测定完毕"计算MSA值"。

③点击左下角"方法"，在第十项"元素"中选择"标准"项，将曲线浓度改为"原浓度+MSA值"，更改后保存方法版本，再"运行未知样"即可。

④简易操作：先不做工作曲线，直接用曲线做标准加入法，操作同上。在"分析"栏右击结果，选择"改变样品类型"，将"未知样"改为"校正曲线"，此时可以查看曲线线性，保存后进行样品测定。

5.2.3.5　定性分析

点击桌面TEVA软件快捷键→输入用户名：admin，OK→点击分析→方法（新建…）→元素周期表上选择好待查元素→点击上端工具栏运行全谱图（UV、VIS各1次）→观察对应方框有无光斑来判定其有无，同样条件下用净强度大小来大致估计其含量（半定量）。

5.2.3.6　熄火

（1）分析完毕后，将进样管放入蒸馏水中冲洗进样系统10 min。

（2）打开iTEVA软件中的等离子状态对话框，点击等离子关闭熄火。

（3）点击等离子体关闭等几分钟，关闭循环水，松开泵夹及泵管，将进样管从蒸馏水中取出。

（4）关闭排风。

（5）待CID温度升至20 ℃以上时，驱气20 min后，关闭氩气。

5.2.3.7　停机

若仪器长期停用，关闭主机电源和气源使仪器处于停机状态。建议用户定期开机，以免仪器因长期放置而损坏。

5.2.4　ICAP6300光谱仪日常仪器维护及注意事项

（1）开关氩气原则：在启动光谱仪前1 h打开氩气瓶，分别调节两瓶气体使分压表压力为0.60～0.65 MPa，吹扫光室和CID检测器；在熄火后，不要马上关掉氩气，必须继续开气吹扫CID 20 min后才关掉氩气瓶。

（2）定期清洗炬管：一般在炬管变脏后（表面变黑）须拆卸下来，用8%～10%的稀硝酸浸泡2～3 h，然后用去离子水冲洗干净，晾干装上。

（3）定期更换冷却循环水：在经常开机情况下，一般半年至一年需要对冷却循环水进行更换。

（4）样品测定完成后，先用3%～5%的稀硝酸冲洗2～3 min，然后再用去离子水冲洗2～3 min后熄灭等离子体，松开泵夹。

（5）点火分析前确保驱气时间大于1 h，以防止CID检测器结霜，造成CID检测器损坏。

（6）定量测定时光室温度达到并稳定在38±0.2 ℃。CID温度小于-40 ℃时，点火15 min后测定。

（7）检查雾化器，看是否有堵塞现象，及时清洁雾化器、中心管。

（8）定期更换泵管。

（9）计算机专用。

（10）未点火期间保持泵夹松弛。

（11）样品必须清亮透明，否则容易堵塞雾化器；万一雾化器堵塞，绝不能用金属丝清理异物。

（12）遇停气熄火，应立即更换上供气，让CID在常温（20 ℃左右）状态下吹扫2～4 h后，方可重新点火分析测定。切不能更换上新气源后立即马上点火分析。

实验24　ICP-AES法测定矿泉水样中的若干微量金属元素

一、实验目的

1.掌握电感耦合等离子体发射光谱（ICP-AES）法的基本原理。

2.了解ICP-AES光谱仪的基本结构。

3.学习掌握分析水样品的处理方法。

4.学习用ICP-AES法测定矿泉水中微量元素的方法。

二、实验原理

ICP光谱分析法是用电感耦合等离子体作为激发光源的一种发射光谱分析法。等离子体是氩气通过炬管时，在高频电场的作用下电离而产生的。它具有很高的温度，样品在等离子体中的激发比较完全。在等离子体某一特定的观测区，即固定的观察高度，测定的谱线强度与样品浓度具有一定的定量关系。通常用1次、2次或3次方程拟合工作曲线。因此，只要测量出样品的谱线强度，就可算出其浓度。

三、仪器与试剂

1. 仪器

电感耦合等离子发射光谱仪（Thermo Fisher ICAP-6300或其他型号）。

2. 试剂

氩气，去离子水，优级纯硝酸，优级纯盐酸，各元素的标准溶液储备液均采用光谱纯或优级纯的氧化物、金属或盐类分别配制成浓度为1 000 mg·L⁻¹（按金属量计）的2%硝酸储备液。使用时按一定比例混合配制为所需要的标准溶液（现用现配）。

四、实验步骤

1. 配制系列标准溶液

按照表5-1用铜、锌、铁、锰、镍5种元素的1 000 mg·L⁻¹标准储备液配制系列标准溶液。空白溶液：2%硝酸溶液（用浓硝酸与去离子水配制）。配制500 mg·L⁻¹的钇溶液，用2%硝酸溶液定容。

表5-1　标准系列配制/mg·L⁻¹

标　样	铜	锌	铁	锰	镍
0#	0	0	0	0	0
1#	0.2	0.8	0.4	0.2	0.2
2#	0.4	1.6	0.8	0.4	0.4
3#	0.8	3.2	1.6	0.8	0.8

2. 样品的制备

准确量取50 mL矿泉水样于200 mL锥形瓶中，加入3 mL优级纯硝酸后将其放置在电热板上，加热蒸发至约10 mL时，放置冷却，再加入5 mL优级纯硝酸继续加热蒸发至约5 mL，冷却后，加入1:1盐酸10 mL，继续加热15 min，冷却。共制备6个平行样品，将其中3个样品加标，加入的各元素浓度与3#标准一样，将冷却后的消解溶液过滤移入10 mL的比色管中，用2%的硝酸溶液定容。用同样的方法做1个空白样品，空白样品用去离子水做。

3.仪器操作

（1）开机：开冷却水，开排风，接通等离子体发生器电源，拧开氩气阀门，调节压力为2.0 MPa。调节"冷却气"流量为12.5 L·min⁻¹，"辅助气"流量为5 L·min⁻¹，关闭载气压力。慢慢旋转"阳压调节"旋钮至"阳极电压"在3.5 kV左右时，按"点火"按钮，此时等离子体火炬点着。调节"阳极电流"为0.80 A，使等离子体发生器稳定工作5 min左右。将进样毛细管插入盛有去离子水的烧杯中，慢慢调节"辅助气"旋钮使气体流量为1 L·min⁻¹，同时缓慢调节仪器载气压力，注意保持火炬不被载气吹灭（一定要慢，否则载气会吹灭等离子体火焰），调节载气压力至0.14 MPa，此时可见溶液吸入进样系统，说明系统已正常工作，可观察到火炬中心有一暗淡的通道，此为进样通道。再精确调节"阳极电流"为0.80 A。

（2）在"ICP实时分析软件"的界面中编辑分析测试程序，选择待测元素谱线波长填入表5-2。

表5-2　各元素测定的波长

元　素	铜	锌	铁	锰	镍
波长1	324.75	213.86	259.94	257.61	231.60
波长2	219.96	206.20	238.20	279.55	203.84

（3）谱线波长扫描：这一步是为了准确扫描出各元素分析线，并确定谱线峰值高低等参数，仪器在分析测量中自动按已确定的参数工作。

（4）标准工作曲线：在标样0、1、2、3的对应处输入各分析元素标准溶液的浓度。依次测定标准溶液，标样测定结束，仪器自动计算出每条谱线的标准工作曲线。

（5）样品分析测量：编辑样品分析测试程序，依次测试分析样品。测试结束，程序会根据前面各元素所做的标准工作曲线，计算出该样品待测元素的测试浓度，在列表中显示出来。

五、数据处理

1.将仪器工作参数填入表5-3中。

表5-3　仪器工作参数

ICP观测高度	阳极电流	载气压力	栅极电流	阳极电压	冷却气流量
mm	A	MPa	mA	kV	L·min⁻¹

2.整理实验数据，填入表5-4中。

表5-4 实验数据记录表

标样	铜	锌	铁	锰	镍
空白/(mg·L^{-1})					
样品1/(mg·L^{-1})					
样品2/(mg·L^{-1})					
样品3/(mg·L^{-1})					
平均值/(mg·L^{-1})					
RSD/%					
样品1/(mg·L^{-1})					
样品2/(mg·L^{-1})					
样品3/(mg·L^{-1})					
标样加入量/(mg·L^{-1})					
平均加标回收率					

【注意事项】

1.为了节约氩气,准备工作全部完成后再点燃等离子体。

2.实验中要经常观察等离子体各项工作参数是否有变化,尤其要注意氩气的剩余量。

3.测试完毕后,进样系统要用去离子水冲洗5 min后再关机,以免试样沉积在雾化器口及石英炬管口。

4.应先熄灭等离子体火焰,再关闭氩气,否则将烧坏石英炬管。

【思考题】

1.简述ICP光谱的特点。

2.选择元素分析线的基本原则是什么?

3.在水样的处理中要注意什么?

4.在分析测试前为什么要选择ICP最佳工作条件?

实验 25　ICP-AES 法测定人发中铁、锌、铜、锰、铬

一、实验目的

1. 了解电感耦合等离子体光源的工作原理。
2. 学习 ICP-AES 分析的基本原理及操作技术。
3. 学习生化样品的处理方法。

二、实验原理

微量元素含量与人体健康有着密切的关系。人体中微量元素含量不足或过量会导致生理活动异常或发生病变。人发代谢状况能从一个侧面反映人体的生理状况以及环境对生命活动的影响。通过测定人发中的微量元素可为临床诊断和环境评估提供有力的证据。

ICP 定量分析的依据是 Lomakin-Scherbe 公式：

$$I=aC^b \tag{5-3}$$

式中：I 为谱线强度；C 为待测元素的浓度；a 为常数；b 为分析线的自吸收系数，一般情况下 $b \leqslant 1$，b 与光源特性、待测元素含量、元素性质及谱线性质等因素有关，在 ICP 光源中，多数情况下 $b \approx 1$。

三、仪器与试剂

1. 仪器

电感耦合等离子发射光谱仪、容量瓶（50 mL、25 mL）、5 mL 吸量管、石英坩埚、烧杯。

2. 试剂

铁标准储备液（AR，1 000 $\mu g \cdot mL^{-1}$）、锌标准储备液（AR，1 000 $\mu g \cdot mL^{-1}$）、铜标准储备液（AR，1 000 $\mu g \cdot mL^{-1}$）、锰标准储备液（AR，1 000 $\mu g \cdot mL^{-1}$）、铬标准储备液（AR，1 000 $\mu g \cdot mL^{-1}$）、HNO_3、HCl、H_2O_2 均为分析纯。

四、实验步骤

1. 标准溶液的配制

（1）铜标准溶液：准确移取 1 000 $\mu g \cdot mL^{-1}$ 铁标准储备液 5 mL 于 50 mL 容量瓶中，用去离子水定容至刻度，摇匀，此溶液含铁 100.0 $\mu g \cdot mL^{-1}$。用上述相同方法，配制锌、铜、锰、铬的 100.0 $\mu g \cdot mL^{-1}$ 标准溶液。

（2）铁、锌、铜、锰、铬混合标准溶液的配制：取 1 只 25 mL 容量瓶分别加入

100.0 μg·mL⁻¹铁、锌、铜、锰、铬标准溶液 2.50 mL，加 3 mL 6 mol·L⁻¹HNO溶液，然后用去离子水定容至刻度，摇匀。此混合标准溶液中铁、锌、铜、锰、铬的浓度为 10.0 μg·mL⁻¹。

另取 1 只 25 mL 容量瓶，加入上述 10.0 μg·mL⁻¹的铁、锌、铜、锰、铬混合标准溶液 2.50 mL，加 3 mL 6 mol·mL⁻¹HNO溶液，然后用去离子水定容至刻度，摇匀。此混合标准溶液中铁、锌、铜、锰、铬的浓度为 1.0 μg·mL⁻¹。

2.试样溶液的制备

在分析天平上准确称取已经洗净剪碎并干燥后的头发样品 0.3 g 左右（精确至 0.1 mg），置于石英坩埚内，加 5 mL 浓 HNO_3 和 0.5 mL H_2O_2，放置数小时，在电热板上低温消化，蒸发至冒白烟，取下稍冷却后滴加 H_2O_2，加热至近干，再加少量浓 HNO_3 和 H_2O_2，加热至溶液澄清，浓缩为 1~2 mL 加少许去离子水稀释，转移至 25 mL 容量瓶中，用去离子水定容至刻度摇匀，待测定。

3.测定

将配制的 1.00 μg·mL⁻¹ 和 10.0 μg·mL⁻¹铁、锌、铜、锰、铬混合标准溶液和试样溶液上机测试。

4.测试参考条件

（1）分析线波长：铁 259.94 nm、锌 213.86 nm、铜 324.754 nm、锰 257.61 nm、铬 267.72 nm。

（2）冷却气流量：12 L·min⁻¹。

（3）载气流量：0.3 L·min⁻¹。

（4）辅助气流量：0.2 L·min⁻¹。

五、数据处理

1.记录实验条件。

2.自己设计表格，对数据进行处理。计算人发中铁、锌、铜、锰、铬的含量（μg·g⁻¹）。

【注意事项】

1.严格按照仪器使用规定正确使用仪器，防止因错误操作造成仪器损坏。

2.溶样过程中加 H_2O_2 时要将试样稍冷却，加入时要缓慢，以免 H_2O_2 剧烈分解，将试样溅出。

3.样品溶液若不清澈透明，应用滤纸过滤。

【思考题】

1.人发样品为何通常用湿法进行处理？若使用干法处理，会有什么问题？

2.通过实验，你体会到 ICP-AES 分析法有哪些优点？

实验26　火焰光度法测定土壤样品中的钾、钠

一、实验目的

1.学习和熟悉火焰光度法测定样品中钾、钠的方法。
2.加深对火焰光度法原理的理解。
3.了解火焰光度计的结构及使用方法。

二、实验原理

以火焰为激发源的原子发射光谱法叫火焰光度法，它是利用火焰光度计测定元素在火焰中被激发时发射出的特征谱线的强度来进行定量分析的。火焰光度法又叫作火焰发射光谱法。

样品溶液经雾化后喷入燃烧的火焰中，溶剂在火焰中蒸发，试样熔融转化为气态分子，继续加热又离解为原子，再由火焰高温激发发射特征光谱。用单色器把元素所发射的特定波长分离出来，经光电检测系统进行光电转换，再由检流计测出特征谱线的强度。用火焰光度法进行定量分析时，若激发的条件保持一定，则谱线的强度与待测元素的浓度成正比。当浓度很低时，自吸现象可忽略不计。此时，$b=1$。根据下式，通过测量待测元素特征谱线的强度，即可进行定量分析。

$$I=ac \tag{5-4}$$

K、Na 元素通过火焰燃烧容易激发而放出不同能量的谱线，用火焰光度计测定 K 原子发射的 766.8 nm 和 Na 原子发射的 589.0 nm 这两条谱线的相对强度，利用标准曲线法可进行 K、Na 的定量测定。为抵消 K、Na 间的相互干扰，其标准溶液可配成 K、Na 混合标准溶液。

本实验使用液化石油气-空气（或汽油）火焰。

三、仪器与试剂

1.仪器

火焰光度计（6400型或其他型号），吸量管（5 mL、10 mL），曲颈小漏斗，振荡机，烧杯（100 mL、250 mL、500 mL），容量瓶（10 mL、50 mL、100 mL、250 mL），可调温电热板，分析天平，聚乙烯试剂瓶，带塞锥形瓶（100 mL），漏斗，台秤，定量滤纸。

2.试剂

（1）钾储备标准溶液（1.000 g·L⁻¹）：称取 0.953 4 g 于 105 ℃烘干 4～6 h 的 KCl（分

析纯），溶于水后，移入 500 mL 容量瓶中，加水稀释至刻度，摇匀，转入聚乙烯试剂瓶中贮存。

（2）钠储备标准溶液（1.000 g·L⁻¹）：称取 1.270 8 g 于 110 ℃烘干 4～6 h 的 NaCl（分析纯），溶于水后，移入 500 mL 容量瓶中，加水稀释至刻度，摇匀，转入聚乙烯试剂瓶中贮存。

（3）三酸混合溶液：HNO_3（p=1.42 g·cm⁻³），H_2SO_4（p=1.84 g·cm⁻³），$HClO_4$（60%）以 8：1：1 的比例混合而成。

（4）钾、钠混合标准工作溶液（1）：移取 5.00 mL 钾储备标准溶液、2.50 mL 钠储备标准溶液于 50 mL 容量瓶中，加水稀至刻度，摇匀。此标准溶液含 100 mg·L⁻¹ K、50 mg·L⁻¹ Na。

（5）钾、钠混合标准工作溶液（2）（如果不是测定土壤样品此溶液不必配制）：移取 5.00 mL 钾储备标准溶液、12.50 mL 钠储备标准溶液于 100 mL 容量瓶中，加水稀释至刻度，摇匀。此标准溶液含 50 mg·L⁻¹K、含 125 mg·L⁻¹Na。

（6）$Al_2(SO_4)_3$ 溶液：称取 34 g $Al_2(SO_4)_3$ 或 66 g $Al_2(SO_4)_3·18H_2O$ 溶于水中稀释至 1 L。

（7）钾标准工作溶液（50 mg·L⁻¹）：吸取 5.00 mL 钾储备标准溶液于 100 mL 容量瓶中，用去离子水稀释至刻度，配成 50 mg·L⁻¹。

（8）钠标准工作溶液（100 mg·L⁻¹）：吸取 10.00 mL 钠储备标准溶液于 100 mL 容量瓶中，用去离子水稀释至刻度，配成 100 mg·L⁻¹。

混合酸消化液：HNO_3 与 $HClO_4$ 以 4：1 比例混合而成。HCl 溶液（1%）。

四、实验步骤

1.6400型火焰光度计的操作步骤

（1）开机检验：接通电源，打开主机开关，电源指示灯亮。K、Na量程旋钮放置"2"挡，调节调零和满度旋钮，表头有指示。开启空压机开关，进样压力表指示在 0.06～0.08 MPa。此时将进样口软管放入一盛有蒸馏水的烧杯中，在排液口下放一烧杯盛废液。雾化器内应有水珠撞击。

（2）点火：打开液化石油气开关阀，用右手按点火按钮，从观察窗中观察电极丝亮，然后用左手慢慢旋动（逆时针）点火阀，直至电极上产生明火（明火高度一般为 40～60 mm），此时右手放开点火按钮，旋动（逆时针）燃气阀。直至燃烧头产生火焰（高度为 40～60 mm），然后关闭点火阀，点火步骤完成。

（3）调节火焰形状至最佳状态点火后：由于进样空气的补充，使燃气得到充分燃烧。此时，一边察看火焰形状，一边慢慢调节燃气阀，使进入燃烧室的液化气达到一定值（此时以蒸馏水进样），火焰呈最佳状态，即外形为锥形、呈蓝色，尖端摆动较小，火焰底部中间有十二个小突起，周围有波浪形的圆环，整个火焰高度约 50 mm，火焰中不得有白色亮点。

（4）预热：调好火焰，仪器需预热 20 min 左右，待仪器稳定后，方可进行正式测试，开机步骤结束。

2.配制待测溶液（土壤样品中水溶性 K、Na 含量的测定）

（1）土壤样品的预处理：土壤样品通常用浸提法处理样品。待测溶液中 Ca 对 K 的干扰不大，而对 Na 的干扰较大。通常可以用 $Al_2(SO_4)_3$ 抑制钙的激发以减少干扰。称取 10 g 通过 1 mm 筛孔烘干土样放入 100 mL 带塞的锥形瓶中，加水 50 mL 盖好瓶盖，在振荡机上振荡 3 min 立即过滤。根据具体情况吸取一定体积的浸出液，放入 50 mL 容量瓶中，加 1 mL $Al_2(SO_4)_3$ 溶液，定容，备用。

（2）标准系列溶液的配制：在 9 个 50.0 mL 容量瓶中，分别加入 0.00 mL、2.00 mL、4.00 mL、6.00 mL、8.00 mL、10.00 mL、12.00 mL、16.00 mL、20.00 mL K、Na 混合标准工作溶液（2），分别加入 1 mL $Al_2(SO_4)_3$，定容，各瓶中分别含 K（$mg \cdot L^{-1}$）0、2、4、6、8、10、12、16、20，含 Na（$mg \cdot L^{-1}$）0、5、10、15、20、25、30、40、50。

3.校正和操作

仪器预热 10～20 min 后，由稀到浓依次测定标准系列溶液中 K、Na 的发射强度，每个溶液要测 3 次，取平均值；然后在火焰光度计上测试未知液，记录检流计读数，在标准曲线上查出其浓度。

（1）预热仪器达稳定之后，根据所用标准溶液的浓度，选择 K、Na 量程旋钮某一合适量程挡位。一般使用 1 或 2 挡，以浓度最大的标准溶液能调足满度为准。浓度较低时采用"3"挡，选择"2""3"挡时，要在观察窗上安避光罩，以免室内外杂散光干扰测试读数。

（2）接着以空白溶液（蒸馏水）进样，缓慢旋动"调零"旋钮，使表的指针指示 0% 刻度；然后以最大浓度的标准溶液进样，缓慢旋动"满度"旋钮，使表的指针指示 100% 刻度，重复几次，直至基本稳定，则可开始测试工作。

（3）连续测试样品时，应在每 3～5 只样品间进行一次标准溶液的校正。每只样品间也可用蒸馏水冲洗校零，排除样品间互相干扰。

4.关机步骤

仪器使用完毕后，务必用蒸馏水进样 5 min。清洗流路后，应首先关闭液化燃气罐的开关阀，此时仪器火焰逐渐熄灭。顺时针关闭燃气阀。将 K、Na 挡位旋钮旋至 0 挡。依次关闭空压机、主机开关，切断电源。

五、数据处理

以浓度为横坐标，K、Na 的发射强度为纵坐标，分别绘制 K、Na 的标准曲线。由未知试样的发射强度求出样品中 K、Na 的含量（用质量分数表示）。

【思考题】

本章思考题
参考答案

1.火焰光度计中的滤光片有什么作用？

2.如果标准系列溶液浓度范围过大，则标准曲线会弯曲，为什么会有这种情况？

3.火焰光度法属于哪类光谱分析方法？用火焰光度是否能测电离能较高的元素，为什么？

4.本实验引起误差的因素有哪些？

第6章 原子吸收光谱分析

原子吸收光谱分析法（atomic absorption spectrometry，AAS）是20世纪50年代发展起来的一种仪器分析法，该方法检出限低（$10^{-10} \sim 10^{-14}$ g），灵敏度高，选择性好，操作简便，广泛用于化工、材料、冶金、机械、食品、轻工、农业、生物医药、环境保护等领域的七十多种元素的微量和痕量分析。

6.1 基本原理

原子吸收光谱分析法是基于物质所产生的原子蒸气对特定谱线的吸收作用来定量分析的一种方法。当光源发射的某一特征波长的辐射 I_0 通过原子蒸气时，被原子的外层电子选择性地吸收，使通过原子蒸气的入射辐射强度 I 减弱，其减弱程度与蒸气中该元素的原子浓度成正比，在实验条件一定时，基态原子对共振线的吸收程度与蒸气中基态原子的数目和原子蒸气厚度的关系，在一定的条件下，服从朗伯－比耳定律：

$$A = \lg \frac{I_0}{I} = KN_0L \tag{6-1}$$

式中：A 为吸光度，I_0 为入射辐射强度，I 为透过原子蒸气吸收层的透射辐射强度，K 为吸收系数，N_0 为蒸气中的基态原子数目，L 为原子吸收层的厚度。

由于原子化过程中激发态原子数目很少，因此蒸气中的基态原子数目实际上接近于被测元素的总原子数目，而总原子数目与溶液中被测元素的浓度 c 成正比。在 L 一定的条件下：

$$A = Kc \tag{6-2}$$

式中：A 为吸光度，c 为溶液中被测元素的浓度，K 为包含所有常数。此式就是原子吸收光谱法进行定量分析的理论基础。

6.2 仪器部分

6.2.1 原子吸收分光光度计

原子吸收分光光度计是由光源、原子化系统、分光系统、检测系统及显示系统组成

（图6-1）。

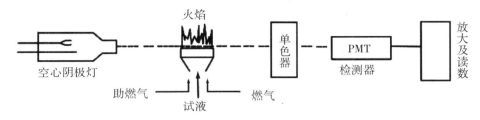

图6-1　原子吸收分光光度计结构示意图

6.2.1.1　光源

光源的功能是发射待测元素的特征谱线，且为锐线光源。空心阴极放电灯是目前最理想的锐线光源，因此应用最广。

6.2.1.2　原子化系统

原子化系统的功能是提供能量使试样干燥、蒸发和原子化。在原子吸收光谱分析中，试样中被测元素的原子化是整个分析过程的关键环节，很大程度上影响待测元素的灵敏度、准确度、干扰等。实现原子化的方法通常有火焰原子化法和非火焰原子化法两种。常用的原子化器有混合型火焰原子化器、电热石墨炉原子化器、阴极溅射原子化器和石英炉原子化器等。

（1）火焰原子化器（图6-2）由雾化器、预混合室、燃烧器三部分组成，其特点是操作简便、重现性好。

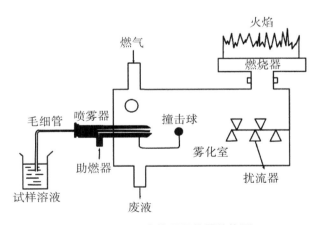

图6-2　火焰原子化器结构图

（2）石墨炉原子化器（图6-3），石墨炉原子化器是一类将试样放置在石墨平台用电加热至高温实现原子化的系统，其中管式石墨炉是最常用的原子化器。一个典型的石墨炉原子化程序至少包括4个步骤，即干燥、灰化（热分解）、原子化和净化。干燥的目的是将样品溶液中的溶剂赶走，干燥程序是否设定合适将会影响到测定吸光度的重复性和石墨管的寿命。灰化（热分解）步骤的目的是让与测定元素共存的那些物质在原子化阶段到来前去除掉，以免在原子化步骤对测定信号产生影响。原子化步骤的作用就是将要测定的元素从离子或分子状态变成为处于基态的自由原子，以便进行光度测量。净化步骤的目的是要将此次测量中留下的分析物、样品基体等去除掉，防止它们对下一次测量产生干扰。

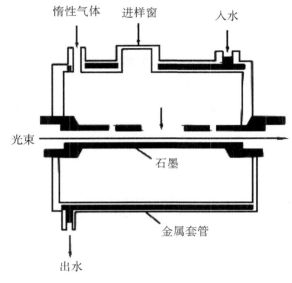

惰性气体　进样窗　入水

光束

石墨

金属套管

出水

图6-3　石墨炉原子化器结构图

6.2.1.3　分光系统

由入射和出射狭缝、反射镜和色散元件组成。其作用是将待测元素的共振吸收线与邻近的谱线分开。分光器（单色器）的关键部件是色散元件，现在的仪器都是使用光栅。光栅置于原子化器之后，以阻止来自原子化器内的所有不需要的辐射进入检测器。

6.2.1.4　检测显示系统

检测显示系统主要由检测器、放大器和显示装置组成。检测器的作用是将待测元素光信号转换为电信号，放大器的作用是将输出的信号进一步放大。显示系统是将测试结果显示出来。原子吸收光谱仪中广泛使用的检测器是光电倍增管，目前一些仪器也采用全谱高灵敏度阵列式多像素点CCD固态检测器。

6.2.2　原子吸收实验条件的选择

原子吸收分析中，实验条件的选择直接影响到测定的灵敏度、准确度、精密度和干扰的消除。现择其要点讨论如下。

6.2.2.1　分析线的选择

通常选择元素的共振线作为分析线，这样可以保证具有较高的灵敏度。但并不是任何情况下都是如此，最佳的分析线要通过具体实验来确定。

6.2.2.2　灯电流

灯电流的选择要从灵敏度和稳定性两方面来考虑。一般的原则是：在保证稳定和适当的光强输出的情况下，尽可能选择较低的灯电流。

6.2.2.3　光谱带宽

通带宽度的选择以能将吸收线和邻近线分开为原则。光谱带宽较窄，灵敏度较高，但噪声较大，信噪比不一定高，合适的光谱带宽同样需要通过实验确定。

6.2.2.4　火焰原子化条件

（1）燃气流量比、助燃比不同，火焰的温度和性质也不同，因而元素的原子化程度不同。通常固定空气流量，改变燃气流量来改变助燃比，在不同助燃比时测定吸光度，吸光度最大的助燃比为最佳助燃比。

（2）燃烧器高度和火焰的部位不同，温度和还原气氛也不同，因而被测元素基态子的浓度随火焰高度的不同而不同。

6.2.2.5　石墨炉原子化条件

升温程序包括干燥、灰化、原子化和净化的温度、升温速度和维持时间，在石墨炉原子化方法中十分重要。干燥一般在稍低于溶剂沸点下进行，一般30 s左右，视试样体积大小而定；灰化应在保证被测元素没有损失的前提下尽可能使用较高的温度，从而减小基体干扰；原子化温度则应选择吸收最大时的尽可能低的温度，以便减小高温对石墨炉的损坏。一般升温程序要通过试样的各种因素影响实验得以确定。

石墨炉原子吸收时，进样量对于液体一般是5～100 μL，试样量过小，吸收信号弱，信噪比低；试样量过大，测定时间长，且增加净化难度。实际工作中，可根据试样吸光度的大小和基体的复杂程度加以调整。

需要注意的是，在确定原子吸收测定方法的工作条件时，由于各个条件之间存在交互影响，并且需要综合考虑测定的干扰情况、回收率、测定的准确度和精密度等，往往需要通过进一步的实验才能最终进行确定和评价。

实验27　火焰原子吸收光谱法测定自来水中的钙、镁含量

一、实验目的

1.熟悉火焰原子吸收光谱法的原理。
2.掌握火焰原子吸收光谱仪的基本结构和操作使用方法。
3.掌握标准曲线法和标准加入法测定自来水中钙、镁的方法。

二、实验原理

原子吸收光谱分析主要用于定量分析，它的基本依据是将一束特定波长的光投射到

被测元素的基态原子蒸气中，原子蒸气对这一波长的光产生吸收，未被吸收的光则透射过去。在一定浓度范围内，被测元素的浓度、入射光强度和透射光强度三者之间的关系符合朗伯-比耳定律。根据这一关系可以用标准曲线法或标准加入法来测定未知溶液中某元素的含量。

标准加入法是将几个已知不同浓度的几个标准溶液加入到几个相同量的待测溶液中，依次进行测定，然后绘制分析曲线，并将绘制的曲线延长与横轴相交，交点和原点之间的对应浓度即为待测液的浓度。本实验采用标准加入法进行测定。

三、仪器与试剂

1.仪器

原子吸收分光光度计（普析 TAS-990 型或其他型号），钙空心阴极灯，镁空心阴极灯，乙炔气钢瓶，空气压缩机，量筒，100 mL 容量瓶，移液管等。

2.试剂

钙标准储备液（100 $\mu g \cdot mL^{-1}$），镁标准储备液（10 $\mu g \cdot mL^{-1}$），1 $mol \cdot L^{-1}$ 盐酸，去离子水，待测自来水。

四、实验步骤

1.标准溶液配制

标准储备液配制，用干燥至恒重的无水 $CaCO_3$、$MgCO_3$ 于小烧杯中，加去离子水约 30 mL，滴加 1 $mol \cdot L^{-1}$ 盐酸使其完全溶解，用去离子水定容至刻度。

（1）钙标准系列溶液配制：取 5 个 100 mL 的容量瓶，分别加入 4.00 mL 自来水，再分别加入浓度为 100.00 $\mu g \cdot mL^{-1}$ 钙标准储备液 5.00 mL、10.00 mL、15.00 mL、20.00 mL、25.00 mL，用离子水定容至刻度，摇匀备用。

（2）镁标准系列溶液配制：取 5 个 100 mL 的容量瓶，分别加入 4.00 mL 自来水，再分别加入浓度为 10.00 $\mu g \cdot mL^{-1}$ 镁标准储备液 0.00 mL、2.00 mL、4.00 mL、6.00 mL、8.00 mL，用离子水定容至刻度，摇匀备用。

2.仪器参数

（1）钙：波长 422.7 nm，通带 0.4 nm，灯电流 3.0 mA，燃烧器高度 5～6 mm，空气流量 7.0 $L \cdot min^{-1}$，乙炔流量 2.0 $L \cdot min^{-1}$。

（2）镁：波长 285.2 nm，通带 0.4 nm，灯电流 2.0 mA，燃烧器高度 5～6 mm，空气流量 7.0 $L \cdot min^{-1}$，乙炔流量 1.5 $L \cdot min^{-1}$。

3.仪器操作

（1）打开安装有工作站的电脑开关，打开原子吸收光谱仪器电源开关，双击工作站软件图标，点击"联机"，仪器自检。

（2）自检完毕后，选择钙为工作元素灯，镁为预热元素灯（或先测镁），设置参数

（实验步骤2中参数），在分析线波长处寻峰，使共振线波长处的能量在95%以上，并设置样品测量参数。

（3）仪器预热30 min。

（4）打开空气压缩机（操作顺序：风机开关→工作开关），调出口压力为0.25 MPa；打开乙炔钢瓶开关，调出口压力为0.05 MPa。

（5）检查仪器废液排放出口的水封，保证废液管内有水，确认点火保护开关已关闭，点火。

（6）毛细管吸入去离子水，校零；再用吸入样品溶液测量；每测完一个样品，吸去离子水5～10 s，避免样品相互干扰。

（7）测定完毕，吸去离子水5～10 min，清洗原子化装置。

（8）切换空心阴极灯，测定镁元素，方法同上。

（9）测定完毕，吸去离子水5～10 min，清洗原子化装置。

（10）关闭乙炔，灭火；再关空压机（顺序为工作开关→放水，风机开关）；关闭仪器及工作站。

五、数据处理

标准曲线绘制：以所测溶液吸光度A为纵坐标，以加入的相应Ca、Mg标准溶液浓度c为横坐标，分别绘制Ca、Mg标准曲线。

计算自来水中Ca、Mg的浓度：将标准曲线延长至横坐标轴，交点至原点的距离即为待测自来水中Ca、Mg的浓度。

【注意事项】

1.实验期间，应打开通风设备，使金属蒸气及时排放到室外。

2.点火时，先开空气后开乙炔；熄火时则先关乙炔，后关空气。室内若有乙炔气味，应立即关闭乙炔气源，通风，排除后再继续实验。

3.应关掉灯电源后再更换空心阴极灯，以防触电或造成灯电源短路。

4.钢瓶附近严禁烟火，排液管应水封，以免回火。

【思考题】

1.标准加入法定量分析有哪些优点？在哪些条件下适于采用？

2.仪器条件是如何影响测定结果的？

实验28 火焰原子吸收光谱法测定毛发中锌的含量

一、实验目的

1.进一步熟悉原子吸收分光光度计的基本构造和操作方法。

2.掌握火焰原子吸收光谱法测定锌的条件。

3.学习和掌握样品的湿硝化法或干灰化法。

二、实验原理

锌是生物体必需的微量元素，广泛分布于有机体的所有组织中，有着重要的生理功能。例如它是叶绿体内碳酸酐酶的组成成分，能促进植物的光合作用，对植物的生长发育及产量有着重大影响。对于人和动物，缺锌会阻碍蛋白质的氧化以及影响生长素的形成，表现为食欲不振，生长受阻，严重时会影响繁殖机能。锌的测定不仅是土壤肥力和植物营养的常测项目，也是人和动物营养诊断的常测项目，从毛发中锌的含量可以判断锌营养的正常与否，所以测定锌为医院常用的诊断手段。

人或动物的毛发，用湿硝化法或干灰化法处理成溶液后，溶液的吸光度与毛发中锌的含量呈线性关系，故可直接用标准曲线法测定毛发中锌的含量。

三、仪器与试剂

1.仪器

原子吸收分光光度计（普析TAS-990型），锌空心阴极灯，乙炔钢瓶、无油空气压缩机，聚乙烯试剂瓶（500 mL），高温电炉（干灰化法）或可调温电加热板（湿硝化法），烧杯，容量瓶，吸量管。干灰化法：瓷坩埚（30 mL）。湿硝化法：锥形瓶，曲颈小漏斗等。

2.试剂

浓HNO_3，1% HNO_3，醋酸锌，过氧化氢，去离子水等。

四、实验步骤

1. Zn标准溶液的配制 （10 $\mu g \cdot mL^{-1}$）

准确称取0.140 3 g醋酸锌（干燥至恒重），溶于1%的硝酸溶液中，全部移入100 mL容量瓶中，用1%的硝酸定容至刻度，摇匀；然后从该容量瓶中吸取2.00 mL置于100 mL容瓶中，用1%的硝酸定容，摇匀备用。

2.标准系列溶液的配制

在5个100 mL容量瓶中，分别加入1.00 mL、2.00 mL、3.00 mL、4.00 mL、5.00 mL

锌的工作标准溶液，加去离子水稀释至刻度，摇匀，待测。

3.样品的采集与处理

用不锈钢剪刀取0.5 g距发根1～3 cm处的发样，剪碎为1 cm左右，于烧杯中用中性洗涤剂浸泡2 min，然后用自来水冲洗至无泡，重复2～3次，以保证洗去头发样品上的污垢和油腻。最后，发样用蒸馏水冲洗3次，晾干，置烘箱中于100 ℃干燥至恒重（3～4 h）。

准确称取0.10 g发样于30 mL瓷坩埚中，先于电炉上炭化，再置于高温电炉中，升温为500 ℃左右，直至完全灰化。冷却后用10 mL浓HNO_3溶解，用去离子水定容成50.0 mL，待测（干灰化法）；也可将准确称取的0.10 g发样置于100 mL锥形瓶中，加入10 mL浓HNO_3和3 mL过氧化氢，上加弯颈小漏斗，于可控温电热板上加热消化，温度控制在140 ℃～160 ℃，待约剩0.5 mL清亮液体时，冷却，加10 mL水微沸数分钟再至近干，放冷，反复处理两次后用去离子水定容成50.0 mL，待测。同时制作试剂空白（湿硝化法）。

4.仪器操作

测量先安装锌空心阴极灯，按仪器操作步骤开动仪器。选定测定条件：测定波长，空心阴极灯的电流，狭缝宽度，空气流量，乙炔流量等。（锌：波长213.9 nm，通带0.4 nm，灯电流3.0 mA，燃烧器高度5～6 mm，空气流量7.0 L·min^{-1}，乙炔流量1.3 L·min^{-1}。）

5.样品测定

用蒸馏水调节仪器的吸光度为零，按浓度由低到高的次序测量标准系列溶液和未知试样的吸光度。

五、数据处理

1.标准曲线的绘制

以锌标准溶液的吸光度A为纵坐标，相应的浓度c为横坐标，绘制标准曲线。

2.样品溶液中锌含量的计算

从标准曲线上查出c_x值，乘以稀释倍数后即得毛发中锌的含量。

【注意事项】

1.试样的吸光度应在标准曲线的区间内，否则可改变取样的体积。

2.测试人员应在主机关机后检查水电再离开实验室。

【思考题】

1.试述标准曲线法的特点及适用范围。

2.原子吸收分光光度法中，吸光度A与样品浓度c之间具有什么样的关系？当浓度较高时一般会出现什么情况?

实验29　原子吸收光谱法测定头发中常见微量元素的含量

一、实验目的

1. 了解微量元素与人类身体健康的关系。
2. 掌握头发样品前处理的基本原则和方法。
3. 熟悉原子吸收光谱法的基本原理。
4. 了解火焰原子吸收光谱仪的基本结构及掌握熟练规范的操作方法。
5. 熟悉标准曲线法的应用。

二、实验原理

习惯上把含量高于0.01%的元素叫常量元素,低于0.01%的元素称为微量元素。微量元素在人体内的含量虽然较低,但它们在生命活动中的作用却不容低估,如果缺少这些元素,酶的活性将降低甚至完全失去,激素、蛋白质、维生素的合成及代谢将受到阻碍,生命活动将无法正常进行。所以微量元素是生命活动不可缺少的物质,且不可替代;微量元素具有运载常量元素的作用,可以充当生物体内各种酶的活性中心以及促进新陈代谢,还可以参与体内各种激素的作用。

头发作为一种生物材料,能反映一段时间人体的代谢状况和总体健康水平。头发中微量元素的测定可以预判人体的疾病状况和膳食平衡情况,对人体健康评价有一定的指导意义。

原子吸收光谱法是元素尤其是金属元素的一种灵敏度高、准确度高的定量分析方法,是基于待测元素的基态原子蒸气对同种元素发射的特征谱线的吸收特性(自吸)建立的分析方法,吸光程度与待测元素的浓度成正比,符合光的吸收定律。根据这一特性,本实验中,通过湿法消化处理头发形成待测液,采用原子吸收光谱标准曲线法测定未知溶液中某元素的含量。

三、仪器与试剂

1.仪器

原子吸收分光光谱仪(TAS-990F型,或其他型号),铜空心阴极灯,锌空心阴极灯,镁空心阴极灯,铅空心阴极灯,40孔石墨消解仪(JT-XJY20型,或其他型号),石英消解管,乙炔气钢瓶,空气压缩机,数字鼓风干燥箱(HG型,或其他型号),量筒,容量瓶,移液管,玻璃小漏斗等。

【注意事项】

1.实验期间，应打开通风设备，保证废气的及时排放。

2.点火前，检查气路以及水封。

3.先开空气后开乙炔，熄火时则先关乙炔后关空气。室内若有乙炔气味，应立即关闭乙炔气源，通风，排除后再继续实验。

4.更换空心阴极灯时应关掉灯电源，以防触电或造成灯电源短路。

5.随时排查钢瓶、减压阀及气路的状况，有问题及时更换，注意防火。

【思考题】

1.与标准比较法对比，标准曲线法定量分析有哪些优缺点？

2.头发的消化应注意什么？

实验30 石墨炉原子吸收光谱法测定自来水中的铜

一、实验目的

1.掌握石墨炉原子吸收光谱分析的原理和应用。

2.掌握石墨炉原子吸收光谱仪的基本结构和操作方法。

3.了解石墨炉原子吸收光谱分析的过程及特点。

二、实验原理

虽然火焰原子吸收光谱法在分析中被广泛应用，但由于雾化效率低等因素使其灵敏度受到限制。石墨炉原子吸收光谱法原子化效率高，石墨管温度高（2 000 ℃以上），试样完全蒸发，石墨管内试样待测元素分解形成气态基态原子，由于气态基态原子吸收空心阴极灯发射的共振线，且在一定浓度范围内，其吸收强度和元素含量成正比，以此进行定量分析。本法样品用量少、灵敏度高，但背景干扰较大。本法是在硝酸介质中对铜进行测定的。

三、仪器与试剂

1.仪器

石墨炉原子吸收光谱仪（普析TAS-990型或其他型号），铜元素空心阴极灯，氩气钢瓶，空气压缩机，量筒，容量瓶，移液管等。

2.试剂

硝酸，去离子水，铜标准溶液（0.50 mg·L⁻¹）。

四、实验步骤

1.试样溶液的准备

吸取自来水5.00 mL于100 mL容量瓶中，加入0.2%（体积分数）硝酸，然后用去离子水稀释至刻度，摇匀待用。

2.铜标准液（0.50 mg·L^{-1}）的配制

称取0.050 0 g优级纯铜于100 mL烧杯中，缓缓加入20 mL硝酸（1∶1），加热溶解，冷却后移入100 mL容量瓶中，用去离子水稀释至标线，摇匀。再准确稀释1 000倍，得0.50 mg·L^{-1}的铜标准液。

3.铜标准溶液系列配制

取5只100 mL容量瓶，各加入10 mL 0.2%的硝酸溶液，然后分别加入2.00 mL、4.00 mL、6.00 mL、8.00 mL、10.00 mL铜标准使用液，用去水稀释至刻度，摇匀，该系列溶液相当于铜浓度分别为10 μg·L^{-1}、20 μg·L^{-1}、30 μg·L^{-1}、40 μg·L^{-1}、50 μg·L^{-1}。

4.仪器操作

打开石墨炉冷却水和保护气（Ar），调节保护气压力到0.24 MPa，打开石墨炉电源开关，启动计算机和原子吸收光度计，调节相应实验参数，预热仪器20 min。

（1）启动软件，选择"石墨炉原子吸收"后继续选择元素为铜，点击"确定"，在弹出的界面中，注意选择元素灯位和铜灯在仪器上位置相同的数字，按以下实验条件设置好对应的实验参数，并按需要设置好其余的实验条件。（铜空心阴极灯的波长324.7 nm，灯电流3 mA，狭缝0.4 nm）。

（2）联机，点击自动增益后尝试点击短、长、上、下，看主光束值，调节主光束值，如果超出140%，则点击一下自动增益，然后继续调节，直至最大后点击完成。调节石墨管位置（按上、下、前、后调节吸光度值至最大）。

（3）调节完毕即可进行实验，先调零，然后按表6-1中的石墨炉升温程序实验条件测试。

表6-1　石墨炉升温程序

元素	干燥			灰化			原子化			净化		
	温度/℃	斜坡/保持时间/(s/s)	氩气流量/mL·min^{-1}	温度/℃	斜坡/保持时间/(s/s)	氩气流量/mL·min^{-1}	温度/℃	斜坡/保持时间/(s/s)	氩气流量/mL·min^{-1}	温度/℃	斜坡/保持时间/(s/s)	氩气流量/mL·min^{-1}
Cu	120	10/30	200	850	150/20	200	2 100	0/3	0	2 500	0/3	200

5.测量

测量前先空烧石墨管调零，然后从稀至浓逐个测量溶液，每次进样量50 μL，每个溶液测定3次，取平均值。

6.结束

实验结束，退出主程序，关闭原子吸收分光光度计和石墨炉电源开关，关好气源和电源，关闭计算机。

五、数据处理

1.记录实验条件。

2.列表记录测量的铜标准溶液吸光度，然后以吸光度为纵坐标，铜标准溶液浓度为横坐标，绘制工作曲线。

3.记录水样的吸光度，根据工作曲线计算水样中铜的含量或者直接通过计算机计算实验结果。

【注意事项】

1.实验前应仔细了解仪器的构造及操作，以便实验能顺利进行。

2.使用微量注射器时，要严格按照教师指导进行，防止损坏。

【思考题】

1.简述空心阴极灯的工作原理。

2.在实验中通氩气的作用是什么？

实验31 石墨炉原子吸收光谱法测定食品中的微量铅

一、实验目的

1.了解石墨炉原子吸收光谱法的原理。

2.掌握石墨炉原子吸收光谱仪的基本结构和操作使用方法。

3.掌握湿法消解和石墨炉原子吸收光谱法的应用。

二、实验原理

铅是一种蓄积性的毒性很强的重金属，长期过量摄入可导致人体慢性中毒。食品中铅主要通过原料污染和生产工艺、包装、储存及运输等环节污染产生。人体射入0.04 g铅就会引起急性中毒，铅对儿童认知发育的损害是难以逆转的，因此加强食品中铅的检测十分必要。石墨炉原子吸收光谱法是国标《食品中铅的测定方法》。

本实验采用标准曲线法测定食品中微量铅的含量。

三、仪器与试剂

1.仪器

石墨炉原子吸收分光光度计（普析TAS-990型），铅空心阴极灯，氩气钢瓶，空气压缩机，可调式电热炉/可调式电热板，电子天平，量筒，容量瓶，移液管等。

2.试剂

铅标准储备液（1 000 mg·L⁻¹），硝酸（优级纯），高氯酸（优级纯），0.2%硝酸溶液，超纯水，待测食品（水果）。

本实验所用玻璃器皿均需以硝酸（1/5，*V/V*）溶液浸泡过夜，用水反复冲洗，最后用超纯水冲洗干净。

四、实验步骤

1.样品处理及消解

（1）样品处理：将待测水果洗净，晾干，取可食部分匀浆，置于塑料瓶中备用。

（2）湿法消解：称取处理好的水果试样0.3～0.5 g（精确至0.001 g）于带刻度消化管中，加入10 mL硝酸和0.5 mL高氯酸，在可调式电热炉上消解。若消化液呈棕褐色，再补加少量硝酸，消解至冒白烟，消化液呈无色透明或略带黄色，取出消化管，冷却后用0.2%（*V/V*）硝酸溶液定容至25 mL，混匀备用。同时做试剂空白试验，也可采用锥形瓶，于可调式电热板上，按上述操作方法进行湿法消解。

2.标准溶液配制

（1）铅标准中间液（1.00 mg·L⁻¹）：精确吸取铅标准储备液（1 000 mg·L⁻¹）1.00 mL于1 000 mL的容量瓶中，用0.2%（*V/V*）硝酸溶液定容至刻度，摇匀。

（2）铅标准使用液：取5只100 mL容量瓶，各加入10 mL 0.2%的硝酸溶液，然后分别加入0.00 mL、1.00 mL、2.00 mL、3.00 mL、4.00 mL铅标准中间液（1.00 mg·L⁻¹），用超纯水稀释至刻度，摇匀，该系列溶液相当于铅浓度分别为0 μg·L⁻¹、10 μg·L⁻¹、20 μg·L⁻¹、30 μg·L⁻¹、40 μg·L⁻¹。

3.仪器操作

（1）打开石墨炉冷却水和保护气（Ar），调节氩气压力到0.24 MPa，打开石墨炉电源开关，启动计算机和原子吸收光度计，调节相应实验参数，预热仪器20 min。

（2）启动软件，选择"石墨炉原子吸收"后继续选择元素为铅，点击"确定"，按表6-2实验条件设置好对应的实验参数，并按需要设置好其余的实验条件。

（3）调节仪器后即可进行实验，先调零，然后按表6-2中的石墨炉升温程序实验条件测试。

表6-2　石墨炉原子吸收分光光度计设置条件

元素	波长 /nm	狭缝 /nm	灯电流 /mA	干燥温度 /时间(℃/s)	灰化温度 /时间(℃/s)	原子化温度 /时间(℃/s)	除残温度 /时间(℃/s)
Pb	283.3	0.4	8	85～120 40～50	800 20～30	2 100 3～4	2 500 3

4.测量

测量前先空烧石墨管调零，然后从稀至浓逐个测量溶液，每次进样量50 μL，每个溶液测定3次，取平均值。

5.结束

实验结束，退出主程序，关闭原子吸收分光光度计和石墨炉电源开关，关好气源和电源，关闭计算机。

五、数据处理

1.记录实验条件。

2.列表记录测量的铅标准溶液的吸光度，然后以吸光度为纵坐标，铅标准溶液浓度为横坐标，绘制工作曲线。

3.记录水样的吸光度，根据工作曲线计算水样中铅的含量或者直接通过计算机计算实验结果。

【注意事项】

1.打开仪器之前，先打开氩气。

2.请勿擅自拆卸石墨管。

3.测试人员应在主机关机后再离开实验室。

【思考题】

1.石墨炉原子吸收光谱法和火焰原子吸收光谱法有什么不同？

2.测试过程中，氩气的作用是什么？

本章思考题
参考答案

第7章　原子荧光光谱分析

原子荧光光谱法（atomic fluorescence spectrometry，AFS）是20世纪60年代初发展起来的一种原子光谱分析方法，原子荧光分析具有灵敏度高，选择性好，光谱简单，线性范围宽，能进行多元素同时测定等优点，广泛用于地质、冶金、农业、石油化工、环境科学、材料科学等领域的金属元素的微量、痕量分析。

7.1　基本原理

原子荧光光谱法是通过测量待测元素的气态基态原子外层电子在特定频率辐射能激发下所产生的荧光强度来进行元素定量分析的一种发射光谱分析方法。原子荧光是气态原子外层电子吸收特征波长辐射后由基态跃迁至激发态，再通过辐射跃迁回到基态或较低能级时产生的二次光辐射。在原子荧光发射中，原子荧光强度I_F与基态原子对特征辐射的吸收强度I_A成正比，即：

$$I_F = \varphi I_A \qquad (7\text{-}1)$$

式中：φ为荧光量子效率，其值为单位时间发射的荧光光子数与单位时间吸收激发光的光子数之比。处于激发态的原子可能以光辐射形式发射共振荧光或非共振荧光，也可能通过非辐射形式释放能量跃迁至低能级，因此，荧光量子效率通常小于1。

根据光的吸收定律，可得：

$$I_F = \varphi A I_0 \kappa L N \qquad (7\text{-}2)$$

式中：A为入射光照射在检测器中的有效面积；I_0为原子化器单位面积接收到的入射光强度；κ为峰值吸收系数；L为原子吸收光程；N为单位体积内的基态原子数。

当实验条件一定时，原子荧光强度I_F与试液中待测元素的浓度c成正比，即：

$$I_F = Kc \qquad (7\text{-}3)$$

式中：K为常数。此式为原子荧光定量分析的基本关系式。

7.2 仪器部分

7.2.1 原子荧光光度计基本构成及使用

原子荧光光度计分为色散型和非色散型两类，两类仪器的结构（图7-1）基本相似，差别在于非色散仪器不用单色器。原子荧光光度计由激发光源、原子化系统、分光系统及检测系统组成。为了避免光源对原子荧光检测的影响，原子荧光光度计中将激发光源、原子化器与检测器置于直角位置。

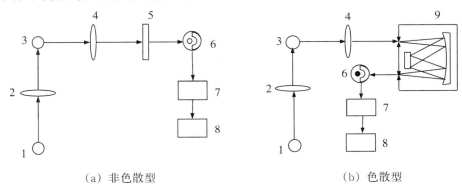

(a) 非色散型   (b) 色散型

1.光源；2和4.透镜；3.原子化器；5.滤光片；6.光电倍增管；7.信号放大器；8.数据处理系统；9.单色器。

图7-1 原子荧光光度计结构示意图

7.2.1.1 激发光源

激发光源用于激发气态基态原子使其产生原子荧光。要求激发光源具有高发射强度和高度稳定性，可用连续光源或锐线光源。连续光源稳定，操作简便，寿命长，能用于多元素同时分析，但检出限较差。锐线光源辐射强度高，稳定，可得到更好的检出限。常用的连续光源是氙弧灯，可用的锐线光源有高强度空心阴极灯、无极放电灯、激光等，其中高强度空心阴极灯是应用最为广泛的AFS激发光源。

7.2.1.2 原子化系统

原子化器的作用是将待测元素转化为原子蒸气，使试样原子化的方法有火焰原子化器、石墨炉原子化器、电热原子化器、电感耦合等离子焰原子化器。

7.2.1.3 分光系统

分光系统的作用是充分利用激发光源的能量和接收有用的荧光信号，排除其他谱线的干扰。色散型仪器原子荧光强度低，谱线少，对分辨能力要求不高，但要求单色仪有较强的集光本领，常用光栅作为色散元件。非色散型仪器多采用滤光器分离分析线和邻近谱线，降低背景。

7.2.1.4 检测系统

检测系统用来检测荧光信号并转换为电信号，由检测器、信号放大器及信号输出装置组成。色散型仪器采用光电倍增管，非色散型仪器采用日盲光电倍增管。

7.2.1.5 原子荧光光度计使用方法

1. 打开仪器灯室，安装或检查元素灯。
2. 依次开启计算机、仪器主机电源。
3. 打开操作软件，选择测定元素，点击"点火"按钮，预热 30 min 以上。
4. 打开氩气，调节压力为 0.2～0.3 MPa。
5. 设定操作参数，压紧泵管压块进行测定。
6. 测量完成后，用纯水清洗进样系统，点击"熄火"按钮，松开泵管压块，关闭氩气，退出软件。关闭主机电源、计算机电源。

注意事项：

1. 更换元素灯时一定要关闭主机电源，要确保灯头插针和灯座插孔完全吻合。
2. 要定期在泵管及采样臂滑轨、臂升降机构等添加硅油。
3. 长期不使用，要每周开机 1 h。

7.2.2 氢化物发生-原子荧光光谱法（HG-AFS）

7.2.2.1 氢化物发生-原子荧光光谱法基本原理

碳、氮、氧族元素的氢化物是共价化合物，其中 As、Sb、Bi、Sn、Se、Te、Pb、Ge 八种元素的氢化物具有挥发性，通常情况下为气态。利用能产生原生态氢的还原剂或通过化学反应，将样品溶液中的待测组分还原为挥发性共价氢化物，借助载气将气态氢化物携带进入原子化器，氢化物受热后迅速解离为基态原子蒸气，吸收特征谱线后发射荧光，基于此可进行上述元素的定量分析。

氢化物发生方法有金属-酸还原体系、硼氢化物-酸还原体系、碱性模式还原及电解还原法。硼氢化物-酸还原体系在还原能力、反应速度、自动化操作、抗干扰程度以及使用的元素数目等方面都表现出极大的优越性，其反应原理如下：

$$NaBH_4 + 3H_2O + H^+ \longrightarrow H_3BO_3 + Na^+ + 8H \cdot$$

$$8H \cdot + E^{m+} \longrightarrow EH_n \uparrow + H_2 \uparrow$$

HG-AFS 采用气体进样方式，与溶液直接雾化进样相比，氢化物能将待测元素充分预富集，进样效率高；待测元素形成气态氢化物，与大量基体分离，消除了基体干扰；连续流动式氢化物发生器易于实现自动化；利用不同价态元素的氢化物发生条件差异，可进行价态分析。

7.2.2.2 氢化物发生器

氢化物发生器一般包括载气系统、进样系统、混合反应器和气液分离器。试样溶液和硼氢化物溶液由蠕动泵携带进入混合反应器，反应生成的氢化物与载气混合，进入气液分离器后，气体与溶液分离，气态氢化物与氢气等被载气携带进入原子化器，加热使氢化物迅速解离成气态原子蒸气，废液由气液分离器下方排出。图7-2 为连续流动式氢化物发生器结构示意图。

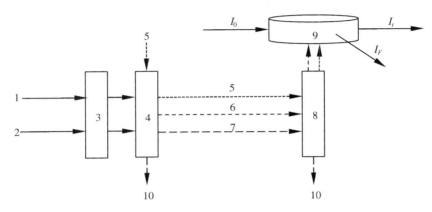

1.试样溶液；2.反应剂；3.蠕动泵；4.混合反应器；5.载气；6.氢化物气体；7.水蒸气；8.气液分离器；9.原子化器；10.废液。

图7-2　连续流动式氢化物发生器结构示意图

7.2.2.3　氢化物发生–原子荧光光谱仪使用方法

1.打开通风设备，安装元素灯，打开仪器电源。

2.打开电加热开关，调节温度。

3.打开载气钢瓶，调节载气压力和载气流量。

4.设置测量参数，预热 30 min 后测量荧光强度，并计算样品中待测元素含量。

5.测定完毕，清洗所有管路，依次关闭载气、原子化器、主机。

实验32　氢化物原子荧光光谱法测定大豆中的总砷

一、实验目的

1.熟悉氢化物原子荧光光谱仪的结构，学习原子荧光光谱仪的使用方法。

2.掌握用原子荧光光谱法测定砷的方法。

二、实验原理

氢化物发生–原子荧光光谱法是利用化学反应使待测元素生成易挥发的氢化物，用载气将其带出导入原子化器中而与基体分离。所生成的氢化物在原子化器中被原子化，生成的基态原子蒸气吸收了激发光源发出的特征谱线而被激发，当电子跃迁返回基态或较低能级时发出荧光。在一定浓度范围内，荧光强度与待测元素的含量成正比。该方法适于分析能生成氢化物的元素及可形成气态组分的元素。

在酸性条件下，用硫脲-抗坏血酸将试液中的As^{5+}还原为As^{3+}，以盐酸为介质，硼氢化钾作为还原剂，使As^{3+}生成AsH_3：

$$KBH_4 + 3H_2O + H^+ \longrightarrow H_3BO_3 + K^+ + 8H\cdot$$

$$5H\cdot + As^{3+} \longrightarrow AsH_3\uparrow + H_2\uparrow$$

AsH_3在原子化器中被原子化，吸收特征谱线而发射荧光，通过测量荧光强度可测定大豆中的总砷含量。

三、仪器与试剂

1.仪器

原子荧光光度计（AFS-8520型或其他型号），砷特种空心阴极灯，氢化物发生器，氩气钢瓶，电热板，量筒，容量瓶，移液管。

2.试剂

砷标准储备液（1 000 μg·mL^{-1}），硼氢化钾（>98%），氢氧化钾（AR），硫脲-抗坏血酸溶液（5%，W/V），硝酸-高氯酸（4∶1）混酸，盐酸（10 g·L^{-1}），硫酸（20%，V/V）。

四、实验步骤

1.砷标准溶液的配制

砷标准储备液（1 000 μg·mL^{-1}）：准确称取1.32 g三氧化二砷溶解于25 mL 20%（V/V）KOH溶液中，用20%（V/V）硫酸稀释至1 000 mL。使用时稀释至1 μg·mL^{-1}。

2.硼氢化钾溶液（10 g·L^{-1}）的配制

称取2 g氢氧化钾溶于200 mL高纯水，加入10 g硼氢化钾并使其溶解，用水稀至1 000 mL。

3.砷标准系列溶液的配制

分别移取1 μg·mL^{-1}砷标准溶液0.00、0.20、0.40、0.60、0.80、1.00 mL于50 mL容量瓶中，分别加入10 mL盐酸、10 mL硫脲-抗坏血酸溶液，定容，摇匀。

4.样品处理

准确称取粉碎均匀的大豆样品1.0 g，置于250 mL锥形瓶中，同时做试剂空白，加入20 mL硝酸-高氯酸（4∶1）混酸浸泡，放置过夜后，加热消解至溶液呈淡黄色或无色，稍冷加入20 mL水，加热后转移至10 mL容量瓶中，加1.0 mL盐酸、1.0 mL硫脲-抗坏血酸溶液，定容并摇匀。

5.测定

（1）依次打开计算机、主机、自动进样器电源，打开操作软件，选择测定元素，点击点火键，预热30 min。

（2）将泵卡子卡紧，将载流倒入载流槽中，将标准溶液和样品溶液放入样品盘中，将进样针与进样管路连接好，将还原剂管放入还原剂瓶中，将补充载流管放入载流瓶中。

（3）打开氩气，调节输出压力为0.2～0.3 MPa。

（4）设定测定条件，分别测定标准溶液和样品溶液的荧光强度。

（5）测定完成后，清洗所有管路，将进样针与进样管路断开，点击熄火键，松开泵卡子，关闭氩气，退出软件，关闭主机电源和自动进样器电源，关闭计算机，清理样品管和仪器台。

五、数据处理

1.记录实验条件。

2.记录砷标准溶液的荧光强度，以砷标准溶液浓度为横坐标，荧光强度为纵坐标，绘制标准曲线。

3.记录试样溶液的荧光强度，根据标准曲线计算样品中总砷含量。

【注意事项】

1.注意打开通风设备，测试过程中会产生有害气体。

2.在测定时，注意载流空白值，同时注意容器是否被污染。

3.测试工作完毕后，应清洗管道；然后关闭载气，关闭仪器、计算机和总电源，松开蠕动泵流量控制调节装置。及时清除废液桶中的废液及实验台上的试液，以防仪器受酸侵蚀。

4.为了提高泵管的使用寿命，应定期向泵管和弧形压块中滴加硅油。

【思考题】

1.为什么1%硼氢化钾要现配现用？溶液中加入少量氢氧化钾的作用是什么？

2.简述影响原子荧光测定的因素。

3.每次测量时，加入到反应瓶中的各溶液体积是否要严格相同？为什么？

实验33 原子荧光光谱法测定食品中的硒

一、实验目的

1.熟悉原子荧光光度计的结构和工作原理。
2.掌握原子荧光光度计的操作。
3.掌握湿法消解处理食品样品的操作技术。

二、实验原理

食品试样经湿法消解后，将六价硒还原为四价硒。在盐酸介质中，以硼氢化钠作为还原剂，将四价硒还原为气态硒化氢，载气将硒化氢携带进入原子化器中进行原子化，在激发光源照射下发射荧光，其荧光强度与硒含量成正比，从而测定食品试样中的硒含量。

三、仪器与试剂

1.仪器

原子荧光光度计（AFS-8520型或其他型号），硒特种空心阴极灯，氢化物发生器，电热板，氩气钢瓶，量筒，高筒烧杯，容量瓶，移液管。

2.试剂

硒标准储备液（100 μg·mL⁻¹），盐酸（6 mol·L⁻¹），硼氢化钠（>98%），硝酸（优级纯），氢氧化钠溶液（5 g·L⁻¹），硝酸-高氯酸（9:1）混酸，铁氰化钾溶液（100 g·L⁻¹）。

四、实验步骤

1.硒标准溶液的配制

硒标准储备液（100 μg·mL⁻¹）：准确称取0.100 g高纯硒粉，溶解于少量硝酸中，加2 mL高氯酸，沸水浴加热3~4 h，冷却后加入8.4 mL盐酸，置于沸水浴中加热2 min，用高纯水稀释至1 000 mL。使用时稀释至1 μg·mL⁻¹。

2.硼氢化钠溶液（8 g·L⁻¹）的配制

称取8.0 g硼氢化钠溶于5 g·L⁻¹氢氧化钠溶液中，用水稀释至1 000 mL。

3.砷标准系列溶液的配制

分别移取1 μg·mL⁻¹硒标准溶液0.00 mL、0.10 mL、0.20 mL、0.30 mL、0.40 mL、0.50 mL于25 mL容量瓶中，分别加入4 mL盐酸、1 mL铁氰化钾溶液，混匀，用高纯水定容。

4.样品处理

粮食样品用水洗净，60 ℃烘干后粉碎；取蔬菜（或其他植物性食物）可食用部分用水洗净，打成匀浆；其他固体试样粉碎混匀；液体试样混匀备用。

准确称取0.5～2.0 g食品样品，液体试样吸取1.00～10.00 mL，置于高筒烧杯中，加入10 mL硝酸-高氯酸混酸，盖上表面皿，过夜，置于电热板上加热消解至溶液清亮并伴有白烟，稍冷加入5 mL盐酸，继续加热将六价硒还原为四价硒（消解至溶液清亮并冒白烟），冷却后转移至50 mL容量瓶中，用高纯水定容，同时做空白试验。

准确移取10.00 mL试液于25 mL容量瓶中，加入4 mL盐酸、1 mL铁氰化钾溶液，定容，摇匀。

5.测定

（1）打开灯室盖，将硒空心阴极灯插入灯座，连接泵管。

（2）打开计算机、主机电源，预热30 min。

（3）开启气瓶，调节输出压力为0.20～0.30 MPa。

（4）加入载流、还原剂、标准溶液及样品溶液，进行参数设置，清洗管道，并分别测定试剂空白、标准溶液、样品溶液的荧光强度。

（5）实验结束，清洗管路，退出程序，依次关闭载气、主机电源开关，关闭计算机，清理样品管和实验台。

五、数据处理

1.记录测定条件。

2.记录硒标准溶液的荧光强度，以硒标准溶液浓度为横坐标，荧光强度为纵坐标，绘制标准曲线。

3.记录试样溶液的荧光强度，计算食品样品中硒含量。

【注意事项】

1.挥发性物质的发生需要适当的酸度，实验中要严格控制酸的用量，且确保标准系列与样品溶液酸度一致。

2.硒在消解过程中易被还原而挥发损失，因此，试样消解温度不宜过高，应控制在180 ℃左右，避免碳化，切勿蒸干。

3.气液分离器中不得有积液，以防溶液进入原子化器。

【思考题】

1.比较原子荧光光度计与原子吸收分光光度计结构上的异同点。

2.实验中加入铁氰化钾的作用是什么？

3.湿法消解与干法灰化处理样品各有何优缺点？

本章思考题
参考答案

第8章　X射线粉末衍射物相分析

X射线衍射（X-ray diffraction，XRD）分析是利用晶体形成的XRD光谱对物质内部原子或分子的空间分布状况进行结构分析的方法。任何晶体物质都具有特定的XRD谱，衍射谱正如人的指纹，是鉴别物质结构及类别的主要标志。基于XRD的物相分析能够确定晶体的物相类别并测算含量，是研究物质构成的主要手段，同时X射线衍射方法具有不损伤样品、无污染、快捷、测量精度高、能得到有关晶体完整性的大量信息等优点，在材料科学、生命科学、安全检测等领域具有重要的应用。

XRD物相分析包括定性分析和定量分析。定性分析是通过实测衍射谱与标准卡片数据进行对照，来确定未知晶体的物相种类。定量分析则是在已知物相类别的情况下，通过测量晶体的积分衍射强度来测算各自的含量。定性物相分析主要采用粉末衍射文档（powder diffraction file，PDF）标准卡片比对的方式来实现对晶体物相类别的判断。PDF卡片的数量是巨大的，在晶体的全部元素未知的情况下，只能利用数字索引（hanawalt、fink）进行定性分析，需要反复查对索引数据，手工检索难度较大。目前，用于科学研究的X射线衍射仪基本都配备了自动检索程序，实现了全自动检索，大大提高了检索效率。

8.1　基本原理

8.1.1　晶体与米勒指数

一个理想的晶体是由许多呈周期性排列的单胞所构成的。晶体的结构可以用三维点阵来表示。每个点阵点代表晶体中一个基本单元，如离子、原子、分子或配位离子等。空间点阵可以从各个方向予以划分而成为许多组平行的平面点阵。由图8-1可见，一个晶体可看成是由一些相同的平面网按一定的距离d_1平行的平面排列而成的，也可看作由另一些平面网按d_2、d_3等距离平面排列的。各种结晶物质的单胞大小，单胞的对称性，单胞中所含的离子、原子或分子的数目以及它们在单胞中所处的相对位置都不尽相同，因此，每一种晶体都必然存在着一系列特定的d值可以用于表征该种晶体。

为了描述标记这些晶面和点阵平面，米勒（Miller）提出了一种方法。该方法利用点阵平面在三个晶轴上截数的倒易数的互质之比（h、k、l）来表示该晶面，称为晶面指标或 Miller 指数。选择一组能把点阵划分成为最简单合理的格子的平移矢量 a、b、c，并将它们的方向分别定为坐标轴 x、y、z。如图 8-2 中所示的点阵平面与三个轴分别相交于 ra，sb，tc，即它们在三个坐标轴的截数分别为 r、s、t，三个截数的倒数之比为 $\frac{1}{r}$：$\frac{1}{s}$：$\frac{1}{t}$，因 r、s、t 均为整数，可以化为互质的整数之比，即 $\frac{1}{r}$：$\frac{1}{s}$：$\frac{1}{t}=h$：k：l，其中 (h、k、l) 称为 Miller 指数，也就是该晶面的指标。图 8-2 中的 r、s、t 分别等于 3、2、1，则其晶面就可用 (236) 来表示。指数过高的晶面，其间距以及组成晶面的点阵密度都较小，所以实际应用的米勒指数通常为 0、1、2 等数值。

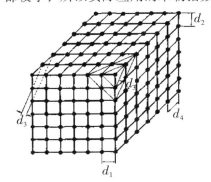

图8-1　空间点阵划分为平面点阵组示意图

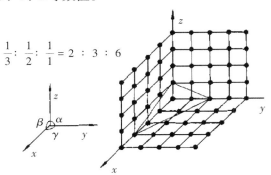

图8-2　晶轴、夹角与 Miller 指数

8.1.2　布拉格方程

当波长与晶面间距相近的 X 射线照射到晶体上，有的光子与电子发生非弹性碰撞，形成较长波长的不相干散射；而当光子与原子上束缚较紧的电子相作用时，其能量不损失，散射波的波长不变，并可以在一定的角度产生衍射。图 8-3 表示一组晶面间距为 $d_{(hkl)}$ 的面网对波长为 λ 的 X 射线产生衍射的情况。它们之间的关系可用布拉格 (Bragg) 方程表示：

$$2d_{(hkl)}\sin\theta = n\lambda \qquad (8-1)$$

只有当入射角 θ 恰好使光程差 ($AB + BC$) 等于波长的整数倍时，方能产生相互叠加而增强的衍射线。式中 n 称为衍射级次。在晶体结构分析中，常把布拉格方程写为：

$$2\frac{d_{(hkl)}}{n}\sin\theta = \lambda \qquad (8-2)$$

或简化为：

$$2d\sin\theta = \lambda \qquad (8-3)$$

式 (8-3) 将 n 隐含在晶面间距 d 中，而将所有的衍射都看成一级衍射，这样可使计算简化和统一。

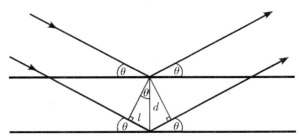

图8-3　两相邻面网上反射线的光程差

8.2　仪器部分

X射线多晶衍射仪（岛津XRD-6000 X射线衍射仪）的X射线发生器由X射线管、高压发生器、管压管流稳定电路和各种保护电路等部分组成（图8-4）。衍射用的X射线管属于热电子二极管，有密封式和转靶式两种。前者最大功率不超过2.5 kW，视靶材料的不同而异；后者是为获得高强度的X射线而设计的，一般功率在10 kW以上。X射线管工作时阴极接负高压，阳极接地。灯丝附近装有控制栅，使灯丝发出的热电子在电场的作用下聚焦轰击到靶面上。阳极靶面上受电子束轰击的焦点便成为X射线源，向四周发射X射线。在阳极一端的金属管壁上一般开有4个射线出射窗口，实验利用的X射线就从这些窗口得到。密封式X射线管除了阳极一端外，其余部分都是玻璃制成的。管内抽成高真空，可延长发射热电子的钨质灯的寿命，防止阳极表面受到污染。早期生产的X射线管一般用云母片作为窗口材料，而现在的衍射用射线管窗口材料都用Be片（厚0.25～0.3 mm），Be片对MoKα、CuKα、CrKα分别具有99%、93%、80%左右的透过率。X射线管主要分密闭式和可拆卸式两种。广泛使用的是密闭式，由阴极灯丝、阳极、聚焦罩等组成，功率大部分在1～2 kW。可拆卸式X射线管又称旋转阳极靶，其功率比密闭式大许多倍，一般为12～60 kW。常用的X射线靶材有W、Ag、Mo、Ni、Co、Fe、Cr、Cu等。

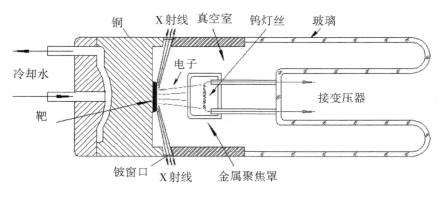

图8-4　X射线管结构简图

　　岛津 XRD-6000 X 射线衍射仪的 X 射线发生器参数如下：电流电压输出稳定性优于 0.005%（外电压波动 10%）时，光管类型 Cu 靶，光管功率 2.2 kW，焦斑 10 mm（2 kW）或 12 mm（3 kW），大管压 60 kV，大管流 80 mA。

　　测角仪是粉末 X 射线衍射仪的核心部件，主要由索拉光阑、发散狭缝、接收狭缝、防散射狭缝、样品座及闪烁探测器等组成（图 8-5）。

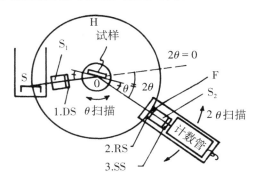

图 8-5　测角仪结构简图

　　岛津 XRD-6000 X 射线衍射仪的测角仪：采用垂直测角仪型；扫描方式连续或步进扫描方式。

　　衍射仪中常用的探测器是闪烁计数器（SC，图 8-6），它是利用 X 射线能在某些固体物质（磷光体）中产生的波长在可见光范围内的荧光，这种荧光再转换为能够测量的电流。由于输出的电流和计数器吸收的 X 光子能量成正比，因此可以用来测量衍射线的强度。闪烁计数管的发光体一般是用微量铊活化的碘化钠（NaI）单晶体。这种晶体经 X 射线激发后发出蓝紫色的光，将这种微弱的光用光电倍增管来放大。发光体的蓝紫色光激发光电倍增管的光电面（光阴极）而发出光电子（一次电子）。光电倍增管电极由 10 个左右的联极构成，由于一次电子在联极表面上激发二次电子，经联极放大后电子数目按几何级数剧增（约 106 倍）。岛津 XRD-6000 X 射线衍射仪的探测器属于闪烁晶体计数器。

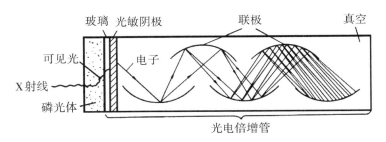

图 8-6　闪烁计数器构造示意图

　　岛津 XRD-6000 X 射线衍射仪的主要操作都由计算机控制自动完成，扫描操作完成后，衍射原始数据自动存入计算机硬盘中供数据分析处理。数据分析处理包括平滑点的选择、背底扣除、自动寻峰、d值计算、衍射峰强度计算等。

实验34　X射线粉末法物相分析

一、实验目的

1.掌握X射线粉末衍射方法的基本原理和技术，初步了解X射线衍射仪的构造和使用方法。

2.根据X射线粉末衍射谱图，分析鉴定多晶样品的物相。

二、实验原理

将样品研磨成$10^{-2}\sim10^{-4}$ mm大小的细粉末。把它们装在样品槽中，并将样品的表面整平；然后将样品槽装上样品台，使样品平面与衍射仪轴重合，与聚焦圆相切。试样中的晶体呈完全无规则排列，晶面在各个方位上的取向概率相等，因而总会有许多小晶面正好处于适合各个衍射条件的位置上。

图8-7为衍射仪的原理示意图。实验时，将样品磨细后装入样品槽压实，并使样品表面平整，然后放置在衍射仪的测角器中心样品台上。在测量时，样品绕测角仪中心轴转动，不断地改变入射线与试样表面的夹角θ；计数器始终对准中心，沿着测角仪移动，接收各衍射角2θ所对应的衍射强度。计算机同步地把各衍射线的强度记录下来。在所得的衍射图中，一个坐标代表衍射角2θ，另一坐标表示衍射强度的相对大小。

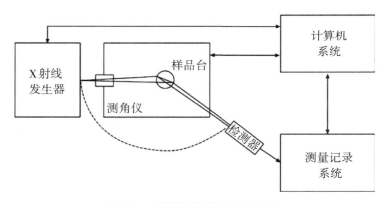

图8-7　X射线衍射仪原理示意图

三、仪器与试剂

1.仪器

X射线衍射仪（岛津XRD-6000X射线衍射仪）。

2.试剂

α-石英粉（二级品，研磨至通过325目的筛子），镍粉（二级品，研磨至通过325目的筛子）。

3.其他

玛瑙研钵。

四、实验步骤

1.开机前检查仪器是否正常。

2.依次打开循环冷凝水电源开关及面板开关，控制一定的循环水温度。

3.打开X射线衍射仪主机电源开关（左下侧），Power灯亮。

4.打开计算机进入PCXRD程序。依次用鼠标单击，打开以下3个窗口：Display&Setup（显示和设置窗口）、Right Gonio Condition（测试条件设置窗口）、Right Gonio Analysis（测试窗口）。

5.制样。要求样品表面应平整，样品槽外清洁。

6.打开主机门，将样品片插入主机的样品座中，关上机门。

7.在Right Gonio Condition（测试条件设置窗口）中输入扫描条件、样品名称等。进入Right Gonio Analysis（测试窗口）测试，机身左下侧面板中X-rays on指示灯亮，X-射线管开启，开始对样品进行扫描。测试完毕，X-射线管自动关闭。

8.重复操作进行下一个样品的测试。

9.测试结束，退出PCXRD程序（本着先开后关的原则依次关闭程序窗口）。

10.依次关闭主机电源及循环水电源，操作完毕。

五、数据处理

1.原始数据的基本处理

获得原始数据后，还必须对图进行处理方可得到相关的信息。在软件界面中双击"Basic Process"图标，从"File"菜单中选择"Open"，打开一个原始数据。从软件弹出的页面依次设置"Smoothing""B.G.Substruction""Kα₁-Kα₂ Separate""Peak search""System error Correction"等项目对谱图进行平滑处理、背景扣除处理、Cu-Kα射线的波长自动扣除$K\alpha_2$处理、寻峰处理以及系统误差校正处理等。

2.峰的匹配

得到相应的数据后，如果想从中推测未知物的结构，或者验证已知物的组成，可用软件上相应的模块来执行。双击软件模块上的"Search Match"图标，导入已处理过的谱图，再双击"Peak Search"图标，计算机自动搜索标准谱图库，进行定性分析。

3.在"Search Match"图标中标出各衍射峰的Miller指数

参考复旦大学编（庄继华修订）的《物理化学实验》第三版，第七章（粉末X射线技术），将 $\sin\theta$、衍射指标以及所用 X 射线的波长代入相应公式求算晶胞参数 a_0。

4.物相分析

在确定镍粉物相后，可对镍–石英混合样品所得衍射线做"差减"，在"扣除"镍的衍射线后，依上法确定剩余物相。

【注意事项】

测试过程中切记以下注意事项：

1.开关门时要轻开轻关，避免震动。

2.一定要在 X–射线管自动关闭后，即 X-rays on 指示灯灭后，才可开启机门。

3.测试过程中切忌打开或试图打开机门。

4.切记 X-rays on 指示灯灭 15 min 后方可关闭主机电源及循环水电源，使 X 射线光管充分冷却。

5.注意室内防潮，通风。

6.遇到异常情况，立即采取相应安全措施，并与仪器负责人联系，解决出现的问题。

7.如遇假期或长时间不使用仪器情况，建议定期（1 周 1 次）开启 X 射线衍射仪主机和冷却循环水机，保证循环水在 X 射线光管内正常流动，以防止循环水的腐蚀造成光管的堵塞。

8.多相混合物的衍射线条可能有重叠现象，但低角线条与高角线条相比，其重叠机会较少。倘若一种相的某根衍射线条与另一相的某根衍射线条重叠，而且重叠的线条又为衍射图谱中的三强线之一，则分析工作就更为复杂。

9.当混合物中某相的含量很少时，或某相各晶面反射能力很弱时，它的衍射线条可能难于显现。因此，X 射线衍射分析只能肯定某相的存在，而不能确定某相的不存在。

10.任何方法都有局限性，有时 X 射线衍射分析时往往要与其他方法配合才能得出正确结论。例如合金钢中常碰到的 TiC、VC、ZrC、NbC 及 TiN 都具有 NaCl 结构，点阵常数也比较接近，同时它们的点阵常数又因固溶其他合金元素而变化，在此种情况下，单纯用 X 射线分析可能得出错误的结论，应与化学分析、电子探针分析等相配合。

【思考题】

1.布拉格方程并未对衍射级数 n 和晶面间距做任何限制，但实际应用中为何只用数量非常有限的一些衍射线？

2.计算晶胞参数 a_0 时，为什么要用较高角度的衍射线？

3.X 射线对人体有什么危害？应如何防护？

实验35 *K*值法测定样品中的α-Co

一、实验目的

1. 进一步熟悉 X 射线衍射仪的结构和工作原理。
2. 掌握 X 射线衍射物相定量分析的原理和方法。

二、实验原理

$$I = I_0 \frac{\lambda^3}{32\pi r}\left(\frac{e^2}{mc^2}\right)\frac{V_j}{V_c^2}P|F|^2\varphi(\theta)\frac{1}{2\mu}e^{-2M} \tag{8-4}$$

对于含 *n* 个物相的多相混合的材料，上述 X 射线衍射强度公式是其中某一 *j* 相的一根衍射线条的强度。I_0 是入射线的强度，V_j 是 *j* 相的体积，μ 是多相混合物的吸收系数，V_c 是晶胞体积，P 是多重性因子，F 是结构因子，φ（θ）是角因子，e^{-2M} 是温度因子。当 *j* 相的含量改变时，衍射强度随之改变；吸收系数 μ 也随 *j* 相含量的改变而改变。上式中其余各项的积 C_j 不变，是常数。若 *j* 相的体积分数为 f_j，被照射体积 *V* 为 1，$V_j=V\cdot f_j=f_j$，则有：

$$I_j = \frac{C_j f_j}{\mu} \tag{8-5}$$

测定某相的含量时，常用质量分数，因此将 f_j 和 μ 都变成与质量分数 ω 有关的量，则有：

$$I_j = \frac{C_j\left(\dfrac{\omega}{\rho}\right)_j}{\sum_{i=1}^{n}\omega_i(\mu_m)_i} \tag{8-6}$$

上式是定量分析的基本公式，它将第 *j* 相某条衍射线的强度跟该相的质量分数及混合物的质量吸收系数联系起来了。该式通过强度的测定可以求第 *j* 相的质量分数，但此时必须计算 C_j，还应知道各相的 μm 和 ρ，这显然十分烦琐。为使问题简化，建立了有关定量分析方法，例如外标法、内标法、*K* 值法、直接对比法、绝热法、任意内标法、等强线对法和无标样定量法等。

1. 外标法

外标法是将待测样品中 *j* 相的某一衍射线条的强度与纯物质 *j* 相的相同衍射线条强度进行直接比较，即可求出待测样品中 *j* 相的相对含量。在含 *n* 个物相的待测样品中，若各项的吸收系数 μ 和 ρ 均相等，根据 *j* 相的强度为：

$$I_j = \frac{C_j \left(\dfrac{\omega}{\rho} \right)_j}{\mu_m} = \frac{C_j \omega_j}{\mu} = C \omega_j \tag{8-7}$$

纯物质j相的质量分数$\omega_j=100\%=1$，其强度为：$(I_j)_0=C$，将上两式相比得：

$$\frac{I_j}{(I_j)_0} = \frac{C \omega_j}{C} = \omega_j \tag{8-8}$$

混合物试样中j相的某一衍射线的强度，与纯j相试样的同一衍射线条强度之比，等于j相在混合物中的质量分数。例如当测出混合物中j相的某衍射线的强度为标样同一衍射线强度的30%时，则j相在混合物中的质量分数为30%，但是影响强度的因素比较复杂，常偏离上式的线性关系。在实际工作中，常按一定比例配制的样品作定标曲线，并用事先作好的定标曲线进行定量分析。

2. 内标法

若混合物中含有n个相，各相的μ_m不相等，此时可往试样中加入标准物质，这种方法称为内标法，也称掺和法。如加入的标准物质用S表示，其质量分数为ω_s；被分析的j相在原试样中的质量分数为ω_j，加入标准物质后为ω_j'，则上式变成：

$$I_s = \frac{Cs \left(\dfrac{\omega_s}{\rho_s} \right)}{\displaystyle\sum_{i=1}^{n+1} \omega_i (\mu_m)_i}, \quad I_j = \frac{C_j \left(\dfrac{\omega_j'}{\rho_j} \right)}{\displaystyle\sum_{i=1}^{n+1} \omega_i (\mu_m)_i}$$

两式相比，得到：

$$\frac{I_j}{I_s} = \frac{C_j}{C_s} \cdot \frac{\omega_j' \rho_j}{\omega_s \rho_s} \tag{8-9}$$

假如在每次实验中保持ω_s不变，则$(1-\omega_s)$为常数，而$\omega_j'=\omega_j(1-\omega_s)$。对选定的标准物质和待测相，$\rho_j$和$\rho_s$均为常数，因此，上式可以写成：

$$k = \frac{C_j}{C_s} \cdot \frac{\rho_j}{\rho_s} \cdot \frac{(1-\omega_s)}{\omega_s} \tag{8-10}$$

简写为：

$$\frac{I_j}{I_s} = k \omega_j \tag{8-11}$$

3. K值法

K值法属于一种特殊的内标法，也称为基体清洗法，具有用样少、各物相互不影响且可将偶然误差降至最低的优点，因此被采纳用于本实验的定量分析。K值法的基本公式

$$\frac{I_j}{I_s} = K_s^j \cdot \frac{\omega_j'}{\omega_s} \tag{8-12}$$

当 $\omega_s = \omega_j'$ 时，上式可写为：

$$\frac{I_j}{I_s} = K_s^j \qquad (8\text{-}13)$$

故待测相 j 在原样品中的百分含量

$$\omega_j = \frac{\omega_j'}{\left(1 - \omega_s\right)} \qquad (8\text{-}14)$$

三、仪器与试剂

1.仪器

X射线衍射仪（岛津XRD-6000X射线衍射仪）。

2.试剂

标样 α-Co（二级品，研磨至通过200目的筛子）及参比物质 α-Al$_2$O$_3$（二级品，研磨至通过200目的筛子）化合物。

3.其他

玛瑙研钵。

四、实验步骤

1.所选标样经X射线衍射仪扫描，扫描范围为20°～100°（2θ），并与PDF标准谱图进行比对，保证两者完全一致，且无其他杂质相的衍射峰。

2.所选参比物质 α-Al$_2$O$_3$ 经过X射线衍射仪扫描，扫描范围为20°～90°（2θ），并与PDF标准谱图对比，保证两者完全一致，且无其他杂质相的衍射峰。

3.首先将 α-Al$_2$O$_3$ 与样品分别过200目筛，保证粉末样品的粒径均匀一致，然后1∶1比例称取 α-Co标样和参比物质 α-Al$_2$O$_3$ 各（1.000 0±0.001 0）g，配制成混合样品，将混合样品置于烧杯中，并量无水乙醇超声混匀30 min之后将混合样品滤纸过滤，置于干燥器中干燥24 h，再将混合样品粉末填满样品架并压平压紧，使其表面与样品架表面齐平，最后将其放入X射线衍射仪中检测。

4.测定K值：将已混合均匀的样品制成3个待测样，以同样的条件进行X射线衍射扫描，依次收集标样和参比物质特征峰的衍射强度，取 $2\theta=35.1°$，$d=2.55$ 处峰为参比物质 α-Al$_2$O$_3$ 的特征峰，$2\theta=47.6°$，$d=1.91$ 处峰为标准物质 α-Co的特征峰，并将数据代入式（8-13）中进行K值的计算，取3次计算结果的平均值作为K值。

5.样品测量：将未知含量钴粉样品1#、2#和3#分别与 α-Al$_2$O$_3$ 按1∶1比例各称取（0.150 0 ± 0.001 0）g，按实验步骤3的实验方案制备样品，并按实验步骤4的实验条件进行X射线衍射检测，每个样品平行检测5次，将衍射峰数据代入公式即可求得钴粉样品中 α-Co的百分含量及质量。

6.实验结束，退出主程序，关闭主机，待20～30 min后关闭水冷系统。

五、数据处理

1.记录实验条件。

2.列表记录测量的标样和参比物质特征峰的衍射强度，取 $2\theta=35.1°$，$d=2.55$ 处峰为参比物质 α-Al_2O_3 的特征峰，$2\theta=47.6°$，$d=1.91$ 处峰为标准物质 α-Co 的特征峰，计算 K 值。

3.列表记录测量未知含量钴粉样品和参比物质特征峰的衍射强度，每个样品平行检测5次，将衍射峰数据代入公式即可求得钴粉样品中 α-Co 的百分含量及质量。

【注意事项】

1.粉末衍射的谱图质量与样品的制备有着密切关系。研磨样品时，必须以不损坏晶体的晶格为前提。通常试样细些，所得衍射线较为平滑。立方、六方等高对称性的晶体，通过200目筛往往就能得到较好的谱图。但单斜、三斜等晶系的样品，即使通过325目筛网，有时也不能得到很好的谱图。

2.粉末衍射仪要求样品的表面为非常平整的平面，试片装上样品台后其平面与衍射仪轴重合，与聚焦圆相切。

3.衍射实验中，有一些具体的实验条件将会影响结果，如发散狭缝、接收狭缝、防散射狭缝和扫描方式等。在测试时根据样品的衍射能力和实验的目的（对数据的要求）进行选定。

4.实验时指导教师要在场，应注意安全，防止高压触电和X射线辐射，严格按照操作规程开关仪器。

【思考题】

1.简述连续X射线谱、特征X射线谱的产生原理及特点。

2.简述X射线衍射分析的特点和应用。

本章思考题
参考答案

注：钴具有特殊的理化性质，在硬质合金、陶瓷化工、磁性材料、催化剂及电池领域有广泛的应用。当钴作为一种硬质合金黏结剂时，温度的改变会使其发生同素异构转变，从而影响硬质合金的机械性能。将钴粉进行热处理再冷却至室温时，具有六方密积结构的 α-Co 会向面心立方结构的 β-Co 转变，其转变温度为 400 ℃～500 ℃。而在硬质合金中，作为黏结剂的钴粉中 β-Co 的含量越多，其机械性能也越强。为了保证硬质合金的机械性能不因钴粉中 α-Co 的含量过多而受到影响，需要一种实际有效的分析方法来测定钴粉中 α-Co 与 β-Co 的含量。而X射线衍射法是测定材料中不同晶型的最有效的方法。因此，本书中采用X-射线粉末衍射 K 值法来定量分析钴粉中 α-Co 的含量。

在 K 值法的计算中，通常选取参比物质和标样的最强峰作为特征峰进行计算，若最强峰有重叠，则选取次强峰。实验中，选取 $2\theta=35.1°$，$d=2.55$ 处峰为参比物质 $\alpha\text{-}Al_2O_3$ 的特征峰，此峰为 $\alpha\text{-}Al_2O_3$ 的次强峰，因 $\alpha\text{-}Al_2O_3$ 最强峰（$2\theta=43.4°$，$d=2.09$）与 $\alpha\text{-}Co$ 次强峰（$2\theta=44.7°$，$d=2.02$）有重叠，所以选取 $\alpha\text{-}Al_2O_3$ 的次强峰作为特征峰。标准物的特征峰在 $2\theta=47.6°$，$d=1.91$ 处，此峰为 $\alpha\text{-}Co$ 最强峰。

第9章　紫外-可见分光光度分析

紫外-可见吸收光谱法（ultraviolet-visible absorption spectrometry，UV-VIS）又称紫外-可见分光光度法，是以溶液中物质分子对光的选择性吸收为基础而建立起来的一类分析方法。紫外-可见分光光度法是目前使用最广泛的定量分析方法之一。它具有较高的灵敏度，使用的仪器简单，操作方便快速，而且操作误差小，精确度好，其相对误差一般在1%～5%之内。该方法广泛地用于测定微量成分、鉴定有机化合物、常量组分及多组分的测定，还用于研究化学平衡、络合物组成的测定等。

9.1　基本原理

紫外-可见吸收光谱的产生是由于分子的外层价电子跃迁的结果。在分子电子能级发生跃迁的同时伴随有分子振动能级和转动能级的跃迁，故紫外-可见吸收光谱为带光谱。有不饱和结构的有机化合物，如芳香族化合物，在紫外区（200～400 nm）有特征地吸收，为有机化合物的鉴定提供了有用的信息。紫外吸收光谱定性的方法是比较未知物与已知纯样在相同条件下绘制的吸收光谱，或将绘制的未知物吸收光谱与标准谱图（如Sadtler紫外光谱图）相比较，若两光谱图的λ_{max}和κ_{max}相同，表明它们是同一有机化合物。极性溶剂对有机物的紫外吸收光谱的吸收峰波长、强度及形状有一定的影响。溶剂极性增加，使$n\rightarrow\pi^*$跃迁产生的吸收带蓝移，而$\pi\rightarrow\pi^*$跃迁产生的吸收带红移。

紫外-可见吸收光谱法进行定量分析的依据是朗伯-比尔定律，其数学表达式为：

$$A = \lg \frac{I_0}{I} = \varepsilon bc \tag{9-1}$$

式中：A为吸光度；I_0为入射光强度，I为透过光强度；ε为物质的摩尔吸光系数，单位为$L\cdot mol^{-1}\cdot cm^{-1}$；$b$为物质吸收层的厚度即光路的光程，单位为cm；$c$为物质的浓度，单位为$mol\cdot L^{-1}$。即当一定波长的单色光通过某物质的溶液后，溶液的吸光度与该物质的浓度及液层的厚度成正比。

9.2　仪器部分

9.2.1　分光光度计及其操作

9.2.1.1　基本构造

紫外–可见分光光度法所采用的仪器称为分光光度计，它的主要部件由5个部分组成（图9-1）。

图9-1　紫外–可见分光光度计构造示意图

由光源发出的复合光经过单色器分光后即可获得所需波长的平行单色光，该单色光通过样品池对样品溶液吸收后，通过光照到光电管或光电倍增管等检测器上产生光电流，产生的光电流由信号显示器直接读出吸光度A或透过率T（%）。紫外–可见分光光度计可见光区采用钨灯光源、玻璃吸收池，紫外光区采用氘灯光源、石英吸收池。

常见的分光光度计有单光束型（721型、722型、7230型等）和双光束型（国产730型、VU-260型等）。

测量时，入射光应选择合适的波长，原则是使其吸收最大，干扰最小。测量溶液的吸光度值，一般宜控制在0.2～0.8范围内，以减小测量的光度误差。一般可用调节试液的浓度或改变液槽厚度来达到此目的。

9.2.1.2　7230G分光光度计操作规程

1.开机前，先检查电源插座是否L接火线，N接零线，其余的一根线接地。仪器使用时，应避免强光照射。

2.启动电源开关，仪器显示"F7230"，按"CE"键，按提示输入年、月、日，按"MODE"键，输入成功；也可按"0%τ"键，显示"00-00"，仪器进入计时状态，按"MODE"键，仪器显示τ（T）。

3.预热30 min。

4.调节所需测定波长。

5.将待测试样放入样品池内的比色皿架中，夹紧，盖上样品池盖。

6.将参比试样推入光路，按"MODE"键，显示τ（T）或A。

7.按"100%τ"键，至"T 100.0"或"A 0.000"。

8.打开样品池盖，按"0%τ"，显示"T 0.0"或"AE₁"，若按错，可按"CE"，重新输入。

9.盖上样品池盖，按"100%"，至显示"T 100.0"。

10.将待测试样推入光路，显示试样的 τ（T）或 A 。

11.按"PRINT"打印测定显示的数据，按"-/."，再按"PRINT"，打印机走纸，按任何一键即停止。

12.显示出错：

（1）"TE_0"：表示置零时，未打开样品池盖。

（2）"TE_2"：表示需置满度和置零。

（3）"CE_0"：表示仪器内未建立浓度计算方程。

（4）"PE"：表示输入的定时时间或定时次数超出规定的范围。按"CLEAR"恢复正常。

13.关闭仪器电源。

9.2.2 紫外-可见分光光度计

紫外-可见分光光度计由光源、单色器、吸收池、检测器和信号显示与处理系统组成。光源发出的连续辐射经单色器分光后得到所需单色光，单色光照射到吸收池，一部分被溶液吸收，未被吸收的光经检测器转变为电信号后输出。

9.2.2.1 光源

光源的作用是提供符合要求的入射光，要求有足够的辐射强度和良好的稳定性，且辐射能量随波长的变化尽可能小。可见光区常用的光源为卤钨灯，紫外光源多为气体放电光源，如氢灯、氘灯、氙灯等。

9.2.2.2 单色器

单色器的作用是将光源发出的复合光色散为单色光。单色器由入射狭缝、准直镜、色散元件、物镜和出射狭缝组成。其中色散元件是单色器的主要部件，起分光作用。常用的色散元件是棱镜和光栅。入射狭缝用于限制杂散光进入单色器，准直镜将入射光束变为平行光束后进入色散元件，物镜将平行光聚焦于出射狭缝。出射狭缝用于限制光谱通带宽度。

9.2.2.3 吸收池

吸收池用于盛装溶液。玻璃吸收池用于可见光区测定，石英吸收池用于紫外、可见及近红外光区的测定。吸收池的规格以光程为标志，常用的吸收池规格有 5 mm、10 mm、20 mm、30 mm、50 mm等。

9.2.2.4 检测器

检测器是一种光电转换元件，是将光信号转变为电信号的装置。在测量的光谱范围内检测器要具有高的灵敏度，响应快，有好的稳定性和低的噪音水平。常用的检测器有光电池、光电管、光电倍增管等。其中光电倍增管灵敏度高且不易疲劳，目前在紫外-可见分光光度计中应用最为广泛。

9.2.2.5 信号显示与处理系统

信号显示与处理系统是将检测器输出的信号放大并输出的装置。常用的信号显示装置有直流检流计、电位调零装置、数字显示及自动记录装置等。新型分光光度计使用计算机数据处理软件对仪器进行控制，并进行数据采集和处理。

9.2.2.6 紫外-可见分光光度计的类型

紫外-可见分光光度计主要有单光束分光光度计、双光束分光光度计、双波长分光光度计。

（1）单光束分光光度计结构（图9-2）最简单，经单色器分光后的单色光交替通过参比溶液和样品溶液进行测定。

1.光源；2.单色器；3.吸收池；4.检测器。

图9-2　单光束分光光度计结构示意图

（2）双光束分光光度计结构（图9-3）与单光束分光光度计光路设计相似。经单色器分光后的单色光，经斩光器分成两束频率、强度相同的光，一束通过参比溶液，另一束通过样品溶液，由检测器测定溶液的吸光度。采用双光路可克服光源不稳定性及杂质干扰。

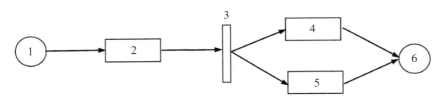

1.光源；2.单色器；3.斩光器；4.参比池；5.样品池；6.检测器。

图9-3　双光束分光光度计结构示意图

（3）双波长分光光度计（图9-4）采用双单色器。由光源发出的复合光分为两束，分别经过两个单色器，得到两束不同波长的单色光，交替照射同一溶液，测定两波长处吸光度的差值。双波长分光光度法测定中不需要参比溶液，可提高方法的灵敏度和选择性，适用多组分混合物、高浓度试液、浑浊试样的分析，还能获得导数光谱。

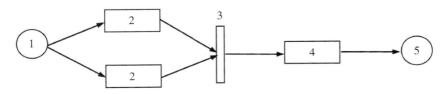

1.光源；2.单色器；3.斩光器；4.吸收池；5.检测器。

图9-4　双波长分光光度计结构示意图

9.2.2.7　紫外-可见分光光度计操作方法

（1）打开样品室，拿出干燥剂，关闭样品室。

（2）依次打开计算机、主机电源开关，打开操作软件，进行初始化，预热30 min。

（3）选择实验模块，根据实验要求建立方法，设置参数，进行基线/零线或零点校正，依次测定标准溶液、样品溶液。

（4）测量完毕，保存数据，打印报告，退出操作软件，关闭主机、计算机。清理实验台，将干燥剂放入样品室，盖上防尘罩。

实验36　邻二氮菲分光光度法测定工业盐酸中铁的含量

一、实验目的

1.初步熟悉7230G型分光光度计的使用方法。

2.熟悉测绘吸收光谱的一般方法。

3.学习标准曲线定量方法。

二、实验原理

在可见分光光度测定中，通常是将被测物质与显色剂反应，使之生成有色物质，然后测定其吸光度，进而求得被测物质的含量。因此，显色反应的完全程度和吸光度的测量条件都会影响到测定结果的准确性。为了使测定有较高的灵敏度和准确度，必须选择适宜的显色反应条件和仪器测量条件。通常所研究的显色反应条件有显色温度和时间、显色剂用量、显色液酸度、干扰物质的影响及消除等。

条件实验的一般步骤为改变其中一个因素，暂时固定其他因素，显色后测量相应溶液的吸光度，通过吸光度-研究的影响因素曲线确定显色反应的适宜条件。

铁的显色试剂很多，例如硫氰酸铵、巯基乙酸、磺基水杨酸钠等。邻二氮菲是测定微量铁的高灵敏性、高选择性试剂。Fe^{2+}与邻二氮菲在pH 2～9的溶液中反应，生成一种很稳定的橙红色络合物，其反应式如下：

该络合物的 $lgK_{稳}$=21.3，该络合物在 510 nm 波长下有最大吸收，摩尔吸光系数 ε=1.1×10^4 L·mol^{-1}·cm^{-1}，铁含量在 0.1～6 μg·mL^{-1} 范围内遵守朗伯-比尔定律。pH 在 2～9 范围内，颜色的深度不受影响，且可稳定半年之久。最小检出浓度是 50 μg·L^{-1}（用 1 cm 吸收池）或 10 μg·L^{-1}（用 5 cm 吸收池）。由于 Fe^{3+} 与邻二氮菲也能发生络合反应，生成淡蓝色络合物，因此显色前应用还原剂将 Fe^{3+} 全部还原为 Fe^{2+}。本实验用过量的盐酸羟胺作为还原剂将 Fe^{3+} 还原为 Fe^{2+}，反应式如下：

$$2Fe^{3+} + 2NH_2OH \cdot HCl = 2Fe^{2+} + N_2 \uparrow + 4H^+ + 2Cl^- + 2H_2O$$

测定时，控制溶液酸度在 pH 值为 5 左右较为适宜。酸度高时，反应进行较慢；酸度太低，Fe^{2+} 水解影响显色。

本方法的选择性很高，相当于铁含量 40 倍的 Sn^{2+}、Al^{3+}、Cs^{2+}、Mg^{2+}、Zn^{2+}、SiO_3^{2-}；20 倍的 Cr^{3+}、Mn^{2+}、VO^{3-}、PO_4^{3-}；5 倍的 Co^{2+}、Cu^{2+} 等均不干扰测定，所以此法应用很广泛。

用分光光度法测定物质的含量，一般采用标准曲线法，即配制一系列浓度的标准溶液，在实验条件下依次测量各标准溶液的吸光度 A，以溶液的浓度 c 为横坐标，相应的吸光度为纵坐标，绘制标准曲线。在同样实验条件下，测定待测溶液的吸光度，根据测得吸光度值从标准曲线上查出相应的浓度值，即可计算试样中被测物质的质量浓度。

三、仪器与试剂

1. 仪器

50 mL 容量瓶，移液管，7230G 分光光度计。

2. 试剂

铁标准储备溶液 1.00 mL 含 0.100 mg 铁，0.1% 邻二氮菲溶液，10% 盐酸羟胺溶液，乙酸-乙酸铵缓冲溶液（pH=4.2），待测工业盐酸。

四、实验步骤

1. 标准溶液配制

取 50 mL 容量瓶 8 个，分别加入铁标准溶液 0 mL、0.20 mL、0.40 mL、0.60 mL、0.80 mL、1.0 mL、1.20 mL、1.50 mL，分别向上述容量瓶中的水样及标准溶液中各加入 1.00 mL 盐酸羟胺溶液和 2.00 mL 邻二氮菲溶液，混匀后再向其溶液中加 10.0 mL 乙酸铵缓冲溶液，然后加蒸馏水稀释至刻度线，混匀后放置 10～15 min。

2. 待测溶液配制

取一个 50 mL 容量瓶，移取 1.00 mL 工业盐酸于容量瓶中后加入 1.00 mL 盐酸羟胺溶和 2.00 mL 邻二氮菲溶液，混匀后再向其溶液中加 10.0 mL 乙酸铵缓冲溶液，然后加蒸馏水稀释至刻度线，混匀后放置 10～15 min。

3.测定标准溶液及样品的吸光度

在分光光度计上于波长510 nm处,用1 cm比色皿,以蒸馏水为参比,测定样品和标准系列溶液的吸光度。

五、数据处理

1.以铁标准浓度为横坐标,吸光度为纵坐标绘制标准曲线。

2.根据试样的吸光度,从标准曲线求出工业盐酸中铁的含量。水样中总铁(Fe)的浓度,$mg \cdot L^{-1}$。

【注意事项】

1.拿取比色皿时,只能用手指捏住毛玻璃的两面,手指不得接触其透光面。盛好溶液(至比色皿高度的4/5处)后,先用滤纸轻轻吸去外部的水(或溶液),再用擦镜纸轻轻擦拭透光面,直至洁净透明。另外,应注意比色皿内不得黏附小气泡,否则影响透光率。

2.测量之前,比色皿需用被测溶液荡洗2~3次,然后再盛溶液。比色皿用毕后,应立即取出,用自来水及蒸馏水洗净、倒立晾干。

3.仪器不测定时,应打开暗箱盖以保护光电管。

【思考题】

1.用邻二氮菲测定铁时,为什么要加入盐酸羟胺?其作用是什么?试写出有关反应方程式。

2.根据有关实验数据,计算邻二氮菲测-Fe(Ⅱ)络合物在选定波长下的摩尔吸收系数。

实验37　紫外吸收光谱测定蒽醌试样中蒽醌的含量和摩尔吸收系数

一、实验目的

1.学习紫外-可见分光光度计的操作方法和紫外吸收光谱的测绘方法。
2.掌握紫外光谱法定量分析测定波长的选择方法及摩尔吸收系数的测定方法。
3.掌握紫外光谱法测定蒽醌含量的原理和方法。

二、实验原理

紫外吸收光谱法进行定量分析的依据是朗伯-比尔定律,因此,在紫外吸收光谱定量分析中应选择适当的测定波长。蒽醌（化学式为 $C_4H_8O_2$）在 251 nm 处有一强吸收峰（$\varepsilon=4.6\times10^4$ L·mol⁻¹·cm⁻¹），在波长 323 nm 处有一中强吸收峰（$\varepsilon=4.6\times10^4$ L·mol⁻¹·cm⁻¹），而邻苯二甲酸酐在 251 nm 附近有吸收（图9-5）。为了避免试样中邻苯二甲酸酐对蒽醌测定的干扰，选用 323 nm 波长作为测定波长。甲醇在 250～350 nm 无明显吸收，因此可采用甲醇为参比溶液。

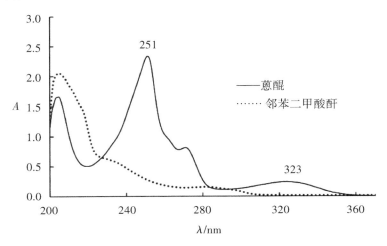

图9-5　蒽醌和邻苯二甲酸酐的紫外吸收光谱

摩尔吸收系数 ε 是衡量紫外-可见分光光度法定量分析灵敏度的重要指标，可利用标准曲线斜率求得。

三、仪器与试剂

1.仪器

紫外-可见分光光度计（安捷伦CARY 60型或其他型号），10 mm石英吸收池，烧杯，容量瓶，移液管。

2.试剂

蒽醌储备液（4.0 g·L⁻¹），邻苯二甲酸酐溶液（0.01 g·L⁻¹），甲醇（分析纯）。

四、实验步骤

1.蒽醌标准溶液（0.040 0 g·L⁻¹）的配制

移取 1.00 mL 蒽醌储备液于 100 mL 容量瓶中，用甲醇稀释至刻度，摇匀。

2.蒽醌系列标准溶液的配制

在 25 mL 容量瓶中分别加入浓度为 0.040 0 g·L⁻¹蒽醌标准溶液 5.00 mL、10.00 mL、15.00 mL、20.00 mL、25.00 mL，用甲醇稀释到刻度，所配制的蒽醌标准溶液浓度分别为 0.008 0 g·L⁻¹、0.016 0 g·L⁻¹、0.024 0 g·L⁻¹、0.032 0 g·L⁻¹、0.040 0 g·L⁻¹。

3.蒽醌试液的配制

准确称取0.100 g试样，加入甲醇溶解后转移到50 mL容量瓶中，以甲醇稀释到刻度，摇匀，备用。

4.紫外吸收光谱的测绘

以甲醇作为参比溶液，用10 mm石英吸收池在200～350 nm波长范围内分别测定0.008 0 g·L⁻¹蒽醌标准溶液和0.01 g·L⁻¹邻苯二甲酸酐溶液的紫外吸收光谱，比较两者的吸收光谱，并选择蒽醌的测定波长。

5.测定

在选定波长下，以甲醇为参比溶液，分别测定蒽醌标准溶液及蒽醌试液的吸光度，每个溶液分别测定3次，取平均值。

五、数据处理

1.比较蒽醌标准溶液和邻苯二甲酸酐溶液的紫外吸收光谱，选择测定波长。

2.以蒽醌标准溶液浓度为横坐标，吸光度为纵坐标，绘制标准曲线。

3.将蒽醌试液的吸光度带入标准曲线线性回归方程，计算试液浓度，根据试样配制情况，计算蒽醌试样中蒽醌的含量，并计算测定波长处的摩尔吸收系数。

【注意事项】

1.蒽醌储备液、邻苯二甲酸酐溶液均以甲醇为溶剂进行配制。

2.测定中必须使用石英比色皿，且要清洗干净。

【思考题】

1.简述紫外吸收光谱定量分析时选择测量波长的原则。

2.在紫外吸收光谱分析中紫外吸收光谱有什么作用？

3.在光度分析中参比溶液的作用是什么？本实验为什么用甲醇做参比溶液？

实验38   水溶液中铬、钴的同时测定

一、实验目的

学习用分光光度法测定有色混合物组分的原理和方法。

二、实验原理

当混合物两组分M及N的吸收光谱互不重叠时，则只要分别在波长λ_1和λ_2处测定试样溶液中的M和N的吸光度，就可以得到其相应含量。但是若M及N的吸收光谱互相重

叠（图9-6），则可根据吸光度的加和性质在 M 和 N 的最大吸收波长 λ_1 和 λ_2 处测量总吸光度 $A_{\lambda 1}^{M+N}$ 及 $A_{\lambda 2}^{M+N}$。假如采用 1 cm 比色皿，则可由下列方程式求出 M 及 N 组分的含量：

$$A_{\lambda 1}^{M+N} = A_{\lambda 1}^M + A_{\lambda 1}^N = \varepsilon_{\lambda 1}^M c_M + \varepsilon_{\lambda 1}^N c_N$$

$$A_{\lambda 2}^{M+N} = A_{\lambda 2}^M + A_{\lambda 2}^N = \varepsilon_{\lambda 2}^M c_M + \varepsilon_{\lambda 2}^N c_N$$

解此联立方程可得：

$$c_M = \frac{A_{\lambda 1}^{M+N} \varepsilon_{\lambda 2}^N - A_{\lambda 2}^{M+N} \varepsilon_{\lambda 1}^N}{\varepsilon_{\lambda 1}^M \varepsilon_{\lambda 2}^N - \varepsilon_{\lambda 2}^M \varepsilon_{\lambda 1}^N} \tag{9-2}$$

$$c_N = \frac{A_{\lambda 1}^{M+N} - \varepsilon_{\lambda 1}^M c_M}{\varepsilon_{\lambda 1}^N} \tag{9-3}$$

式中：$\varepsilon_{\lambda 1}^M$、$\varepsilon_{\lambda 1}^N$、$\varepsilon_{\lambda 2}^M$、$\varepsilon_{\lambda 2}^N$ 分别代表组分 N 及 M 在 λ_1 和 λ_2 处的摩尔吸光系数。

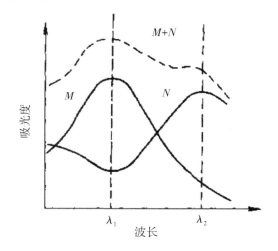

图9-6　M、N 的吸收光谱

本实验中测定 Cr 和 Co 的混合物。分别配制 Cr 和 Co 的系列标准溶液，在 λ_1 和 λ_2 分别测量 Cr 和 Co 系列标准溶液的吸光度，并绘制标准曲线。4 条标准曲线的斜率即为 Cr 和 Co 在 λ_1 和 λ_2 处的摩尔吸光系数，代入上面公式中即可求出所测溶液中 Cr 和 Co 的浓度。

三、仪器与试剂

1.仪器

7230G 型分光光度计，容量瓶（50 mL），移液管（5 mL、10 mL）等。

2.试剂

$Co(NO_3)_2$ 溶液，0.700 $mol \cdot L^{-1}$；$Cr(NO_3)_3$ 溶液，0.200 $mol \cdot L^{-1}$；Cr^{3+}、Co^{2+} 混合液。

四、实验步骤

1.溶液的配制

（1）Co^{2+} 系列溶液：取 0.700 $mol \cdot L^{-1}$ 的 Co^{2+} 溶液 2.50 mL、5.00 mL、7.50 mL、10.00 mL 于 50 mL 容量瓶中，用蒸馏水稀释至刻度，摇匀。计算各溶液的 Co^{2+} 浓度。

（2）Cr^{3+} 系列溶液：取 0.200 $mol \cdot L^{-1}$ 的 Cr^{3+} 溶液 2.50 mL、5.00 mL、7.50 mL、10.00 mL 于 50 mL 容量瓶中，用蒸馏水稀释至刻度，摇匀。计算各溶液的 Cr^{3+} 浓度。

（3）待测 Cr、Co 混合溶液的稀释：取 5.00 mL 待测未知液，用 50 mL 容量瓶稀释至刻度。

2.吸收曲线的测绘，确定 λ_1、λ_2

选取 Co^{2+} 和 Cr^{3+} 系列溶液中的 1 个，以蒸馏水为参比，从 450 nm 到 700 nm，每隔 20 nm 测 1 次吸光度，在吸收峰附近可多测几个点。分别绘制 Co^{2+} 和 Cr^{3+} 的吸收曲线，确定 λ_{Co} 和 λ_{Cr}。

3.标准曲线的绘制

以蒸馏水为参比，在 λ_{Co} 和 λ_{Cr} 处分别测定 Co^{2+} 和 Cr^{3+} 系列标准溶液的吸光度。分别绘制 λ_{Co} 和 λ_{Cr} 波长处 Co^{2+} 和 Cr^{3+} 的 4 条标准曲线。

4.未知溶液的吸光度测定

以蒸馏水为参比，在 λ_{Co} 和 λ_{Cr} 处分别测定未知溶液的吸光度 $A_{\lambda_{Co}}^{Cr+Co}$ 和 $A_{\lambda_{Cr}}^{Cr+Co}$。

五、数据处理

1.绘制 Cr^{3+}、Co^{2+} 吸收曲线，确定最大吸收波长 λ_{Cr} 和 λ_{Co}。

2.分别绘制 Co^{2+} 和 Cr^{3+} 在 λ_{Cr} 和 λ_{Co} 的 4 条标准曲线，并计算摩尔吸光系数 $\varepsilon_{\lambda 1}^{Cr}$、$\varepsilon_{\lambda 1}^{Co}$、$\varepsilon_{\lambda 2}^{Cr}$、$\varepsilon_{\lambda 2}^{Co}$。

3.试样中 Cr^{3+}、Co^{2+} 含量的计算。

4.由未知溶液的吸光度 $A_{\lambda_{Co}}^{Cr+Co}$ 和 $A_{\lambda_{Cr}}^{Cr+Co}$，计算未知溶液中 Cr^{3+}、Co^{2+} 的浓度。

【注意事项】

1.测量之前，比色皿需用被测溶液荡洗 2～3 次，然后再盛溶液。比色皿用毕后，应立即取出，用自来水及蒸馏水洗净、倒立晾干。

2.仪器不测定时，应打开暗箱盖，以保护光电管。

【思考题】

1.同时测定两组分混合液时，如何选择吸收波长？

2.怎样同时测定三组分混合液？

实验39 有机化合物的紫外吸收光谱及溶剂性质对吸收光谱的影响

一、实验目的

1. 了解影响有机化合物紫外吸收光谱的因素，掌握紫外吸收光谱的绘制方法。
2. 掌握利用紫外吸收光谱进行物质鉴定和纯度测定的原理和方法。
3. 掌握溶剂极性对n→π*跃迁和π→π*的影响。

二、实验原理

具有不饱和结构的有机化合物要在近紫外光区（200~400 nm）有特征吸收。采用标准比较法可对物质进行定性分析，即将未知试样与标准物质在相同条件下的吸收光谱进行比较。吸收光谱的形状、吸收峰的数目、最大吸收波长及相应的摩尔吸收系数是定性分析的依据。具有共轭双键的有机化合物和芳香烃化合物在近紫外光区有强烈吸收，可利用这一特性检查在近紫外光区无吸收的物质（如纯饱和烃化物）中是否含有共轭双键有机化合物、芳香烃等杂质。

有机化合物的紫外吸收光谱通常在溶液中测定，不同极性溶剂对有机化合物的吸收峰的位置、强度、形状及精细结构有一定的影响。在极性大的溶剂中，因溶剂与溶质相互作用使π→π*跃迁的能量差减小，导致吸收带红移；而基态n电子与极性溶剂之间产生较强的作用使n→π*跃迁的能量差增大，导致n→π*跃迁产生的吸收带蓝移（或紫移）（图9-7）。

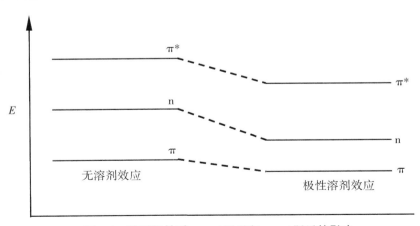

图9-7 溶剂极性对π→π*跃迁和n→π*跃迁的影响

三、仪器与试剂

1.仪器

紫外-可见分光光度计（安捷伦CARY 60型或其他型号），10 mm带盖石英吸收池，具塞比色管，移液管。

2.试剂

苯（光谱纯），乙醇（分析纯），正己烷（优级纯），氯仿（优级纯），2-丁酮（优级纯），异亚丙基丙酮（优级纯）。

四、实验步骤

1.苯的吸收光谱的测绘

将1滴苯加入石英吸收池底部，立即加盖，放置2 min左右，以空石英吸收池为参比，在220～280 nm范围内扫描苯蒸气的吸收光谱，记录峰值波长。

2.乙醇中杂质苯的检查

以乙醇作为参比，在220～280 nm波长范围内扫描乙醇试样的吸收光谱，并检验样品中是否存在杂质苯。

3.溶剂性质对有机化合物紫外吸收光谱的影响

（1）取3支5 mL具塞比色管，各加入0.020 mL 2-丁酮，分别用水、乙醇、氯仿稀释至刻度，摇匀。分别以溶剂为参比，在220～350 nm波长范围内绘制各溶液的吸收光谱。

（2）在3支10 mL具塞比色管中，各加入0.020 mL异亚丙基丙酮，分别用水、氯仿、正己烷稀释至刻度。设置扫描波长范围为220～350 nm，以溶剂为参比，绘制光谱。

五、数据处理

1.将乙醇试样的紫外吸收光谱与苯的紫外吸收光谱进行比较，确定是否存在苯的B吸收带。

2.比较2-丁酮的水溶液、乙醇溶液、氯仿溶液的紫外吸收光谱，说明溶剂极性对2-丁酮吸收光谱最大吸收波长、强度的影响，并说明原因。

3.比较不同溶剂的异亚丙基丙酮溶液的紫外吸收光谱的变化，并解释原因。

【注意事项】

1.本实验所用试剂应为光谱纯或经提纯处理。

2.紫外可见分光光度计开机需预热30 min以上。

3.石英吸收池每换一种溶液或溶剂必须清洗干净，并用待装入溶液润洗。

4.吸收池中溶液不要装太满，以免洒落在仪器上。

5.苯有毒，且有挥发性，使用时要注意用量，废液要及时回收处理。

【思考题】

1.哪些类型的跃迁在近紫外光区会产生紫外吸收光谱?

2.当助色团与生色团相连时,紫外吸收光谱如何变化?

3.本实验中能否用去离子水代替各溶剂作为参比溶液? 为什么?

实验40　紫外吸收光谱法测定色氨酸的含量

一、实验目的

1.掌握紫外分光光度法的分析原理与基本操作,熟悉紫外分光光度计的结构及特点,掌握其使用方法。

2.学习紫外－可见吸收光谱的绘制及定量测定方法。

3.了解氨基酸类物质的紫外吸收光谱的特点。

二、实验原理

研究物质在紫外、可见光区的分子吸收光谱的分析方法称为紫外-可见分光光度法。紫外-可见光谱是用紫外-可见光的物质电子光谱,它研究产生于价电子在电子能级间的跃迁,研究物质在紫外-可见光区的分子吸收光谱。紫外吸收光谱的定性分析为化合物的定性分析提供了信息依据。虽然分子结构各不相同,但只要具有相同的生色团,它们的最大吸收波长值就相同。因此,通过对未知化合物的扫描光谱、最大吸收波长值与已知化合物的标准光谱图在相同溶剂和测量条件下进行比较,就可获得基础鉴定。一般紫外光区为190~400 nm,可见光区为400~800 nm。这种分子吸收光谱产生于价电子和分子轨道上的电子在电子能级间的跃迁,广泛用于无机和有机物质的定性和定量测定。物质对辐射的吸收遵循朗伯-比尔定律。

参与蛋白质组成的20种氨基酸,在可见光区都无光吸收;在紫外光区只有酪氨酸、苯丙氨酸和色氨酸具有光吸收能力,其中以色氨酸吸收紫外光的能力最强,色氨酸、酪氨酸最大紫外吸收峰在280 nm。因此,可以根据它们的紫外吸收光谱特征,在紫外-可见光谱分析仪的定性测量模式中通过光谱扫描测量其吸光度-波长的图谱,对它进行准确可靠的定性鉴别。蛋白质在280 nm处有特征性的最大吸收峰是由它所含有的色氨酸和酪氨酸所引起的。利用这一性质可测定蛋白质的含量。

三、仪器与试剂

1.仪器

紫外-可见-近红外分光光度计（UV-2401）,万分之一电子天平,超声波清洗器,比色管，容量瓶，移液管等。

2.试剂

色氨酸标准物质或标准溶液，未知样品，超纯水等。

四、实验步骤

1.标准溶液的配制

（1）色氨酸标准储备溶液（100 mg L^{-1}）：准确称取纯色氨酸10.00 mg于100.0 mL容量瓶中，用适量超纯水溶解，并稀释至刻度，混匀。

（2）色氨酸标准中间使用液（10 mg L^{-1}）：移取色氨酸标准中间储备液1 mL于10 mL比色管中，用去离子水稀释、定容、摇匀，待用。

（3）色氨酸标准使用液：移取色氨酸标准中间储备液，加水逐级稀释，制成系列标准使用液，此系列溶液浓度分别为0.25 mg·L^{-1}、0.5 mg·L^{-1}、1.0 mg·L^{-1}、1.5 mg·L^{-1}、2.0 mg·L^{-1}。

2.仪器操作

（1）打开UVProbe软件界面，点左下角"连接"，系统开始自检，等系统自检结束，预热15～30 min稳定后即可使用。

（2）在光谱测量模式下，设置仪器参数：波长范围200～600 nm。扫描速度：快速。测样间隔：0.2 nm。狭缝宽度：1.0 nm。

3.最大吸收波长（λ$_{max}$）的测定

以去离子水为参比溶液，以色氨酸标准中间储备溶液（10 mg·L^{-1}）为样品，扫描测定该溶液在200～600 nm波长范围内的吸收光谱，绘制吸收光谱曲线并确定最大吸收波长λ$_{max}$。

4.标准曲线的绘制

在定量测定模式下，以去离子水为参比溶液，测定色氨酸各标准使用液在λ$_{max}$处的吸光度。

5.样品测定

在实验步骤4同样条件下，测定未知样品溶液在λ$_{max}$处的吸光度。

五、数据处理

1.吸收光谱曲线的绘制

利用Origin软件，以吸光度ABS为纵坐标，波长λ为横坐标绘制吸收光谱曲线，通过"Screen Reader"功能读取最大吸收波长λ$_{max}$。

2.标准曲线的绘制

利用Origin软件，以最大吸收波长λ$_{max}$处各标样的吸光度ABS为纵坐标，浓度c为横坐标，通过线性拟合绘制标准曲线。

3.试样溶液的测定

利用标准曲线方程计算待测样品中色氨酸的浓度。

【注意事项】

1.比色皿必须用超纯水冲洗干净，再用待测样品润洗一遍进行测定。

2.在拿取比色皿时，应该拿取比色皿的毛面，不能碰触其光面。

【思考题】

1.本实验是采用紫外吸收光谱中最大吸收波长进行测定的，是否可以在波长较短的吸收峰下进行定量测定，为什么？

2.被测物浓度过大或过小对测量有何影响？应如何调整？调整的依据是什么？

3.思考紫外-可见分光光度法应用于蛋白质测量的依据，并设计相应的实验方案，测定奶粉中蛋白质的含量。

实验41 有机化合物的紫外吸收光谱及溶剂效应

一、实验目的

1.学习有机化合物结构与其紫外光谱之间的关系。

2.了解不同极性溶剂对有机化合物紫外吸收带位置、形状及强度的影响。

3.学习紫外-可见分光光度计的使用方法。

二、实验原理

影响有机化合物紫外吸收光谱的因素，有内因和外因两个方面。内因是指有机物的结构，主要是共轭体系的电子结构。随着共轭体系增大，吸收带向长波方向移动（称作红移），吸收强度增大。紫外光谱中，含有π键的不饱和基团称为生色团，如C=C、C=O、NO_2、苯环等。含有生色团的化合物通常在紫外或可见光区域产生吸收带；含有杂原子的饱和基团称为助色团，如OH、NH_2、OR、CI等。助色团本身在紫外及可见光区域不产生吸收带，但当其与生色团相连时，因形成n-π共轭而使生色团的吸收带红移，吸收强度也有所增加。

影响紫外吸收光谱的外因是指测定条件，如溶剂效应等。所谓溶剂效应是指受溶剂极性或酸碱性的影响，使溶质吸收峰的波长强度以及形状发生不同程度的变化。因为溶剂分子和溶质分子间可能形成氢键，或极性溶剂分子的偶极使溶质分子的极性增强，从而引起溶质分子能级的变化，使吸收带发生迁移。随着溶剂极性的增加K带红移，而R

带向短波方向移动（称作蓝移或紫移）。这是因为在极性溶剂中π→π*跃迁所需能量减小[图9-8（a）]；而n→π*跃迁所需能量增大[图9-8（b）]。

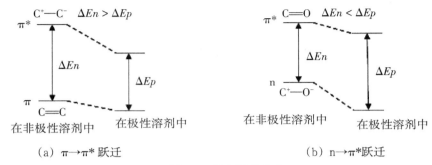

（a）π→π* 跃迁   （b）n→π* 跃迁

图9-8　溶剂极性效应

溶剂的极性不仅影响溶质吸收带的波长，而且还影响其吸收强度和形状，如苯酚在非极性溶剂中，可清晰看到B吸收带的精细结构，而在极性溶剂中，B带的精细结构消失，仅出现一个宽的吸收峰，而且吸收强度也明显下降。在许多芳香烃化合物中均有此现象。由于存在溶剂效应，所以在记录有机化合物紫外吸收光谱时，应注明所用的溶剂，如：λ_{max}^{EtOH}、$\lambda_{max}^{CHCl_3}$分别表示在乙醇中和在三氯甲烷中的最大吸收波长。

另外，由于有的溶剂本身在紫外光谱区也有一定的吸收波长范围，故在选用溶剂时，必须考虑它们的干扰。表9-1列举某些溶剂的波长极限，测定波长范围应大于波长极限或用纯溶剂作为空白，才不致受到溶剂吸收的干扰。

表9-1　溶剂极性对异丙叉丙酮紫外吸收光谱的影响

跃　迁	溶　剂				
	正己烷	氯仿	甲醇	水	吸收带位移
π→π*	230 nm	238 nm	237 nm	243 nm	红移
n→π*	329 nm	315 nm	309 nm	305 nm	蓝移

本实验通过苯、苯酚、乙酰苯和异丙叉丙酮等在正庚烷、氯仿、甲醇和水等溶剂中紫外吸收光谱的测绘，观察分子结构以及溶剂效应对有机化合物紫外吸收光谱的影响。

三、仪器与试剂

1.仪器

紫外-可见分光光度计。

2.试剂

苯、苯酚、乙酰苯、异丙叉丙酮、正己烷、正庚烷、氯仿、甲醇等，均为分析纯试剂。

（1）纯水：去离子水或蒸馏水。

（2）异丙叉丙酮的正己烷溶液、氯仿溶液、甲醇溶液、水溶液的配制：取4只100 mL容量瓶各注入10 μL的异丙叉丙酮，然后分别用正己烷、氯仿、甲醇和去离子水稀释到刻度，摇匀，得约0.1 mg·mL^{-1}的异丙叉丙酮溶液。另取4只100 mL容量瓶各注入500 μL的异丙叉丙酮配制相应的约5 mg·mL^{-1}的异丙叉丙酮溶液。

（3）苯的正庚烷溶液和乙醇溶液（约0.1 mg·mL^{-1}）的配制：取两只100 mL容量瓶，各注入10 μL苯，然后分别用正庚烷和乙醇稀释到刻度，摇匀。

（4）苯酚的正庚烷溶液和乙醇溶液（约0.1 mg·mL^{-1}）的配制：配制方法同上。

（5）乙酰苯的正庚烷溶液和乙醇溶液（约0.1 mg·mL^{-1}）的配制：配制方法同上。

3. 实验条件（以730型紫外-可见分光光度计为例，其他型号仪器可作为参考）：

（1）波长扫描范围400～200 nm。

（2）带宽1 nm。

（3）石英吸收池1 cm。

（4）参比溶液使用被测溶液的相应溶剂。

（5）扫描速度200 nm·min^{-1}。

（6）记录仪坐标选择：

①纵坐标（Y轴）：5 mV·cm^{-1}，全标尺0～1 A、每大格相当于0.2 A。

②基体标（X轴）：50 mV·cm^{-1}，每大格相当于50 nm。

四、实验步骤

1. 根据实验条件，将730型仪器按操作步骤进行调节，若仪器状态正常，即可测定各试液的紫外吸收光谱。

2. 若使用其他型号的仪器，则按所用仪器说明书调节和使用。

3. 如果测得的紫外吸收峰为平头峰或太小，可适当改变试液浓度。

4. 异丙叉丙酮的K带和R带强度相差将近100倍，所以用低浓度溶液测定以获得K带的λ$_{max}$；用高浓度溶液测定以获得R带的信息。

五、数据处理

1. 记录实验条件。

2. 比较在同一种溶剂中苯、苯酚和乙酰苯的紫外吸收光谱，讨论有机物结构对紫外吸收光谱的影响。

3. 比较非极性溶剂正庚烷和极性溶剂乙醇对苯、苯酚和乙酰苯的紫外吸收光谱中最大吸收波长λ$_{max}$以及吸收峰形状的影响。

4. 从异丙叉丙酮的4张紫外吸收光谱中确定其K带和R带最大吸收波长并说明在不同极性溶剂中异丙叉丙酮吸收峰波长移动的情况。

【思考题】

1.当助色团或生色团与苯环相连时，紫外吸收光谱有哪些变化？

2.在异丙叉丙酮紫外吸收光谱图上有几个吸收峰？它们分别属于什么类型跃迁？如何区分它们？

3.举例说明极性溶剂对 $\pi \rightarrow \pi^*$ 跃迁和 $n \rightarrow \pi^*$ 跃迁的吸收峰产生的影响。

4.被测试液浓度太大或太小时，对测量结果将产生什么影响，应如何加以调节？

5.在本实验中是否可用去离子水来代替各溶剂作为参比溶液，为什么？

实验42 鉴定和识别有机化合物中的电子跃迁类型

一、实验目的

1.熟悉有机化合物中几种主要的电子跃迁类型。

2.了解环境对体系的影响。

二、实验原理

在有机化合物中常遇到的电子跃迁类型（表9-2）。

表9-2 常见生色基的吸收特性

生色基	实例	溶剂	λ_{max}/ nm	k_{max}	跃迁类型
烯	$C_6H_{13}CH=CH_2$	正庚烷	177	13 000	$\pi \rightarrow \pi^*$
炔	$C_5H_{15}C \equiv CCH_3$	正庚烷	178	10 000	$\pi \rightarrow \pi^*$
			196	2 000	—
			225	160	—
羧基	O‖CH₃COH	乙醇	204	41	$n \rightarrow \pi^*$
酰胺基	O‖CH₃CNH₂	水	214	60	$n \rightarrow \pi^*$
羰基	O‖CH₃CCH₃	正己烷	186	1 000	$n \rightarrow \pi^*$
			280	16	$n \rightarrow \pi^*$
偶氮基	$CH_3N=NCH_3$	乙醇	339	5	$n \rightarrow \pi^*$

生色基	实例	溶剂	λ_{max}/nm	k_{max}	跃迁类型
硝基	CH_3NO_2	异辛烷	280	22	$n\to\pi^*$
亚硝基	C_4H_9NO	乙醚	300 665	100 20	$n\to\pi^*$ —
硝酸酯	$C_2H_5ONO_2$	二氧杂环己烷	270	12	$n\to\pi^*$

狭义地讲，生色团是分子中能吸收紫外-可见光而产生电子跃迁的基团，当它们与无吸收的饱和基团相连时，其吸收波长出现在185～1 000 nm之间。

根据生色团的吸收带类型，可将其分为：

（1）产生于$\pi\to\pi^*$跃迁的K带。

（2）产生于$n\to\pi^*$跃迁的R带。

（3）产生于芳香化合物禁阻$\pi\to\pi^*$跃迁的B带。

助色团是一些具有非键电子的基团，例如—OH、—OR、—NHR、—Cl、—Br等，它们本身不能吸收大于200 nm的光，但当它们与生色团相连时，会增加生色团的吸收强度，改变分子的吸收波长。

当分子中含有两个或两个以上的生色团时，它们之间的相对位置将会影响分子的吸收带，其一般规律如下：

（1）当分子中两个生色团被一个以上的碳原子分开时，产生的吸收等于两个生色团单独存在时的和。

（2）当分子中两个生色团相邻接时，其吸收波长比只有一个生色团时出现在较长波长处，且吸收强度增强。

（3）当分子中两个生色团同时与一个碳原子相连时，其吸收情况是上述（1）、（2）两种极端条件的中间状态。

吸收峰的位置及强度随使用的溶剂不同而异。这些影响与溶剂的性质、吸收带的特征以及溶质的性质有关。一般说来，随着溶剂极性的增加，$n\to\pi^*$跃迁吸收带向短波移动，而$\pi\to\pi^*$跃迁吸收带向长波移动。

三、仪器与试剂

1.仪器

紫外-可见分光光度计（200～900 nm），石英比色皿2个。

2.试剂

（1）2.0×10^{-3}mol·L^{-1}碘甲烷，溶剂为己烷。

（2）2.0×10^{-3}mol·L^{-1}碘甲烷，溶剂为甲醇。

（3）$1.0×10^{-2}$ mol·L^{-1}丙酮，溶剂为水。

（4）$1.0×10^{-2}$ mol·L^{-1} 2，5-己二酮，溶剂为水。

（5）$2.5×10^{-2}$ mol·L^{-1}亚异丙基丙酮，溶剂为己烷。

（6）$2.5×10^{-2}$ mol·L^{-1}甲基酮，溶剂为水。

（7）$6.6×10^{-5}$ mol·L^{-1}亚异丙基丙酮，溶剂为己烷。

（8）$6.6×10^{-5}$ mol·L^{-1}亚异丙基丙酮，溶剂为水。

（9）$4.0×10^{-3}$ mol·L^{-1}苯，溶剂为甲醇。

（10）$3.1×10^{-4}$ mol·L^{-1}苯酚，溶剂为甲醇。

（11）$3.1×10^{-4}$ mol·L^{-1}苯酚钠，溶剂为甲醇。

四、实验步骤

1.仔细阅读仪器操作说明书，在教师指导下，开启仪器。

2.用与该溶液对应的溶剂为参照，分别测定上述11种溶液在$200\sim900$ m范围内的吸收光谱曲线。记录其最大吸收波长λ_{max}和吸光度A（注意：手拿比色皿时，只能接触毛玻璃一侧）。

3.小心滴1滴纯苯在比色皿的底部，并且盖上盖子，让其自然挥发。以空气为参照，测定气态苯的吸收光谱曲线，记录λ_{max}及A值。

五、数据处理

1.计算11种溶液的摩尔吸收系数K_{max}。

2.用列表形式总结所测试样的λ_{max}、K_{max}及吸收带的跃迁类型。

【思考题】

1.指出碘甲烷在水和己烷中测定时，最大吸收波长相差多少？

2.为什么在紫外-可见光区常用水、甲醇和己烷为溶剂测定吸收光谱曲线？

本章思考题
参考答案

3.分别指出亚异基丙酮中，n→π*和π→π*跃迁吸收带，并说明理由。

4.试推测0.1 mol·L^{-1} 2，5，8-三壬酮和2-烯5，8-壬二酮的紫外吸收光谱曲线。

5.共轭作用如何影响亚异丙基丙酮的光谱？推测1-戊烯，1，5-己二烯和1，3，5-己三烯的光谱曲线。

6.气态苯和溶液中苯的吸收曲线有何不同？为什么？

7.助色团—NH_2将如何影响苯胺？质子化作用后，产生的苯胺阳离子将如何改变这种影响？

第10章 红外光谱分析

红外光谱分析（infrared spectrum analysis）指的是利用红外光谱对物质分子进行的分析和鉴定的方法。红外光谱具有高度特征性，可以利用化学键的特征波数来鉴别化合物的类型，并可用于定量测定。此外，在高聚物的构型、构象、力学性质的研究，以及物理、天文、气象、遥感、生物、医学等领域也广泛应用红外光谱分析。

10.1 基本原理

10.1.1 红外光谱的基本概念

10.1.1.1 红外光谱的定义

当样品受到频率连续变化的红外光照射时，分子吸收某些频率的辐射，并由其振动运动或转动运动引起偶极矩的净变化，产生的分子振动和转动能级从基态到激发态的跃迁，从而形成的分子吸收光谱称为红外光谱。红外光谱是研究分子振动和转动信息的分子光谱，它反映了分子化学键的特征吸收频率，可用于化合物的结构分析和定量测定。

10.1.1.2 产生红外吸收的条件

1.辐射光子具有的能量与发生振动跃迁所需的跃迁能量相等

红外吸收光谱是分子振动能级跃迁产生的。因为分子振动能级差为 $0.05 \sim 1.0$ eV，比转动能级差（$0.0001 \sim 0.05$ eV）大，因此分子发生振动能级跃迁时，不可避免地伴随转动能级的跃迁，因而无法测得纯振动光谱，但为了讨论方便，以双原子分子振动光谱为例说明红外光谱产生的条件。若把双原子分子（A–B）的两个原子看作两个小球，把连接它们的化学键看成质量可以忽略不计的弹簧，则两个原子间的伸缩振动，可近似地看成沿键轴方向的间谐振动。由量子力学可以证明，该分子的振动总能量（E_V）为：

$$E_V = (V+1/2) h\nu \quad (V=0, 1, 2, \ldots)$$

式中：V 为振动量子数（$V=0, 1, 2, \ldots \ldots$）；E_V 是与振动量子数相应的体系能量；ν 为分子振动的频率。在室温时，分子处于基态（$V=0$），$E_V = 1/2 \cdot h\nu$，此时，伸缩振动的频率很小。当有红外辐射照射到分子时，若红外辐射的光子（ν_L）所具有的能量（E_L）恰好等于分子振动能级的能量差（$\Delta E_振$）时，则分子将吸收红外辐射而跃迁至激发态，导致振幅增大。分子振动能级的能量差为 $\Delta E_振 = \Delta \cdot Vh\nu$，又光子能量为：$E_L = h\nu_L$，于是可得产生红外吸收光谱的第一条件为：$E_L=\Delta E_{振}$，即 $\nu_L=\Delta V\cdot\nu$，表明只有当红外辐射频率等于振动量子数的差值与分子振动频率的乘积时，分子才能吸收红外辐射，产生红外吸收光谱。

分子吸收红外辐射后，由基态振动能级（$V=0$）跃迁至第一振动激发态（$V=1$）时，所产生的吸收峰称为基频峰。因为 $\Delta V=1$ 时，$\nu_L=\nu$，所以基频峰的位置（ν_L）等于分子的振动频率。

在红外吸收光谱上除基频峰外，还有振动能级由基态（$V=0$）跃迁至第二激发态（$V=2$）、第三激发态（$V=3$）……所产生的吸收峰称为倍频峰。

由 $V=0$ 跃迁至 $V=2$ 时，$\Delta V=2$，则 $\nu_L=2\nu$，即吸收的红外线谱线（ν_L）是分子振动频率的2倍，产生的吸收峰称为2倍频峰。由 $V=0$ 跃迁至 $V=3$ 时，$\Delta V=3$，则 $\nu_L=3\nu$，即吸收的红外线谱线（ν_L）是分子振动频率的3倍，产生的吸收峰称为3倍频峰。其他类推。在倍频峰中，2倍频峰还比较强。3倍频峰以上，因跃迁概率很小，一般都很弱，常常不能测到。

2.辐射与物质之间有耦合作用

为满足这个条件，分子振动必须伴随偶极矩的变化。红外跃迁是偶极矩诱导的，即能量转移的机制是通过振动过程所导致的偶极矩的变化和交变的电磁场（红外线）相互作用发生的。分子由于构成它的各原子的电负性的不同，也显示不同的极性，称为偶极子。通常用分子的偶极矩（μ）来描述分子极性的大小。当偶极子处在电磁辐射的电场中时，该电场做周期性反转，偶极子将经受交替的作用力而使偶极矩增加或减少。由于偶极子具有一定的原有振动频率，显然，只有当辐射频率与偶极子频率相匹配时，分子才与辐射相互作用（振动耦合）而增加它的振动能，使振幅增大，即分子由原来的基态振动跃迁到较高振动能级。因此，并非所有的振动都会产生红外吸收，只有发生偶极矩变化（$\Delta\mu\neq0$）的振动才能引起可观测的红外吸收光谱，该分子称之为红外活性的；$\Delta\mu=0$ 的分子振动不能产生红外振动吸收，称为非红外活性的。当一定频率的红外光照射分子时，如果分子中某个基团的振动频率和它一致，两者就会产生共振，此时光的能量通过分子偶极矩的变化而传递给分子，这个基团就吸收一定频率的红外光，产生振动跃迁。如果用连续改变频率的红外光照射某样品，由于试样对不同频率的红外光吸收程度不同，使通过试样后的红外光在一些波数范围减弱，在另一些波数范围内仍然较强，用仪器记录该试样的红外吸收光谱，进行样品的定性和定量分析。

10.1.1.3 红外光谱的三要素

1.峰位

分子内各种官能团的特征吸收峰只出现在红外光波谱的一定范围，例如 C=O 的伸缩振动一般在 $1\,700\ cm^{-1}$ 左右。

2.峰强

红外吸收峰的强度取决于分子振动时偶极矩的变化，振动时分子偶极矩的变化越小，谱带强度也就越弱。一般说来，极性较强的基团（如C═O，C—X）振动，吸收强度较大；极性较弱的基团（如C═C，N—C等）振动，吸收强度较弱；红外吸收强度分别用很强（vs）、强（s）、中（m）、弱（w）表示。

3.峰形

不同基团的某一种振动形式可能会在同一频率范围内都有红外吸收，如—OH、—NH的伸缩振动峰都在3 400～3 200 cm^{-1}，但两者峰形有显著不同。此时峰形的不同有助于官能团的鉴别。

根据实验技术和应用的不同，一般将红外光区划分为三个区域：近红外区（13 158～4 000 cm^{-1}），中红外区（4 000～400 cm^{-1}）和远红外区（400～10 cm^{-1}），一般的红外光谱在中红外区进行检测。

10.2 仪器部分

10.2.1 傅里叶变换红外光谱仪的结构与工作原理

FT-IR光谱仪器是一种新型干涉调频光谱仪。与色散型红外光谱仪器相比较，它具有不需要狭缝，可同时获得全部辐射波长范围内的所有光谱信息，分辨率高，扫描速度快，灵敏度高，测量精度高光谱范围广等突出的优点。FT-IR光谱仪不需要色散元件，主要由红外光源、光阑、Michelson干涉仪（分束器、动镜、定镜）、检测器、计算机和记录仪构成，其结构如图10-1所示。

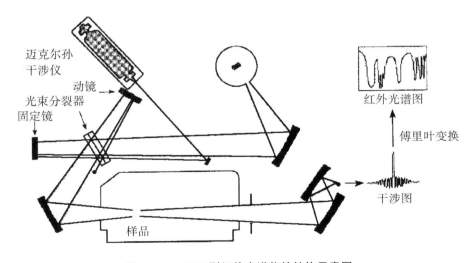

图10-1 FT-IR型红外光谱仪的结构示意图

该仪器的工作原理是：由光源发出的红外辐射信号通过 Michelson 干涉仪形成干涉信号，通过样品选择性吸收后经反射镜到达检测器，检测器获得的干涉信号以干涉图的形式输入到计算机，由计算机进行傅里叶变换的数学处理，将干涉图还原为正常使用的以透光率（$T/\%$）为纵坐标，波数为横坐标的普通红外光谱图。

10.2.2　样品制备技术

要得到一张高质量的红外光谱图，必须根据样品的状态性质选择适当的制样方法。根据目前仪器的配置可采用的制样方法如下：

10.2.2.1　固体样品的制备

常见固体样品包括高聚物、部分有机化合物、无机化合物、矿物等。目前可采用的方法主要是压片法和糊糊法。

1.KBr压片法

KBr 为最常用的中红外（$4\,000\sim400\ cm^{-1}$）的透光材料，适于大多数固体样品的红外光谱分析。

样品制备：

（1）把分析纯的 KBr 在玛瑙研钵中充分研细，直到颗粒粒径达 $2\ \mu m$ 以下，放入干燥器中备用。

（2）按一定比例量取样品，（一般样品量为 $1\sim2\ mg$，KBr 量为 200 mg）放在研钵中充分研磨混合均匀，直到混合物中无明显的样品颗粒为止，以上操作应在红外烘干下操作，以防 KBr 吸水。

（3）将研好的粉末用不锈钢铲小心移至模腔内，刮平，小心放入顶模，放在压片机上固定，摇动手柄加压到 $10\ kg\cdot cm^{-2}$ 维持 5 min 后泄压取出。

（4）将压片放到样品架上，采集其光谱。

应用范围：固体有机物、粉末高聚物、无机化合物、矿物等。

注意事项：

（1）KBr 的烘干。

（2）样品与 KBr 的充分混合及干燥。

（3）模具的清理及防锈（干燥）。

2.糊糊法

制样方法：将研磨好的样品放在研钵中，用滴管取适量（$1\sim2$ 滴）石蜡油或氟油混合后研磨均匀，用不锈钢铲取出研磨均匀的样品涂在窗片上，放上另一窗片压紧。

应用范围：可用在因 KBr 吸水而引起光谱歧变的样品分析。

注意事项：石蜡油和氟油均为有机介质，在不同的范围会产生红外吸收。其位置如下：

（1）石蜡油（长链烃）：$3\,000\sim2\,850\ cm^{-1}$（C—H）；$1\,468\ cm^{-1}$，$1\,379\ cm^{-1}$（$CH_2$，

CH$_3$的C—H）；720 cm^{-1}（—CH$_2$—）$_n$，$n>4$的骨架振动。

（2）氟油（全氟烃）：1 400～500 cm^{-1}存在强度不同的C—F吸收。

因此在进行样品的谱图解析时应扣除介质本身光谱的影响。

10.2.2.2　液体样品的制备

用于液体样品的取样工具有可拆卸液体池、石英池及OMNI采样品。

1.低沸点液体

由于样品沸点低，为防止挥发应选用密封池。用干净注射器取出样品，注入液体池上面的输入孔，当输出孔有液体溢出时，用塞子塞紧，放至样品架上，移至采样室即可进行测定。

2.高沸点、低黏度的样品

用滴管滴加在可拆卸液体池的两片窗片之间压紧自动形成均匀的液膜，则可以进行测定。

3.高黏度样品

高黏度样品比如各类油脂，热解产物等，需用不锈钢铲取少量样品涂于KBr窗片上，刮匀，将窗片放在样品架上即可测定。

4.水溶性液体

不可用盐窗测定，只能采用石英池法或OMNI采样品进行采样分析。

10.2.2.3　气体样品的制备

仪器一般配备了气体池，可用于低浓度气体、弱吸收性气体及痕量分析。因多次反射，测定时，背景吸收明显，要进行补偿或用差谱法扣除。

10.2.2.4　复杂样品的采样分析

利用OMNI采样品可以对涂层、橡胶、织物、有机体、液体等进行无损伤检测。OMNI采样品为单反射结构，光谱信息较弱。

10.2.3　红外光谱的应用

红外光谱的最大特点是具有特征性，谱图上的每个吸收峰代表了分子中某个基团的特定振动形式。据此进行化合物的定性分析和定量分析。广泛应用于石油化工、生物医药、环境监测等方面。

1.定性分析

（1）已知物的鉴定：在得到试样的红外谱图后，与纯物质的谱图进行比较，如果谱图中峰位、峰形和峰的相对强度都一致，即可认为是同一物质。

（2）未知物的鉴定：是红外光谱法定性分析的一个重要用途，涉及图谱的解析。

首先应了解样品的来源、用途、制备方法、分离方法、理化性质、元素组成及其他光谱分析数据如UV、NMR、MS等有助于对样品结构信息的归属和辨认。

2.定量分析

定量依据是Lambert-Beer定律，定量时吸光度的测定常用基线法。

10.2.4　仪器的维护

1.使用环境：该仪器为精密型仪器，需在恒温、防潮、干燥、防震的环境中保存和使用，由于光学台的主要窗片为盐窗，特别需要长期的干燥条件，否则会对仪器造成损坏。

2.需要配有净化稳压电源，仪器可长期运行（利于防潮）。

3.仪器使用后，必须对仪器及附件彻底清洗（无水酒精、甲醛）。

实验43　苯甲酸红外吸收光谱的测绘

一、实验目的

1.学习用红外吸收光谱进行化合物的定性分析，了解苯甲酸的红外光谱图。

2.掌握红外光谱分析时固体样品的压片法样品制备技术。

3.熟悉红外分光光度计的工作原理及其使用方法。

二、实验原理

在化合物分子中，具有相同化学键的原子基团，其基本振动频率的吸收峰（简称基频峰）基本上出现在同一频率区域内，例如 $CH_3(CH_2)_5CH_3$，$CH_3(CH_2)_4C{\equiv}N$ 和 $CH_3(CH_2)_5CH{=}CH_2$ 等分子中都有—CH_3，—CH_2—基团，它们的伸缩振动基频峰都在 <3 000 cm^{-1} 波数附近，但又有所不同，这是因为同一类型原子基团，在不同化合物分子中所处的化学环境有所不同，使基频峰频率发生一定移动，例如 $C{=}O$ 基团的伸缩振动基频峰的频率一般出现在 1 850～1 860 cm^{-1} 范围内，当它位于酸酐中时，在 1 820～1 750 cm^{-1} 处出现吸收峰；在酯类中时，1 750～1 725 cm^{-1} 处出现吸收峰；在醛中时，1 740～1 720 cm^{-1} 处出现吸收峰；在酮类中时，1 725～1 710 cm^{-1} 处出现吸收峰；在与苯环共轭时，如乙酰苯中 $\nu_{C=O}$ 为 1 695～1 680 cm^{-1}；在酰胺中时，$\nu_{C=O}$ 为 1 650 cm^{-1} 等。因此，掌握各种原子基团基频峰的频率及其位移规律，就可应用红外吸收光谱来确定有机化合物分子中存在的原子基团及其在分子结构中的相对位置。

由苯甲酸分子结构可知，分子中各原子基团基频峰的频率在4 000～650 cm^{-1}范围内的见表10-1。

本实验用溴化钾晶体稀释苯甲酸标样，研磨均匀后压制成晶片，以纯溴化钾晶片作为参比，测绘苯甲酸的红外吸收光谱，标出各特征吸收峰的波数，并确定其归属。

表 10-1　分子中各原子基团基频峰的频率

原子基团的基本振动形式	基频峰的频率/ cm^{-1}
$\nu_{=C-H}$（Ar 上）	3 077,3 012
$\nu_{C=C}$（Ar 上）	1 600,1 582,1 495,1 450
δ_{C-H}（Ar 上邻接五氯）	715,690
$\nu_{C=H}$（形成氢键二聚体）	3 000～2 500（多重峰）
δ_{O-H}	935
$\nu_{C=O}$	1 400
δ_{C-O-H}（面内弯曲振动）	1 250

三、仪器与试剂

1.FT-IR 红外光谱仪。

2.压模具、压片机。

3.玛瑙研钵。

4.红外干燥灯。

5.溴化钾：光谱纯。

6.苯甲酸：分析纯。

四、实验步骤

1.开启空调机，使室内的温度为 18 ℃～20 ℃，相对湿度≤65%。

2.苯甲酸晶片的制作：取预先在 110 ℃烘干 48 h 以上并保存在干燥器内的溴化钾 200 mg 左右，置于洁净的玛瑙研钵中，加 1～2 mg 苯甲酸样品，在红外灯下研磨成均匀、细小的颗粒，使颗粒大小<2 μm，之后移入压片模中，将模子放在油压式压片机上，加压力，在 20～25 MPa 压力下维持 5 min。放气去压，取出模子进行脱模可获得一片直径为 13 mm，厚 1～2 mm 透明的晶片，小心从压模中取出晶片，将片子装在样品架上，即可进行红外光谱测定。

3.红外光谱图的测试：

（1）开机：开机时先后打开主机电源和计算机电源，待进入 Windows 界面后，启动 Spectrum 程序，进入 Spectrum one 3.0，待仪器稳定 30 min 以上方可测样。

（2）确认仪器状态：点击"Instrument"下的"Monitor…"，进入仪器监测页面。分别点击能量和单光束图，观察能量水平和单光束图是否正常。点击"Exit"退出。

（3）采集样品光谱：点击"Instrument"菜单下的"Scan…"命令，出现样品扫描窗口，设定谱图文件名（Filename）酌情填写描述（Description）及注解"Comments"。

在Scan页面根据需要设定扫描范围（Range）和扫描次数或扫描时间，点击"Apply"执行，再点击"OK"进行扫描，出现窗口提示询问是否覆盖（Overwrite）时根据情况选择。

（4）打印光谱图：根据谱图情况决定是否进行处理。使用"Text"命令在谱图上标注样品名称、测试人员姓名、测试日期等并放在适当位置，使用"View Format"命令将显示范围设定为4 000～400 cm⁻¹和透过率0～100 *T*%或根据需要设定特定的范围，然后点击"Print"打印；也可以点击"File"菜单下的"Copy to Report"使用报告模板格式打印光谱图。

【注意事项】

1.所有固体样品必须确保纯净干燥无水，固体试样研磨和放置均应在红外灯下，防止吸水变潮；KBr和样品的质量比在100～200∶1之间。

2.制得的晶片必须薄厚均匀无裂痕，局部无发白现象，如同玻璃半完全透明，否则应重新制作。

3.据实验条件，将红外分光光度计按仪器操作步骤进行调节，测绘红外吸收光谱。

4.扫谱结束后，取下样品架，取出薄片，按要求将模具、样品架等清理干净，妥善保管。

六、数据处理

1.记录实验条件。

2.在苯甲酸的红外吸收光谱图上，标出各特征吸收峰的波数，并确定其归属。

【思考题】

1.红外吸收光谱分析，对固体试样的制片有何要求？

2.如何着手进行红外吸收光谱的定性分析？

3.为什么进行红外吸收光谱测试时要做空气背景扣除？

4.红外光谱实验室为什么对温度和相对湿度要维持一定的指标？

5.影响样品红外光谱图质量的因素是什么？

实验44　间、对二甲苯的红外吸收光谱定量分析

一、实验目的

1.学习红外吸收光谱定量分析基本原理。

2.掌握基线法定量测定方法。

3.学习液膜法制样。

二、实验原理

红外吸收光谱定量分析与紫外-可见光分光光度定量分析的原理和方法，原则上是相同的，它的定量基础仍然是朗伯-比耳定律。但在测量时，由于吸收池窗片对辐射的发射和吸收，式样对光的散射引起辐射损失，仪器的杂散辐射和试样的不均匀行等都将引起测定误差，因而给红外吸收光谱定量分析带来一些困难，需采取与紫外-可见光分光光度法所不同的实验技术。

由于红外吸收池的光程长度极短，很难做成两个厚度完全一致的吸收池，而且在实验过程中吸收池窗片易受到大气和溶剂中夹杂的水分侵蚀，而使其透明特性不断下降，所以在红外测定中，透过试样的光束强度，通常只简单地同一空气或只放一块盐片作为参比的参比光束进行比较，并采用基线法测量吸光度，基线法如图 10-2 所示。测量时，在所选择的被测物质的吸收带上，以该谱带两肩的公切线 AB 作为基线，通过峰值波长处 t 的垂直线和基线相交于 r 点，分别测量入射光和透射光的强度 I_0 和 I，依照 $A=\lg(I_0/I)$，求得该波长处的吸光度。

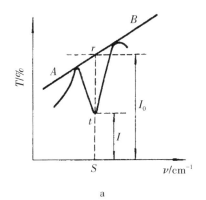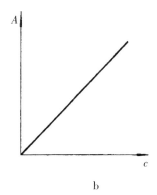

图 10-2　基线法

三、仪器与试剂

1.红外光谱仪。

2.金相砂纸和 5 号铁砂纸。

3.麂皮革。

4.红外干燥灯。

5.平板玻璃：20 cm×25 cm。

6.邻、间、对二甲苯均为分析纯。

7.氯化钠单晶体：2×3 cm×0.8 cm。

8.无水酒精：分析纯。

四、实验条件

1.红外光谱仪。

2.测量波数范围：$4\,000\sim650\ cm^{-1}$。

3.参比物：空气。

4.扫描速度：4 min（3挡）。

5.室温：18 ℃~20 ℃。

6.相对湿度≤65%。

五、实验步骤

1.开启空调机，使室内的温度为18 ℃~20 ℃，相对湿度≤65%。

2.按以下方法处理氯化钠单晶块：从干燥器中取出氯化钠单晶块，在红外灯的辐射下，置于垫有平板玻璃的5号铁砂纸上，轻轻擦去单晶块上下表层，继而在金相砂纸上轻轻擦之，然后再在麂皮革上摩擦，并不时滴入无水酒精，擦到单晶块上下两面完全透明后，保存于干燥器内备用。

3.配制间二甲苯和对二甲苯的混合标样：分别吸取2.50 mL，3.50 mL，4.50 mL间二甲苯于3只10 mL容量瓶中，依次加入4.50 mL，3.50 mL，2.50 mL对二甲苯，然后分别用邻二甲苯稀释至刻度，摇匀，配制成1#，2#，3#混合标样。

4.吸取不含邻二甲苯的试液7.00 mL于10 mL容量瓶中，用邻二甲苯稀释至刻度，摇匀，配制成4#混合试样。

5.纯标样液膜的制作（包括邻、间、对3种二甲苯）：取两块已处理好的氯化钠单晶块，在其中一块的透明平面上放置间隔片5，于间隔片的方孔内滴加1滴分析纯邻二甲苯溶液，将另一单晶块的透明平面对齐压上，然后将它固定在支架上，如图10-3所示。

1.前框；2.后框；3.红外透光窗盐片；4.垫圈（氯丁橡胶或四氯乙烯）；5.间隔片（铅或铝）；6螺帽。

图10-3　可拆式液体槽

这样两单晶块的液膜厚度为0.001～0.05 mm，随后以同样方法制作间二甲苯和对二甲苯纯标样液膜，然后把带有标样液膜支架安置在主机的试样窗口上，以空气作为参比物。

6.根据实验条件，将红外分光光度计按仪器的操作步骤进行调节，然后分别测绘以上制作的3种标样液膜的红外吸收光谱。

7.同样方法制作1#，2#，3#混合标样和4#混合试样的液膜，并以相同的实验条件，分别测绘它们的红外吸收光谱。

六、数据处理

1.在所测绘的3种纯标样红外吸收光谱图上，标出各基团基频峰的波数及其归属，并讨论这3种同分异构体在光谱上的异同点。

2.测绘的混合标样和混合试样的红外吸收光谱图上，依照图10-2（a）基线法对邻二甲苯特征吸收峰743 cm^{-1}，间二甲苯特征吸收峰692 cm^{-1}和对二甲苯特征吸收峰792 cm^{-1}作图，并标出各自I_0和I及测其值，列入表10-2中，同时计算各$\lg(I_0/I)_{试样}/\lg(I_0/I)_{内标}$（以邻二甲苯作为内标）。

表10-2　标出各自I_0和I及测值

		1	2	3	4
邻二甲苯(743 cm^{-1})	I_0				
	I				
间二甲苯(692 cm^{-1})	I_0				
	I				
对二甲苯(792 cm^{-1})	I_0				
	I				
$\dfrac{\lg(\frac{I_0}{I})_{试样}}{\lg(\frac{I_0}{I})_{内标}}$	间二甲苯				
	对二甲苯				

分别作间二甲苯和对二甲苯的$[\lg(I_0/I)_{试样}/\lg(I_0/I)_{内标}]$-$c/\%$标准曲线，并在标准曲线上查出试样中的间二甲苯和对二甲苯的$c/\%$，进一步计算原试样中这两种成分的含量。

【思考题】

1.红外吸收光谱定量分析为什么要采用基线法？

2.采用液膜法进行红外光谱定量，应注意哪些问题？

3.试举例说明基线作图，如何确定I_0与I的值？

实验45 红外光谱法测定有机化合物的结构

一、实验目的

1.学习压片法制备固体试样的方法。

2.熟悉傅里叶红外光谱仪的工作原理及使用方法。

3.了解红外光谱法测定有机化合物结构的一般过程，掌握红外光谱进行化合物结构分析的方法。

二、实验原理

红外光谱图中的吸收峰数目及所对应的波数是由吸光物质的分子结构所决定的，是分子结构的特征反映，因此可根据红外光谱图的特征吸收对物质进行定性和结构分析。

固体试样的制备常采用KBr压片法。压片法是将固体试样与稀释剂KBr混合（试样含量范围一般为0.1%～2%）并研细，取适量压成透明薄片，将试样薄片置于光路中进行测定。根据绘制的谱图，查出各特征吸收峰的波数并推断其官能团的归属，从而进行定性和结构分析。

三、仪器与试剂

1.仪器

傅里叶红外光谱仪（岛津FTIR-8400S型或其他型号），玛瑙研钵，压片机，压片模具，钢铲，镊子，红外干燥灯。

2.试剂

对硝基苯甲酸（分析纯），KBr（分析纯），丙酮（分析纯），无水乙醇（分析纯），滑石粉。

四、实验步骤

1.溴化钾盐片的制备

将100 mg左右烘干的KBr置于玛瑙研钵中，研磨均匀（粒度<2 μm），在红外干燥灯下烘10 min，将研磨均匀的KBr填入模具中，转动模具圆柱，使KBr分布均匀，置于压片机上，加压，当压力达到29.4 MPa时，保持2～3 min，制成透明KBr盐片。

2.固体试样的制备（压片法）

取100 mg KBr于玛瑙研钵中，加入1～2 mg对硝基苯甲酸试样，研磨均匀后，红外灯下烘10 min，取约80 mg混合物均匀填入模具中，置于压片机上，加压至29.4 MPa，制成透明试样薄片，取出试样薄片，置于试样架上。

3.固体试样的红外光谱图的测绘

仪器开机自检后,预热20～30 min。将试样薄片连同试样架插入红外光谱仪试样吸收池的光路中,以KBr薄片为参比,在4 000～650 cm⁻¹范围内扫描试样的红外吸收光谱。

4.液体试样的红外光谱图的测绘(液膜法)

取1～2滴液体试样滴加在两片溴化钾盐片之间,形成液膜,装入可拆式液池架中,测绘红外谱图,并进行谱图处理。

5.结束

扫描结束后,取下试样架,取出样品薄片,将模具、试样架、可拆式液池架擦净收好。

五、数据处理

1.根据试样的分子式计算不饱和度。

2.在绘制的红外光谱图上标出主要吸收峰的波数及官能团的归属。

3.对试样红外光谱图进行解析,推断试样的可能结构,与标准图谱对照,确定试样结构。

【注意事项】

1.制备的晶片薄厚均匀,局部无发白现象,无裂痕。

2.盐片要保持干净透明,测定前应在红外灯下用无水乙醇及滑石粉抛光,不得用手直接接触盐片表面,避免与吸潮液体或溶剂接触。

3.每压制一次薄片后,要将模片和模片柱用丙酮棉球擦洗干净,否则黏附在模具上的KBr潮解会腐蚀金属,损坏原有的光洁度。

【思考题】

本章思考题
参考答案

1.采用压片法制备固体试样时,为什么要求将固体试样研磨到颗粒粒度<2 μm?

2.固体试样红外光谱测定中,如果水分未完全除去,对实验结果有何影响?

3.对红外光谱图进行解析应遵循哪些原则?

第11章 荧光光谱分析

荧光光谱分析法（fluorescence spectroscopy）是根据物质的荧光谱线位置及其强度进行物质鉴定和含量测定的仪器分析方法。荧光光谱分析法除了可以用作组分的定性分析和定量检测外，还被作为一种表征技术广泛应用于表征所研究体系的物理化学性质及其变化情况。荧光光谱分析法的第一个特点是灵敏度高，对某些物质的微量分析可以检测到 10^{-10} 克数量级；第二个特点是选择性强，特别是对有机化合物而言。现代技术的发展应用，使得荧光光谱分析法不断朝着高效、痕量、微观、实时、原位和自动化的方向发展，方法的应用范围大大拓展，遍及工业、农业、生命科学、环境、材料科学、食品科学和公安情报等领域。如今，荧光光谱分析法已经发展成为一种十分重要的、有效的光谱化学分析手段。

11.1 基本原理

分子荧光是分子发光分析法的一种，属于光致发光现象。当分子吸收一定波长的光后，由基态跃迁到激发态，激发态不稳定，体系极易释放能量返回基态，若以光的形式退激返回基态，则可能发射荧光。通过测量荧光的波长和强度，可以建立起被测物质的定性和定量分析方法。

11.1.1 荧光的产生

处于分子基态的两个电子是配对的，自旋方向是相反的，其多重性 $M=2s+1=2$（1/2-1/2）+1=1。当其中一个电子被激发时，在跃迁过程中，如果其自选方向不发生改变，多重性不发生改变，跃迁至第一激发单重态轨道上，也可能跃迁至能级更高的单重态上，这种跃迁是符合光谱选律的。如果跃迁时电子的自旋方向发生了改变，将跃迁至第一激发三重态轨道上，多重性 $M=2$（1/2+1/2）+1=3，这种跃迁属于禁阻跃迁。由此可见，单重态与三重态的区别在于电子自旋方向的不同。如果电子跃迁时没有发生自旋方向的改变，在单重激发态中，电子的自旋方向仍然与处于基态轨道中的电子配对，而在三重激发态中，两个电子平行自旋，则其激发三重态的能量稍低一点。单重态分子具有抗磁性，其激发态的寿命大约为 10^{-8} s，而三重态分子具有顺磁性，其激发态平均寿命在 $10^{-4} \sim 1$ s。通常用 S 表示单重态，T 表示三重态。

处于激发态的电子，在退激时一般有辐射跃迁和无辐射跃迁两种方式。辐射跃迁伴随着荧光、延迟荧光或磷光的发射；无辐射跃迁则是指以热的形式辐射其多余的能量，包括振动弛豫（VR）、内部转移（IC）、系间窜跃（ISC）及外部转移（EC）等，两种跃迁方式共同作用，才能产生荧光或磷光。在跃迁的过程中，各种跃迁方式发生的可能性及程度与荧光物质本身的结构及激发时的物理及化学环境等因素有关。激发态能量传递途径如图11-1所示。

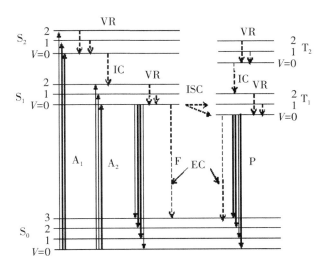

图11-1　分子的部分电子能级示意图

在荧光和磷光的产生过程，各种能量传递方式主要起以下作用。

设处于基态单重态中的电子吸收波长为λ_1和λ_2的光之后，分别激发至第一单重态S_1及第二单重态S_2，如图11-1所示。

（1）振动弛豫（VR）：在同一种电子能级中，电子由高振动能级跃迁至低振动能级而将多余的能量以热的形式辐射出，所需时间约为10^{-12} s。如上图小箭头表示的情况。

（2）内转移（IC）：当两种相同类型的电子能级的共振能级接近甚至重叠时，容易发生电子由高能态以无辐射跃迁方式向低能态跃迁。处于高激发单重态的电子通过内转移及振动弛豫，跃迁到第一激发单重态的最低振动能级，为荧光发射奠定基础。

（3）系间窜跃（ISC）：这种跃迁指发生在能量接近的不同类型多重态间的无辐射跃迁，例如$S_1 \rightarrow T_1$就是一种系间窜跃。通常发生系间窜跃时，电子由S_1的较低振动能级转移至T_1的较高振动能级。有时若体系受到外部影响，如热激发，则有可能发生$T_1 \rightarrow S_1$的方向跃迁，然后再由S_1发射荧光，这就是延迟荧光的产生机理。

（4）外转移（EC）：当激发态荧光分子与溶剂分子或其他溶质分子的相互作用及能量转移，使物质的荧光或磷光强度减弱甚至消失，这一现象称为"熄灭"或"猝灭"。这种能量的非辐射散失称作外转移。

（5）荧光发射（F）：处于第一激发单重态最低振动能级中的电子，在跃回基态各振动能级时，将发射波长为 λ_3 的荧光，这个过程在 $10^{-6} \sim 10^{-9}$ s 内完成。由图11-1可见，荧光发射对应的能级差明显小于吸收（激发）过程对应的能级差，所以 λ_3 明显地大于 λ_1 和 λ_2。

（6）磷光发射（P）：电子由基态单重态激发至第一激发三重态的概率很小，因为这是禁阻跃迁。但是由第一激发单重态的振动能级通过系间窜跃方式转至第一激发三重态相近能级，再经过振动弛豫转至激发三重态最低振动能级，再跃回至基态时，便发射磷光。这个跃迁过程（$T_1 \to S_0$）也是自旋禁阻的，其发光速率较慢，为 $10^{-4} \sim 100$ s。因此，这种跃迁所发射的光在激发光的光照停止后，仍可持续一段时间。

11.1.2 激发光谱曲线和荧光、磷光光谱曲线

荧光和磷光均为光致发光，其强度取决于激发光波长，这可根据激发光谱曲线来确定。绘制激发光谱曲线时，固定测量波长为荧光或磷光最大发射波长，然后改变激发光波长，根据所测得的荧光强度与激发光波长的关系，即得到激发光谱曲线。应该注意，激发光谱曲线与其光吸收曲线可能相同，但前者是荧光强度与波长的关系曲线，后者则是吸光度与波长的关系曲线，两者在本质上是不相同的。显而易见，在激发光谱曲线的最大荧光波长处，处于激发态的分子数目是最多的，说明所吸收的光能量也是最多的，自然产生的荧光也是最强的。

如果固定最大激发波长为激发光波长，然后测定荧光或磷光强度与波长的关系曲线，即得到荧光或磷光光谱曲线，图11-2为萘的激发光谱、荧光光谱和磷光发射光谱。

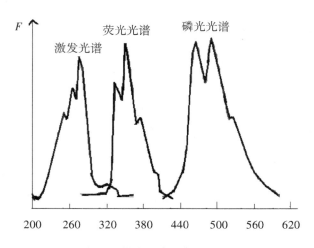

图11-2　室温下萘的乙醇溶液荧光（磷光）光谱

在荧光和磷光的产生过程中，由于存在各种形式的无辐射跃迁，损失了一部分能量，故荧光和磷光产生过程中对应的能级差小于激发光谱对应的能极差。所以荧光和磷

光最大发射波长都大于激发光谱波长，尤以磷光的最大波长为最大，而且它的强度也相对较弱。

11.1.3 荧光的影响因素

11.1.3.1 荧光量子产率

荧光量子产率（φ）的定义式如下所示：

$$\varphi = \frac{发射荧光的分子数}{激发分子总数} \tag{11-1}$$

或

$$\varphi = \frac{发射光量子数}{吸收光量子数} \tag{11-2}$$

荧光量子产率也称作荧光效率。

在产生荧光（磷光）的过程中，涉及许多辐射跃迁和无辐射跃迁过程，如荧光发射、磷光发射、振动弛豫、内转移、系间窜跃和外转移等。由此可见，荧光量子产率的大小与这些过程有关。这种关系若以各个过程的速率常数表达，可以得到以下数学式

$$\varphi = \frac{k_f}{k_f + \sum k_i} \tag{11-3}$$

式中：k_f为荧光发射过程的速率常数，$\sum k_i$为其他有关过程的速率常数的总和。显然，凡是能使$\sum k_i$减小的元素都可以使k_f值升高，使物质的荧光强度增大。对于强荧光物质，如荧光素，其荧光量子产率在特定条件下接近1，说明$\sum k_i$很小，可以忽略不计。一般说来，k_f主要取决于荧光物质的化学结构，而$\sum k_i$主要取决于化学环境，同时也与化学结构有关。磷光的量子产率与荧光的性质类似。

11.1.3.2 荧光与有机化合物的结构

1.跃迁类型

荧光（磷光）发射的基础是激发，所以对于荧光物质来说，首先要发生$\pi \to \pi^*$或$n \to \pi^*$激发，然后经由振动弛豫或其他无辐射跃迁到达第一激发单重态最低振动能级，再发生$\pi^* \to \pi$或$\pi^* \to n$跃迁而发射荧光。在这两种跃迁类型中，以$\pi^* \to \pi$跃迁为主，发射较强的荧光。这是由于$\pi \to \pi^*$符合跃迁选律，具有较大的摩尔吸光系数（一般为$n \to \pi^*$跃迁的$100 \sim 1\,000$倍）。

2.共轭效应

实验证明，容易发生$\pi \to \pi^*$激发的芳香族化合物容易发射荧光，这与分子中共轭体系的共轭程度有关，共轭程度越强，吸光能力越强，激发态分子数越多，荧光发射越强。因此，增加体系的共轭度，荧光效率一般也将增大。例如在多烯结构中，ph($CH = CH$)$_3$ph和ph($CH - CH$)$_2$ph在苯中的荧光效率分别为0.68和0.28。

3.刚性结构和共平面效应

一般说来，具有刚性平面结构的有机分子具有较强的荧光。这是由于该结构减少了分子的振动，使它们与溶剂或其他溶质分子的相互作用减小了，通过碰撞去活的可能性也比较小，从而有利于荧光的发射。例如荧光素和酚酞的结构非常相似，但由于荧光素分子中的氧桥使其具有刚性平面结构，因而前者有很强的荧光，而后者无氧桥，为非荧光物质。

4.取代基的类型和位置

芳香族化合物分子上的取代基不同，物质的荧光光谱和荧光强度也会不同。通常，给电子基团，如—OH，—CN，—NR$_2$，—OR，—NH$_2$等，由于产生了共轭作用，增强了二电子共轭程度，使得最低激发单重态与基态之间的跃迁概率增加，导致荧光增强，波长红移。吸电子基团，如硝基、亚硝基、羧基、羰基、卤素等，因吸电子作用，使体系的共轭程度减小，导致体系荧光减弱甚至会猝灭荧光。

11.1.3.3 化学环境对体系荧光发射特性的影响

1.温度

荧光强度一般与温度成反比，这是由于在较高的温度下，分子内部能量易发生转化，且荧光分子与溶剂分子间的碰撞频率增大，发生振动弛豫和外转换的概率增加了。

2.溶剂

溶剂对物质荧光特性的影响较大，同一种荧光物质在不同溶剂中特征荧光发射的波长及强度不同。一般而言，溶剂极性增强，n→π*迁移能量增大，π→π*的迁移能量减小，荧光强度增大，发生红移。当荧光物质与溶剂发生氢键作用或化合作用，或溶剂使荧光物质的解离状态发生改变时，荧光峰的波长及强度也有可能发生变化。

3.酸度

通过改变荧光物质的形体分布，进而改变荧光强度。

4.内滤光作用和自吸收现象

荧光体系内部某组分吸收激发能，从而导致体系荧光减弱；荧光发射的短波长部分与吸收光谱的长波长部分重叠，造成体系浓度较大时部分荧光发射被体系自身吸收，导致体系荧光减弱。

5.各类散射光

在荧光分析中，可能测得溶剂所产生的散射光对荧光测量体系造成影响。如波长与激发波长相同的瑞利散射光，波长长于或短于激发波长的拉曼散射光的影响等。

6.荧光污染

非待测荧光物质污染。

7.荧光猝灭

荧光分析中，以下三种荧光猝灭现象影响荧光分析的准确度：

（1）碰撞猝灭：当处于单重激发态的荧光分子 M* 与猝灭剂分子 Q 发生碰撞后，使激发态分子以无辐射的跃迁方式回到基态，从而产生猝灭作用，是荧光猝灭的主要原因。

（2）氧的猝灭：溶液中的溶解氧对荧光产生的猝灭作用。可能的原因是顺磁性氧分子与处于单重激发态的荧光物质相互作用，促使形成顺磁性的三重态荧光分子，加速荧光物质激发态分子系间窜跃跃迁，导致荧光猝灭。

（3）自猝灭与自吸收：当荧光物质浓度较大时，常会发生自猝灭现象，使荧光强度降低。究其原因可能是单重激发态的分子在发生荧光之前和未激发的荧光物质之间发生碰撞所致。

11.1.4 荧光强度与荧光物质浓度的关系

荧光强度正比于该体系的吸光程度。

$$F=\varphi\ (I_0-I) \tag{11-4}$$

式中：F 为荧光强度，I_0 为入射光强度，I 为透射光强度，φ 为荧光量子效率。

由 Beer 定律得：

$$F=\varphi I_0\ (1-10^{-\varepsilon bc}) \tag{11-5}$$

式中，ε 为摩尔吸光系数，b 为样品池厚度，c 为待测物浓度。该式表明荧光强度与量子产率成正比，但与荧光物质浓度没有直线关系。

稀溶液时，上式可简化为：

$$F=2.303\varphi I_0\varepsilon bc \tag{11-6}$$

当入射光波长、样品池厚度等不发生变化时，上式可进一步简化为：

$$F=Kc \tag{11-7}$$

式中，K 为与测定体系有关的常数。此时，荧光强度与待测物浓度成正比。以此为基础，可以采用比较法、标准曲线法或标准加入法进行定量分析。

11.2 仪器部分

11.2.1 分子荧光分光光度计及其主要部件

测定荧光可用荧光计和荧光分光光度计，两者的结构复杂程度不同，但其基本结构是相似的，都是由光源、激发单色器、试样池、发射单色器及检测器（包括放大器和信号输出装置）5 个部分组成。分子荧光分光光度计结构如图 11-3 所示。

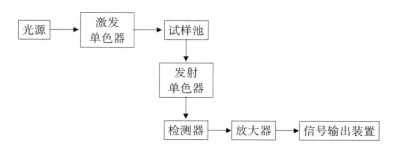

图 11-3　分子荧光分光光度计结构示意图

11.2.1.1　光源

光源能提供紫外-可见光区激发光，并有稳定和光的强度高等优点。这样的光源好多，如连续氙灯、脉冲氙灯、单波长的 LED 灯、高压汞灯、溴钨灯、特殊专用的氘灯等。目前，市场上的中高端荧光分光光度计一般都使用氙灯，其他光源使用相对较少。

11.2.1.2　激发单色器

激发单色器位于光源与试样池之间，能将光源发射的复合光分解为单色光谱，并筛选出适合样品分析的激发光。常用的激发单色器主要有滤光片模式和光栅模式两种，滤光片式单色器结构相对简单，但可选用的激发光源稍少；使用光栅模式的单色器结构就比较复杂，但相应可选的激发光源较多。

11.2.1.3　试样池

激发光或发射光一般位于近紫外区，故通常使用石英材质的四面光面的方形或长方形池体。

11.2.1.4　发射单色器

发射单色器位于试样池与检测器之间，其作用是用于分离试样发射的复合荧光为荧光光谱，为进一步的荧光定性分析和定量分析奠定基础。发射单色器也有滤光片模式和光栅模式两种，滤光片模式的仪器可检测的样品单一，一般用于专用的荧光仪；使用光栅模式的仪器一般是通用仪器，可以根据不用样品发出的荧光进行相应的分光作用，但仪器结构复杂、精度高。

11.2.1.5　检测器（包括放大器和信号输出装置）

检测器位于发射单色器后，与光源呈 90°角摆放，避免光源发射的光进入检测器而造成误差。荧光信号一般很微弱，通常使用光电管或光电倍增管使荧光信号放大后再输出，增加测量的灵敏度和准确度。信号输出有指针式、数字式等，现在主要有 LED 数码管、液晶显示等。高端系列荧光分光光度计都没有显示装置，它们主要通过连接电脑 PC 机来进行操作。

11.2.2　日立 F-7000 型荧光分光光度计的使用及注意事项

荧光分光光度计的品牌很多，但构造大同小异，操作方法相似。现以日立 F-7000

型荧光分光光度计为例，了解这类设备的基本操作步骤。

11.2.2.1　开机

（1）开启计算机。

（2）开启仪器主机电源。按下仪器主机左侧面板下方的黑色按钮（POWER）。同时，观察主机正面面板右侧的 Xe LAMP 和 RUN 指示灯依次亮起来，都显示绿色，预示开机正常。

11.2.2.2　计算机进入 Windows XP 视窗后，打开运行软件

（1）双击桌面图标（FL Solution 2.1 for F-7000），打开工作站，主机自行初始化，扫描界面自动进入。

（2）初始化结束后，须预热 15～20 min，按界面提示选择操作方式。

11.2.2.3　测试模式的选择

测试模式的选择为波长扫描（wavelength scan）。

（1）点击扫描界面右侧"Method"。

在"General"选项中的"Measurement"选择"Wavelength scan"模式。

在"Instrument"选项中设置仪器参数和扫描参数。

主要参数选项包括：

① 选择扫描模式"Scan Mode"：Emission/Excitation/Synchronous（发射光谱/激发光谱/同步荧光）；

② 选择数据模式"Data Mode"：Fluorescence/Phosphprescence/Luminescence（荧光测量、磷光测量、化学发光）；

③ 设定波长扫描范围；

④ 选择扫描速度"Scan Speed"（通常选 240 nm·min^{-1}）；

⑤ 选择激发/发射狭缝（EX/EM Slit）；

⑥ 选择光电倍增管负高压"PMT Voltage"（一般选 700V）；

⑦ 选择仪器响应时间"Response"（一般选 Auto）；

⑧ 选择"Report"设定输出数据信息、仪器采集数据的步长（通常选 0.2 nm）及输出数据的起始和终止波长（Data Start/End）。

（2）参数设置好后，点击"确定"。

11.2.2.4　设置文件存储路径

（1）点击扫描界面右侧"Sample"。

（2）样品命名"Sample name"。

（3）选中"Auto File"，打"√"，可以自动保存原始文件和 TXT 格式文本文档数据。

（4）参数设置好后，点击"OK"。

11.2.2.5　扫描测试

（1）打开盖子，放入待测样品后，盖上盖子（请勿用力）。

（2）点击扫描界面右侧"Measure"功能（或快捷键 F4），窗口在线出现扫描谱图。

11.2.2.6　数据处理

（1）选中自动弹出的数据窗口。

（2）选择"Trace"进行读数并寻峰等操作。

（3）上传数据。

11.2.2.7　关机顺序（逆开机顺序实施操作）

（1）关闭运行软件 FL Solution 2.1 for F-7000，弹出窗口。

（2）选中"Close the lamp，then close the monitor windows?"，打"⊙"。

（3）点击"Yes"，窗口自动关闭。同时，观察主机正面面板右侧的 Xe LAMP 指示灯暗下来，而 RUN 指示灯仍显示绿色。

（4）约 10 min 后，关闭仪器主机电源，即按下仪器主机左侧面板下方的黑色按钮（POWER）（目的是仅让风扇工作，使 Xe 灯室散热）。

（5）关闭计算机。

【注意事项】

（1）注意开机顺序；若顺序不对，则无法正常开机。

（2）注意关机顺序。

（3）为延长仪器使用寿命，扫描速度、负高压、狭缝的设置一般不宜选在高挡。

（4）关机后若再开机，必须 30 min 后方可重新开机（需要氙灯温度降至室温）。

实验46　荧光光谱法测定奎宁的含量

一、实验目的

1.学习激发光谱和荧光光谱的绘制方法。

2.熟悉荧光分光光度计的基本结构和基本操作。

3.掌握荧光光谱法测定奎宁含量的方法。

二、实验原理

奎宁（化学式为 $C_{20}H_{24}N_2O_2$）是喹啉类衍生物，其结构式如图 11-4 所示。在稀硫酸溶液中，奎宁是强荧光物质，它的激发波长分别为 250 nm 和 350 nm，荧光发射峰在 450 nm 处。在低浓度时，奎宁溶液的荧光强度 I_F 与浓度 c 成正比，即

$$I_F = Kc \tag{11-9}$$

式中：K 在一定条件下为常数。采用标准曲线法可以测定奎宁含量。

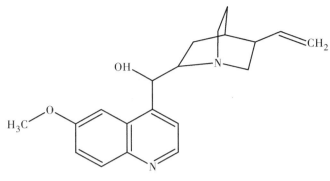

图11-4 奎宁的结构式

三、仪器与试剂

1. 仪器

荧光分光光度计（日立F-7000型或其他型号），石英比色皿，烧杯，容量瓶，研钵。

2. 试剂

奎宁储备液（10.0 μg·mL⁻¹），硫酸溶液（1.0 mol·L⁻¹），硫酸溶液（0.05 mol·L⁻¹）。

3. 样品

奎宁药片。

四、实验步骤

1. 奎宁储备液的配制

奎宁溶液（100.0 μg·mL⁻¹）的配制：准确称取120.7 mg奎宁，加入50 mL 1.0 mol·L⁻¹硫酸溶解，定量转移至1 000 mL容量瓶中，加水稀释至刻度，摇匀。

将上述溶液稀释10倍即得10.0 μg·mL⁻¹奎宁储备液。

2. 奎宁系列标准溶液的配制

分别将0.00 mL、2.00 mL、4.00 mL、6.00 mL、8.00 mL、10.00 mL奎宁储备液加入已编号的6只50 mL的容量瓶中，用0.05 mol·L⁻¹硫酸溶液稀释至刻度，摇匀，备用。

3. 奎宁溶液激发光谱和荧光光谱的绘制

开启仪器主机，打开光谱扫描工作站，预热30 min，设置测量参数，用空白溶液调零后，在200～400 nm范围内扫描奎宁溶液的激发光谱，确定最大激发波长λ_{ex}；设置激发波长为最大激发波长，在400～600 nm范围内扫描荧光光谱，找出最大发射波长λ_{em}。

4. 奎宁标准溶液荧光强度的测定

设置激发波长为最大激发波长λ_{ex}，发射波长为最大发射波长λ_{em}，用空白溶液调零，由低浓度至高浓度依次测定标准溶液的荧光强度I_F。

5. 未知样品中奎宁含量的测定

将4～5片奎宁药片用研钵研细，准确称量约0.1 g研细的样品于100 mL烧杯中，加入0.05 mol·L⁻¹硫酸溶液使其溶解后，转移至1 L容量瓶中，用0.05 mol·L⁻¹硫酸稀释至刻度，摇匀。量取5.00 mL试样溶液，用0.05 mol·L⁻¹硫酸溶液稀释至50 mL，摇匀。在同样的实验条件下测量试样溶液的荧光强度。

五、数据处理

1.在奎宁溶液的激发光谱和荧光光谱中找出最大激发波长 λ_{ex} 和最大发射波长 λ_{em}。
2.以奎宁标准溶液浓度 c 为横坐标，荧光强度 I_F 为纵坐标，绘制标准曲线，计算试样溶液的浓度，并计算药片中奎宁的含量。

【注意事项】

1.奎宁溶液必须当天配制，避光保存。
2.分子荧光测定中使用的样品池是四面透光的石英比色皿，在使用中应注意保持比色皿清洁，拿取时应持池体上角部，不能接触透光面。

【思考题】

1.如何绘制激发光谱和发射光谱？
2.本实验中能否用盐酸调节溶液酸度？
3.影响物质荧光强度的因素有哪些？
4.荧光分光光度计与紫外–可见分光光度计结构有哪些不同？

实验47　分子荧光法测定维生素B₂的含量

一、实验目的

1.掌握荧光法测定维生素 B_2 的方法。
2.学习荧光分析法的基本原理和实验操作技术。

二、实验原理

多数分子在常温下处在基态最低振动能级，产生荧光的原因是荧光物质的分子吸收了特征频率的光能后，由基态跃迁至较高能级的第一电子激发态或第二电子激发态，处于激发态的分子，通过无辐射去活，将多余的能量转移给其他分子或激发态分子内振动或转动能级后，回至第一激发态的最低振动能级，然后再以发射辐射的形式去活，跃迁回至基态各振动能级，发射出荧光。荧光是物质吸收光的能量后产生的，因此任何荧光物质都具有两种光谱：激发光谱和发射光谱。

维生素 B_2，也称核黄素，溶于水，为维生素类药物。维生素 B_2 本身为黄色，由于分子结构上具有异咯嗪结构,在430～440 nm蓝光或紫外光照射下会产生黄绿色的荧光。荧光峰在535 nm,在pH6～7的溶液中荧光强度最大,在pH11的碱性溶液中荧光消失。其他如维生素C在水溶液中不发荧光,维生素B_1本身无荧光,维生素D用二氯乙酸处理后才有荧光,因而它们都不干扰维生素B_2的测定。

维生素B_2在一定波长光照射下产生荧光,在稀溶液中,其荧光强度与浓度成正比,因而可采用标准曲线法测定维生素B_2的含量。

三、仪器与试剂

1.仪器

930型荧光光度计,万分之一电子天平,冷冻高速离心机,超声波清洗器,0.22 μm微孔针式过滤器,离心管,量筒,容量瓶,移液管等。

2.试剂

维生素B_2标准物质,冰醋酸,维生素B_2片,超纯水等。

四、实验步骤

1.维生素B_2标准溶液的配制

移取维生素B_2标准溶液(10 mg·L^{-1})0.00 mL、1.00 mL、2.00 mL、3.00 mL、4.00 mL及5.00 mL分别置于50 mL容量瓶中,加入冰醋酸2 mL,加水至刻度,摇匀,待测。

2.样品溶液的制备

取维生素B_2 10片,研细。准确称取适量(维生素B_2约10 mg)置于100 mL容量瓶中,用蒸馏水稀释至刻度,摇匀。过滤,吸取滤液10.0 mL于100 mL容量瓶中,用水稀释至刻度,摇匀。吸取此溶液2.00 mL于50 mL容量瓶内,加冰醋酸2 mL,用水稀释至刻度,摇匀,待测。

3.样品测定

(1)选择合适的荧光滤光片:先固定一块激发光滤光片(暂用360 nm的)置于光源和被测液之间的光径中,将波长稍长于激发光的荧光滤光片放在被测液和检测器之间的光径中,接通仪器电源开关,打开样品室盖,旋动调零电位器使电指针处于"0"位。仪器预热20 min,将某一浓度的维生素B_2标准溶液放入样品室,盖上样品室盖,测定其荧光强度。若荧光读数较小,可调节较大灵敏度值;反之,可调节较小灵敏度值。然后更换不同波长的荧光滤光片,依次同上法测定各荧光强度,选择荧光强度最强的一块荧光滤光片供测定用。

(2)选择合适的激发光滤光片:将已选择好的荧光滤光片固定,用不同波长的激发光滤光片代替360 nm的滤光片,依次同上法测定其荧光强度,选择荧光最强的一块激发光滤光片供测定用。

(3)将浓度最大的维生素B_2标准溶液放入样品室,盖上样品室盖,调节刻度旋钮至满刻度（必要时可调节灵敏度钮至满刻度），然后从低浓度至高浓度依次测定维生素B₂系列标准溶液和空白溶液的荧光强度，最后测定样品溶液。在测定数据中扣除空白溶液的荧光强度。

五、数据处理

1.列表记录各项实验数据。绘制吸收光谱及荧光光谱曲线。

2.以荧光光强度为纵坐标，标准系列溶液浓度为横坐标，绘制标准曲线。

3.从标准曲线上查得维生素 B_2 的质量（mg），然后根据样品质量，按下式计算样品中维生素 B_2 的百分含量。

$$B_2\% = \frac{测得维生素B_2的量(\mu g) \times 10^{-6}}{维生素B_2样品质量(g)} \times 100\%$$

【注意事项】

1.绘制标准工作曲线与待测溶液所选定的波长 λ_1/λ_2 应一致。

2.能正确识别荧光光谱中的干扰峰（拉曼光等）。

【思考题】

1.激发波长与荧光波长有什么关系？

2.选择 360 nm、400 nm 两块滤光片分别作为激发光滤光片时，对测定结果有何差异？

实验48　荧光分析法鉴定和测定
邻羟基苯甲酸和间羟基苯甲酸

一、实验目的

1.学习荧光分析法的基本理论和操作。

2.用荧光分析法进行多组分含量的测定。

二、实验原理

某些具有 π–π 电子共轭体系的分子易吸收某一波段的紫外光而被激发，如该物质具有较高的荧光效率，则会以荧光的形式释放出吸收的一部分能量而回到基态。建立在发生荧光现象基础上的分析方法，称为荧光分析法，而常把被测物称为荧光物物质。在稀溶液中，荧光强度 I_f 与入射光的强度 I_o、荧光量子效率 ψ_f 以及荧光物质的浓度 c 等有关，可表示为

$$I_f = K\psi_f I_o \varepsilon b c$$

式中：K 为比例常数，与仪器性能有关，ψ_f 为荧光量子效率，I_o 为入射光强度，ε 为摩尔吸光系数，b 为液层厚度，c 为荧光物质的浓度。由此可见，当仪器的参数固定后，以最大激发波长的光为入射光，测定最大发射波长光的强度时，荧光强度 I_f 与荧光物质的浓度 c 成正比。

在中性水溶液中，邻–羟基苯甲酸（水杨酸）生成分子内氢键，增加分子的刚性而有较强荧光，而间–羟基苯甲酸则无荧光。在碱性溶液中，两者在 310 nm 附近的紫外光照射下则均会发生荧光，且邻–羟基苯甲酸的荧光强度与其在 pH5.5 时相同。因此，在 pH5.5 时可测定水杨酸的含量，间–羟基苯甲酸不干扰。另取同量试样溶液调 pH 到 12，从测得的荧光强度中扣除水杨酸产生的荧光即可求出间–羟基苯甲酸的含量。在 0～12 μg·mL^{-1} 范围内荧光强度与二组分浓度均呈线性关系。对–羟基苯甲酸在此条件下无荧光，因而不干扰测定。

三、仪器与试剂

1.仪器

930 型荧光光度计，万分之一电子天平，超声波清洗器，离心管，量筒，容量瓶，移液管等。

2.试剂

（1）邻–羟基苯甲酸溶液（150 mg·L^{-1}）：称取水杨酸 0.150 0 g 溶解并定容于 1 L 容量瓶中。

（2）间–羟基苯甲酸标准（150 mg·L^{-1}）：称取间–羟基苯甲酸 0.150 0 g 溶解并定容于 1 L 容量瓶中。

醋酸–醋酸钠缓冲溶液：称取 47 g NaAc 和 6 g 醋酸配成 1 L pH=5.5 的缓冲溶液。

四、实验步骤

1.配制标准系列和未知溶液

（1）分别移取邻–羟基苯甲酸标准溶液 0 mL、0.2 mL、0.4 mL、0.6 mL、0.8 mL、1.0 mL 于 25 mL 容量瓶中，各加入 2.5 mL pH5.5 的醋酸盐缓冲溶液，用去离子水稀释至刻度，摇匀。此标准系列的浓度分别为 0 mg·L^{-1}、1.2 mg·L^{-1}、2.4 mg·L^{-1}、3.6 mg·L^{-1}、4.8 mg·L^{-1}、6 mg·L^{-1}。

（2）分别移取间–羟基苯甲酸标准溶液 0 mL、0.2 mL、0.4 mL、0.6 mL、0.8 mL、1.0 mL 于 25 mL 容量瓶中，各加入 3 mL 0.1 mol·L^{-1} NaOH 溶液，用去离子水稀释至刻度，摇匀。此标准系列的浓度分别为 0 mg·L^{-1}、1.2 mg·L^{-1}、2.4 mg·L^{-1}、3.6 mg·L^{-1}、

$4.8 \text{ mg} \cdot \text{L}^{-1}$、$6 \text{ mg} \cdot \text{L}^{-1}$。

（3）取 0.6 mL 未知液两份于 25 mL 容量瓶中，其一加入 2.5 mL pH=5.5 的乙酸缓冲溶液，其二加入 3 mL 0.1 mol·L⁻¹ NaOH 溶液，分别用去离子水稀释至刻度，摇匀。

2.激发光谱和发射光谱的测绘

分别用 0.6 mg·L⁻¹ 的邻-羟基苯甲酸标准溶液和 0.4 mg·L⁻¹ 的间-羟基苯甲酸标准溶液测量各自的激发光谱和发射光谱。先固定发射波长为 400 nm，在 250～350 nm 进行激发波长扫描，获得溶液的激发光谱；再固定激发波长为 λ_{ex}（最大激发波长），在 350～500 nm 进行发射波长扫描，获得溶液的发射光谱。

3.根据测定得到的光谱图确定一组（λ_{ex} 和 λ_{em}），使之对二组分都是较高的灵敏度。在该组波长下测定各标准溶液和样品溶液的荧光强度。

五、数据处理

以荧光强度为纵坐标，分别以水杨酸的浓度和间-羟基苯甲酸的浓度为横坐标制作工作曲线。根据 pH5.5 未知液的荧光强度可在水杨酸的工作曲线上确定未知液中水杨酸的浓度；根据 pH 为 12 未知液的荧光强度与 pH 为 5.5 未知液的荧光强度之差值可在间-羟基苯甲酸的工作曲线上确定未知液中间-羟基苯甲酸的浓度。

【注意事项】

1.绘制标准工作曲线与待测溶液所选定的波长 λ_1/λ_2 应一致。

2.能正确识别荧光光谱中的干扰峰（拉曼光等）。

【思考题】

1.pH5.5 时，邻-羟基苯甲酸（$pK_{a1}=3.00$，$pK_{a2}=12.38$）和间-羟基苯甲酸（$pK_{a1}=4.05$，$pK_{a2}=9.85$）水溶液中主要存在的酸、碱性体是什么？为什么两者的荧光性质不同？

2.从本实验可总结出几条影响物质荧光强度的因素？

3.如果要考查激发态的 pKa 值是否与基态不同，应如何设计实验？

4.本实验测定的荧光量子产率可能不成功，试分析原因。

实验49　荧光法测定塑料瓶中双酚A含量

一、实验目的

1.学习荧光分析法的基本理论和操作。

2.学习用荧光分析法测定塑料瓶中双酚A含量的方法及原理。

二、实验原理

双酚A，也称BPA，用来生产防碎塑料，工业上又叫作聚碳酸酯。BPA无处不在，从矿泉水瓶、医疗器械到食品包装的内里，都有它的身影。每年全世界生产2 700万t含有BPA的塑料。但BPA也能导致内分泌失调，威胁着胎儿和儿童的健康。

BPA双酚A在水体中的荧光强度低，而β环糊精（β-CD）能增强水体中双酚A的荧光强度。用β环糊精作为荧光增强剂，可用荧光法测定其荧光强度，并由校正曲线法或回归方程求出试样中BPA的含量。

三、仪器与试剂

1.仪器

930型荧光光度计，万分之一电子天平，超声波清洗器，离心管，量筒，容量瓶，移液管等。

2.试剂

双酚A标准物质，0.005 mol·L^{-1} β环糊精溶液，0.05 mol·L^{-1}硫酸溶液，蒸馏水等。

四、实验步骤

1.配制标准系列

（1）双酚A标准储备液的制备（200 mg·L^{-1}）

准确称取双酚A标准物质10.00 mg，用0.05 mol·L^{-1}硫酸溶液溶解后置于50 mL容量瓶中，并用硫酸溶液稀释至刻度，摇匀。

（2）标准使用溶液的制备

准确移取双酚A标准储备液1 mL、2 mL、3 mL、4 mL及5 mL，分别置于50 mL量瓶中，加入1 mL 0.005 mol·L^{-1} β环糊精溶液，再用硫酸溶液稀释至刻度，摇匀，制得标准系列溶液。

2.样品处理

将塑料瓶剪碎后，分别取3份10 g样品置于100 mL烧瓶中，加入45 mL 0.05mol·L^{-1}硫酸溶液，盖上表面皿，加热煮沸30 min，冷却后将上清液转移至50 mL容量瓶中，再加入1 mL 0.005 mol·L^{-1} β环糊精溶液，待测。

3.激发光谱和发射光谱的测绘

用最大浓度的双酚A标准溶液测量其激发光谱和发射光谱。先固定发射波长为400 nm，在250～350 nm进行激发波长扫描，获得溶液的激发光谱；再固定激发波长为λ_{ex}（最大激发波长），在350～500 nm进行发射波长扫描，获得溶液的发射光谱。

4.根据测定得到的光谱图确定一组（λ_{ex}和λ_{em}），使之对二组分都是较高的灵敏度。在该组波长下测定各标准溶液和样品溶液的荧光强度。

五、数据处理

以荧光强度为纵坐标，以双酚A浓度为横坐标制作标准曲线，并根据下式计算样品中双酚A的含量 $c_{液}$（$mg \cdot L^{-1}$）。

$$c = \frac{c_{液} \times 50\,mL \div 1000}{m}$$

式中：c 为样品中双酚A的含量（$mg \cdot g^{-1}$），m 为样品质量（g）。

【注意事项】

1.在溶液的配制过程中要注意容量仪器的规范操作和使用。

2.测量顺序为低浓度到高浓度，以减少测量误差。

3.进行校正曲线测定和试样测定时，应保证仪器参数设置一致。

【思考题】

1.测定试样溶液、标准溶液时，为什么要同时测定硫酸的空白溶液？

2.如何选择激发光波长（λ_{ex}）和发射光波长（λ_{em}）？采用不同的 λ_{ex} 或对 λ_{em} 测定结果有何影响？

实验50 荧光法测定乙酰水杨酸和水杨酸含量

一、实验目的

1.学习荧光分析法的基本理论和操作。

2.学习用荧光分析法测定阿司匹林中乙酰水杨酸和水杨酸含量的方法及原理。

二、实验原理

阿司匹林是解热镇痛药，主要成分为乙酰水杨酸。阿司匹林少量水解生成水杨酸，因此，在阿司匹林样品中混有少量水杨酸。

用氯仿作为溶剂，醋酸作为荧光增强剂，可用荧光法测定其荧光强度，并由校正曲线法或回归方程可求出试样中乙酰水杨酸和水杨酸的含量。

三、仪器与试剂

1.仪器

930型荧光光度计，万分之一电子天平，超声波清洗器，量筒，容量瓶，移液管等。

2.试剂

乙酰水杨酸标准物质，水杨酸标准物质，1 mol·L⁻¹冰醋酸–氯仿溶液等。

四、实验步骤

1.配制标准系列溶液

（1）乙酰水杨酸标准储备液的制备（200 mg·L⁻¹）

准确称取乙酰水杨酸标准物质100.0 mg，用1 mol·L⁻¹冰醋酸–氯仿溶液溶解后置于250 mL容量瓶中，并用1 mol·L⁻¹冰醋酸–氯仿溶液稀释至刻度，摇匀。

（2）水杨酸标准储备液的制备（200 mg·L⁻¹）

准确称取水杨酸标准物质150.0 mg，用1 mol·L⁻¹冰醋酸–氯仿溶液溶解后置于250 mL容量瓶中，用1 mol·L⁻¹冰醋酸–氯仿溶液稀释至刻度，摇匀。

（3）乙酰水杨酸和水杨酸标准使用溶液的制备

分别准确移取乙酰水杨酸和水杨酸标准储备液0 mL、2 mL、4 mL、6 mL、8 mL、10 mL，置于50 mL容量瓶中，用1mol·L⁻¹冰醋酸–氯仿溶液至刻度，摇匀，制得各自标准系列溶液。

2.样品处理

将5片阿司匹林药片称量后磨成粉末，称取400.0 mg用1 mol·L⁻¹醋酸–氯仿溶液溶解，全部转移至100 mL容量瓶中，用1 mol·L⁻¹醋酸–氯仿溶液稀释至刻度。迅速通过定量滤纸过滤，用该滤液在与标准溶液同样条件下测量荧光强度。

3.激发光谱和发射光谱的测绘

分别用最大浓度的乙酰水杨酸标准溶液和水杨酸标准溶液测量各自的激发光谱和发射光谱。先固定发射波长为400 nm，在250～350 nm进行激发波长扫描，获得溶液的激发光谱；再固定激发波长为λ_{ex}（最大激发波长），在350～500 nm进行发射波长扫描，获得溶液的发射光谱。

4.根据测定得到的光谱图确定一组（λ_{ex}和λ_{em}），使之对二组分都是较高的灵敏度。在该组波长下测定各标准溶液和样品溶液的荧光强度。

五、数据处理

1.从绘制的乙酰水杨酸和水杨酸激发光谱和荧光光谱曲线上，确定它们的最大激发波长和最大发射波长。

2.分别绘制乙酰水杨酸和水杨酸标准曲线，并从标准曲线上确定试样溶液中乙酰水杨酸和水杨酸的浓度，然后计算每片阿司匹林药片中乙酰水杨酸和水杨酸的含量（mg），并将乙酰水杨酸测定值与说明书上的值比较。

【注意事项】

阿司匹林药片溶解后，1 h内要完成测定，否则 ASA 的量将降低。

【思考题】

1.标准曲线是直线吗？若不是，从何处开始弯曲，并解释原因。

2.从 ASA 和 SA 的激发光谱和发射光谱曲线解释这种分析方法可行的原因。

本章思考题
参考答案

第12章　核磁共振波谱分析

核磁共振（nuclear magnetic resonance，NMR）波谱分析法，是将核磁共振现象应用于测定分子结构的一种技术。与紫外吸收光谱、红外吸收光谱、质谱被人们称为"四大谱"。核磁共振技术具有迅速、准确、分辨率高且不破坏物质结构等优点，现已成为化合物鉴定和结构分析的最有力的工具之一，主要用于有机化学、生物化学、药物化学等方面的结构分析和性能研究。NMR波谱按照测定对象分类可分为 ^{1}H-NMR谱（测定对象为氢原子核）和 ^{13}C-NMR谱及氟谱、磷谱、氮谱等，其中以 ^{1}H-NMR谱和 ^{13}C-NMR谱应用最为广泛。

12.1　基本原理

原子核是带正电的粒子，磁矩不为零的原子核存在核自旋运动，因而具有一定的自旋角动量（P）。原子核由自旋产生的角动量的数值是由自旋量子数决定的。根据量子力学理论，原子核的总角动量 P 的值为：

$$P = \sqrt{I(I+1)}\frac{h}{2\pi} = \hbar\sqrt{I(I+1)} \tag{12-1}$$

式中：h 为普朗克常量；I 为自旋量子数；$\hbar$ 为角动量的单位，$\hbar = h/(2\pi)$。

另外，核自旋时要有磁矩产生，即只有当核的自旋量子数 $I \neq 0$ 时，核自旋才能具有一定的自旋角动量，产生磁矩。磁矩的大小与磁场方向的角动量有关，核磁矩用 μ 表示：

$$\mu = \gamma P \tag{12-2}$$

式中：γ 为旋磁比（$\gamma = \mu/P$），它是核磁矩与自旋角动量之比，不同的核具有不同的旋磁比，它是磁核的一个特征（固定）常数。

磁矩角和动量都是矢量，其方向是平行的。原子核自旋角动量的大小取决于核的自旋量子数，用自旋量子数 I 表示原子核的自旋特征。I 的取值可以是整数或半整数。按自旋量子数 I 的不同，可以将原子核分为：

（1）自旋量子数 $I=0$ 的核，其核的质子数、中子数都是偶数，没有核磁矩，$\mu=0$，如 ^{12}C、^{16}O、^{32}S 等。这类核没有自旋现象，不能用NMR测出。

（2）自旋量子数 $I \neq 0$ 的核有核磁矩，$\mu \neq 0$，可以发生核磁共振。这类核又可分为两种情况：一种情况是 $I=1/2$，这类核可以看成是电荷均匀分布的旋转球体，如 ^{1}H、^{13}C、

^{15}N、^{19}F、^{29}Si、^{31}P 等，这些核是 NMR 测试的主要对象；另一种情况是 $I \geqslant 1$，可以把它们看成是绕主轴旋转的椭圆球体，它们的电荷分布不均匀，有电四极矩存在，这类原子核特有的弛豫机制使谱线加宽、NMR 信号复杂，如 ^{2}H、^{27}Al、^{17}O 等。核的自旋量子数、原子序数、质量数之间的关系见表 12-1。

表 12-1   核的自旋量子数、原子序数、质量数之间的关系表

质量数(a)	原子序数(Z)	自旋量子(I)	例 子
奇数	奇或偶	$\dfrac{1}{2}, \dfrac{3}{2}, \dfrac{5}{2}\cdots\cdots$	$I = \dfrac{1}{2}$，^{1}H$_1$，^{13}C$_6$，^{19}F$_9$，^{15}N$_7$ $I = \dfrac{3}{2}$，^{11}B$_5$，^{35}Cl$_{17}$ $I = \dfrac{5}{2}$，^{17}O$_8$
偶数	偶数	0	^{12}C$_6$，^{16}O$_8$，^{32}S$_{16}$
偶数	奇数	1,2,3$\cdots\cdots$	$I = 1$，^{2}H$_1$，^{14}N$_7$ $I = 3$，^{10}B$_5$

磁矩不为零的原子核，在外磁场作用下自旋能级发生能级分裂（蔡曼分裂），具有核磁矩的原子核，吸收外来电磁辐射，当吸收的辐射能量恰好与核能级差相等时，将发生核能级从较低能级到较高能级的跃迁而产生共振现象，产生核磁共振现象。在照射扫描中记录发生共振时的信号位置和强度，以吸收的频率为横坐标，吸收的能量强度为纵坐标，通过主机软件处理，分子中的各个核在核磁共振谱上出现吸收峰，称为核磁共振谱。核磁共振谱上的共振信号位置反映样品分子的局部结构（如官能团，分子构象等），信号强度则往往与有关原子核在样品中存在的量有关。

NMR 波谱按照测定对象分类可分为：^{1}H-NMR 谱（测定对象为氢原子核）和 ^{13}C-NMR 谱及氟谱、磷谱、氮谱等。有机化合物、高分子材料主要由碳氢组成，所以在材料结构与性能研究中，以 ^{1}H-NMR 谱和 ^{13}C-NMR 谱应用最为广泛。与 UV-Vis 和红外光谱法类似，NMR 也属于吸收光谱，只是研究的对象是处于强磁场中的原子核对射频辐射的吸收。NMR 通过研究原子核对射频辐射的吸收，以对各种有机和无机物的成分、结构进行定性分析，有时也可进行定量分析。

12.2   仪器部分

12.2.1   核磁共振波谱仪基本构成

目前，核磁共振波谱仪有许多生产厂商，其结构基本相似，主要由磁体、主机柜、

操作系统3部分构成。图12-1是Bruker AV Ⅲ 400 MHz核磁共振波谱仪的主要组成图。

①磁体；②机柜；③操作台。

图12-1 Bruker AV Ⅲ 400 MHz核磁共振波谱仪的主要组成图

（1）磁体系统：包括磁体、匀场系统和探头。

（2）机柜：包括机柜各电子硬件。

（3）操作台：包括主机、显示器和键盘。

12.2.1.1 磁体系统

图12-2为磁体系统的构造图。

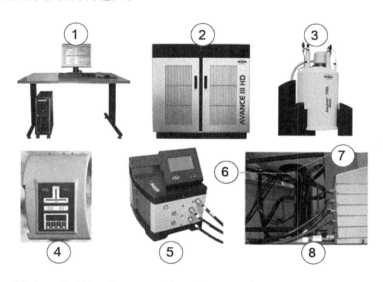

①操作台；②机柜；③磁体；④HPPR/2 盖板1俯视图；⑤HPPR/2 盖板2模块；⑥探头；⑦匀场系统；⑧探头和匀场系统。

图12-2 磁体系统的构造图

1.磁体

NMR是研究原子核在磁场中的运动，因此需要一个强、稳定且均匀的磁场。NMR磁体主要包括液氦腔、液氮腔悬挂系统等。目前，磁体大多采用超导磁体，超导磁体是利用电流产生磁场的原理制作的电磁体，即含铌超导线圈浸泡在温度极低的液氦中，使其处于超导状态。超导导线无须任何驱动能量（如电池或电源）即可传输电能，超导环路中一旦产生电流，就会永远持续。Bruker磁体中就包含这样的超导环路，只需确保线圈一直浸在液氦中，即可产生恒定的磁场。磁体强度根据氢原子发射出的NMR信号频率进行分级。磁场越强，氢原子发射出的频率就越高。Bruker磁体范围在200～1 000 MHz之间。一般来说，场强越高，核磁共振的灵敏度越高。磁体是核磁最重要的部分，应定时添加液氦和液氮，确保磁体的均匀性和正常运行。

磁体构成：磁体外层被抽成真空，内表面镀银（与热水瓶的保温原理相同）；液氮腔，它可将温度降至77.35 K（−195.8℃）；液氦腔，它负责沉浸超导线圈。液氦腔通过另一个真空腔与液氮腔实现热隔绝。图12-3为磁体示意图。

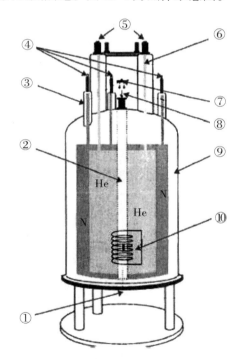

①探头置入口；②室温腔管；③液氦塔；④液氮端口；⑤液氦端口；⑥液氮塔；⑦金属塞；⑧样品置入口；⑨真空腔；⑩磁体

图12-3　磁体示意图

2.匀场系统、高性能前置放大器和探头

（1）匀场系统：安装在磁体下端的室温匀场系统是一组载流线圈（称为匀场线圈），通过补偿磁场的不均匀度，最大限度地提高磁场的均匀性。这些室温匀场线圈（之所以称之为室温，是因为它们没有浸入液氦腔中冷却）中的电流由BSMS控制，可以通过BSMS显示屏进行调节，优化NMR信号。对室温匀场线圈电流进行调节的操作称为磁体匀场，这是影响信号分辨率和灵敏度的主要因素。

（2）高性能前置放大器（HPPR）：主要功能是放大从样品发射出的微弱信号。它位于磁体底座，以便尽可能早地放大NMR信号，从而降低在电缆中传输时的衰减。信号经HPPR放大后，随后在电缆中的信号衰减就不会有太大影响。HPPR还负责发射和接收氘（或氟）锁场信号，并可用于wobble程序中。最多可以配置8个（HPPR/2）模块（不包含已有的盖板模块）。

（3）探头：它是整个仪器的核心，安装在磁体的中心位置，即磁场最强、最均匀的位置。探头上有特别设计的RF线圈可以发射和接收信号。探头的主要功能是容纳样品，发射射频信号以激发样品并接收响应信号。测试时样品管放入探头中，处于发射和接收线圈的中心。测试时样品管在探头中旋转，以消除磁场的不均匀性。

12.2.1.2　主机柜

机柜通常包括射频产生单元、信号放大单元、信号检测单元、数据采集单元、运行控制和磁体控制单元等。在不同的系统中，该单元可能是NanoBay、OneBay或TwoBay机架，它容纳了现代数字波谱仪涉及的大部分电子硬件。主要单元有PDU（电源分配单元）、ROUTER（路由器）、AQS（采样系统单元）、BSMS（磁体系统单元）、功放单元、VTU（变温单元）。注意各单元的电源指示灯状态（包括单元背面）及error灯的状态。

12.2.1.3　操作系统

核磁共振波谱仪的所有操作环节均通过操作台进行控制。操作员可通过操作台输入命令，控制实验的设计和执行以及数据分析。工作站主机负责运行核磁共振波谱仪软件TopSpin程序，处理所有的数据分析和数据存储。所有与数据采集相关的操作均由安置于机柜内的另一套名为EPU的计算机系统进行控制。主机到EPU的计算机系统用以太网连接，该连接用于在主机和EPU之间传输数据和指令。

12.2.1.4　其他备件

进样器：SampleCase、SampleXpress、SampleJet等。

控温附件：BCU Ⅰ、BCU Ⅱ、LN2heat exchanger、LN2Evaporator等。

实验51　核磁共振波谱法测定乙基苯的结构

一、实验目的

1.了解核磁共振仪的基本结构及原理。

2.了解核磁共振的基本概念及产生核磁共振的基本条件。

3.掌握核磁共振波谱样品测试方法及简单图谱的分析。

4.了解核磁共振波谱仪的维护及注意事项。

二、实验原理

1.核磁共振波谱仪

核磁共振（nuclear magnetic resonance，NMR）波谱仪是利用原子核对射频辐射的吸收，对各种有机和无机物的成分、结构进行定性及定量分析。

磁矩不为零的原子核，在外磁场作用下自旋能级发生能级分裂（蔡曼分裂），具有核磁矩的原子核，吸收外来电磁辐射，当吸收的辐射能量恰好与核能级差相等时，将发生核能级从较低能级到较高能级的跃迁而产生共振现象，产生核磁共振现象。在照射扫描中记录发生共振时的信号位置和强度，以吸收的频率为横坐标，吸收的能量强度为纵坐标，通过主机软件处理，分子中的各个核在核磁共振谱上出现吸收峰，称为核磁共振谱。核磁共振谱上的共振信号位置反映样品分子的局部结构（如官能团、分子构象等），信号强度则往往与有关原子核在样品中存在的量有关。

2.NMR条件

核磁共振来源于原子核能级间的跃迁，并不是所有原子核都能产生这种现象，只有置于强磁场中的满足一定条件的原子核才会发生能级分裂，当吸收的辐射能量与核能级差相等时，就发生能级跃迁而产生核磁共振信号。产生核磁共振的条件为：

（1）具有磁性的原子核。（γ：某种核的磁旋比）

（2）外加静磁场（H_0）中。

（3）一定频率（$\nu=\dfrac{\gamma}{2\pi}H_0$）的射频脉冲。

3.化学位移

由核磁共振的概念可知，同一种类型的原子核的共振频率是相同的，但这里是指裸露的原子核，没有考虑原子核所处的化学环境，实际上当原子核处在不同的基团中时（不同化学环境），其所感受到的磁场是不相同的。

核磁共振的条件为：

$$h\nu=h\frac{\gamma}{2\pi}H_0 \tag{12-3}$$

由于不同基团的核外电子云的存在，对原子核产生了一定的屏蔽作用。

核外电子云在外加静磁场中产生的感应磁场为：

$$H'=-\sigma H_0$$

σ 称为磁屏蔽常数。

$$H=H_0-H=H_0-\sigma H_0=(1-\sigma)H_0$$

所以，原子核的实际共振频率为：

$$\nu=\frac{\gamma}{2\pi}(1-\sigma)H_0 \tag{12-4}$$

对于同一种元素的原子核，如果处于不同的基团中（化学环境不同），原子核周围的电子云密度是不相同的，因而共振频率ν不同，因此产生了化学位移。

化学位移（δ）定义为：

$$\delta = \frac{\nu_{样品} - \nu_{参照物}}{\nu_{样品}} \times 10^6 \qquad (12-5)$$

三、仪器与试剂

1.仪器

瑞士Bruker 400 MHz超导核磁共振波谱仪；5 mm核磁管。核磁共振波谱仪组成如图12-4所示。

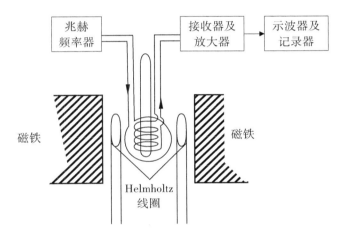

图12-4 核磁共振波谱仪组成

2.试剂

乙苯（A.R.），氘代氯仿（$CDCl_3$），去离子水。

四、实验步骤

1.样品溶液的配制：将10 μL左右的乙苯加入5 mm核磁管，再加入约0.5 mL的氘代氯仿（$CDCl_3$），盖上核磁管盖，轻轻摇晃使样品溶解并装入事先处理干净的核磁样品管中。

2.将核磁样品管插入转子，通过规尺调整好样品管的高度。

3.按照仪器操作步骤进行测试。

五、数据处理

图谱相关处理采用Bruker公司提供的TopSpin 4.0专用软件核磁共振仪工作站进行，也可使用MestRec或NUTS等软件进行处理。

【注意事项】

1.放入核磁管前务必用定深量筒控制样品管的高度，样品管中溶剂的高度一定要超过定深量筒中虚线框的高度，但样品管插入得太长可能会损坏探头。

2.NMR 所需试样量：^1H 为 5.0～10 mg，^{13}C 为 30～40 mg。

3.放入样品一定要在有保证空压机开启的情况下进行，否则有可能会损坏探头。

4.禁止任何有磁性物质（手机、IC卡、手表、心脏起搏器等）靠近磁体。

5.为保证仪器安全运转，禁止私自调节空调温度。

【思考题】

1.简述核磁共振波谱仪的测试原理。

2.什么是化学位移？影响化学位移的因素有哪些？

3.样品测试中为什么要用氘代试剂？

本章思考题
参考答案

附录2　Bruker 400 MHz 超导核磁共振波谱仪操作流程

1.手动送样

（1）开启空压机，取下磁体样品腔上端的盖子，将样品管插入转子中，然后用定深量筒测量控制样品管的高度。

（2）启动计算机的 TopSpin 软件，进入 TopSpin 4.0.9 主界面。

（3）在 TopSpin 4.0.9 主界面的命令行中（左下方）输入 "new" 回车，弹出一个窗口，建立一个新的实验，填写文件名 name、实验号 expno（一般氢谱为 1，碳谱为 2）、Solvent、Experiment 等实验参数。User 下，可以建立自己的标准实验；H 谱的标准实验名称是 proton。

（4）"ej" 回车，打开气流，放入样品管；"ij" 回车，关闭气流，样品管自动送入磁体底部。

（5）在命令栏中输入 "lock"，在弹出的菜单中选择溶剂名称，回车进行锁场，待锁场结束场后进行下一步操作。

（6）输入 "atma" 回车，进行探头匹配调谐（变换杂核核素时，第一次用半自动调频 "atmm"）。

（7）输入 "TopShim" 回车，进行自动匀场。

（8）输入 "ased" 回车，调出采样参数，检查 P1，P1W1（脉宽与功率）是否正常，根据具体的样品设置 NS、DS、D1 等。

（9）"getprosol" 回车，调脉冲参数。所有参数不用改动，尤其 PL1 不能修改。

（10）输入"rga"回车，自动调整增益。

（11）输入"zg"回车，开始采样，碳谱输入"go"可以累加采样结果。

（12）待采样完毕后，谱图定标，积分进行数据处理，输入"efp"回车，进行傅里叶变换；输入"apk"回车，自动相位校正；输入"abs"回车，自动基线校正；输入"sref"回车，自动校正内标位移；点击菜单Process下的Pick Peaks图表进行手动标峰，Integrate手动积分。

（13）输入"plot"回车，打印模板设置，输入"print"打印图谱。

（14）输入"ej"命令，把样品管吹出，取出样品管；"ij"关掉气流。

（15）做完全部样品，当弹出最后一个样品后，盖上探头上的盖子。

2.自动送样

（1）在TopSpin命令栏输入"icon"或者"icon nmr"打开IconNMR软件，TopSpin4软件界面如附图2-1所示。

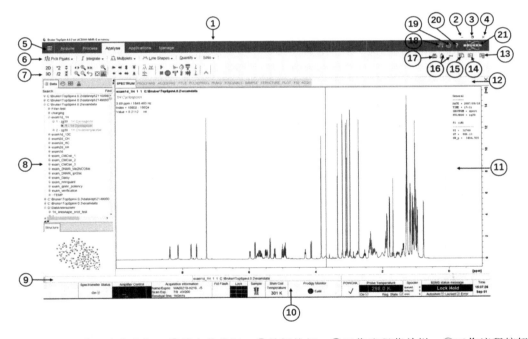

①标题栏；②最小化按钮；③最大化按钮；④关闭按钮；⑤工作流程菜单栏；⑥工作流程按钮栏；⑦工具栏；⑧数据浏览窗口；⑨命令行；⑩状态栏；⑪数据显示窗口；⑫数据集选项卡；⑬数据显示性质按钮；⑭数据窗口布局选择按钮；⑮隐藏/显示数据浏览窗口按钮；⑯当前活动数据或谱图导出按钮；⑰打印当前活动窗口按钮；⑱数据切换按钮；⑲TopSpin软件设置按钮；⑳TopSpin文件按钮㉑Bruker网站按钮。

附图2-1　TopSpin4软件界面

（2）选择"Configuration"，进入自动进样器设置界面，如附图2-2所示。

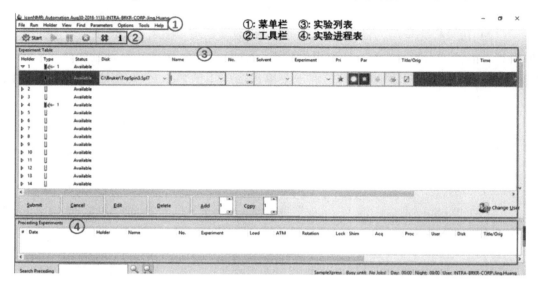

附图2-2　自动进样器界面

在此界面可以添加用户，设置用户权限，实验设置，设置调用匀场文件等。

（3）选择"Automation"，选择用户及输入密码（如果已经设置）后即可进入设置实验界面，如附图2-3所示。

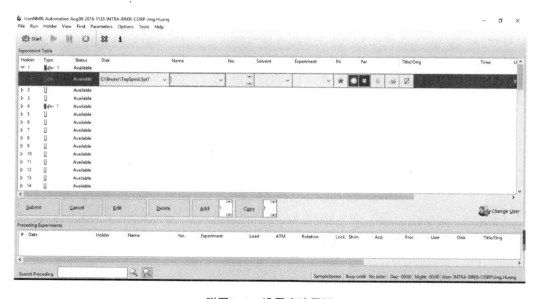

附图2-3　设置实验界面

（4）在相应自动进样器样品位号中设置实验数据存储路径（Disk）、实验名称（Name）、实验号（No.）、溶剂（Solvent）、实验类型（Experiment）、优先权（Pri）、参数更改（Par）及实验标题（Title/Ori g）。

　　若是同一个样品还要做其他谱，样品不用吹出，点击"add"按钮添加一个实验，然后按照与上面相同的方法设置好各参数并点击"submit"提交。

　　（5）其他样品按同样的方法设置好各实验。

　　（6）实验设置好后将所设实验选中，点击左下角的"Submit"按钮提交，实验状态就变为"Queued"。

　　（7）点击左上角的"Start"按钮开始自动实验，实验执行的顺序是按"Submit"的顺序进行。

　　（8）测试结束后，关闭时点击红色按钮"stop"。退出 automation 界面。

　　（9）完成以上工作后，在命令栏中输入"plot"命令，即出现谱图，在谱图上右击鼠标，点击"edit"，设置各种参数，打印谱图。

　　（10）命令行中输入"ej"弹出样品。

第13章　热重-差热分析

　　热分析（thermal analysis）可以解释为以热进行分析的一种方法。1977年在日本京都召开的国际热分析协会（ICTA）第七次会议上，给热分析下了如下定义，即热分析是在程序控制温度下，测量物质的物理性质与温度的关系的一类技术。上述物理性质主要包括重量、温度、能量、尺寸、力学、声、光、热、电等，不同热分析技术可监测不同性质。

13.1　基本原理

13.1.1　热重分析法

　　热重法（thermogravimetry），简称TG，是在程序控制温度下，测量物质的质量与温度关系的一种技术。数学表达式为$W=f$（T或t），样品重量分数W对温度T或时间t作图得热重曲线（TG曲线，图13-1）；TG曲线对温度或时间的一阶导数$\mathrm{d}w/\mathrm{d}t$称微分热重曲线（DTG曲线）。

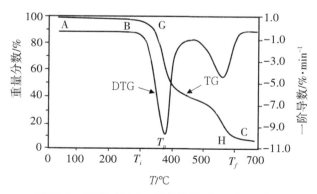

图13-1　热重（TG）、微分热重（DTG）示意图

13.1.2　差热分析法

　　差热分析法（differential thermal analysis，DTA），是指在程序控制温度下，建立被测量物质和参比物的温度差与温度关系的一种技术。数学表达式为

$$\Delta T = T_s - T_r = f\ (T \vec{x} t)$$

式中：T_s、T_r 分别代表试样及参比物温度；T 是程序温度；t 是时间；f 是函数。记录的曲线叫差热曲线或DTA曲线。

13.2 仪器部分

13.2.1 热分析仪器的基本构成

热分析仪器通常是由气氛控制器、可控制气氛的高温炉和温度程序器等模块构成（图13-2）。

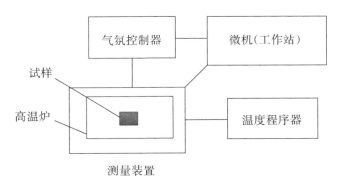

图13-2 热分析仪器构成示意图

13.2.1.1 水平式热重装置

水平式热重-差热（TG-DTA）示意图如图13-3所示。

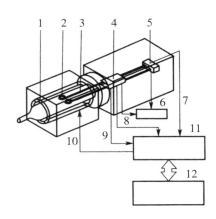

1.炉子；2.试样支持器；3.天平梁；4.支点；5.检测器；6.天平电路；7.TG信号；8.DTA信号；9.温度信号；10.加热功率；11.TG-DTA型主机（TG-DTA module side CPU）；12.计算机。

图13-3 水平式热重-差热（TG-DTA）示意图

13.2.1.2　坩埚

坩埚具有各种尺寸、形状，并由不同材质构成。坩埚和试样间必须无任何化学反应。一般来说，坩埚是由铂、铝、石英或刚玉（陶瓷）制成的，但也有其他材料制作的。通常可按各自实验目的来选择坩埚。

13.2.1.3　气氛

热分析可在静态、流通的动态等各种气氛条件下进行测量。在静态条件下，当反应有气体生成时，围绕试样的气体组成会有所变化。因而试样的反应速率会随气体的分压而变。一般建议在动态气流下测量，热分析测量时常用的气体有氮气和氩气。

实验52　热重-差热分析联用法研究 CuSO₄·5H₂O 的脱水过程

一、实验目的

1.学习掌握热重分析的基本原理。
2.学习掌握热重分析仪的基本结构和操作使用方法。

二、仪器与试剂

1.仪器
热分析仪（以 Pyris Diamond TG/DTA 为例）。
2.试剂
$CuSO_4 \cdot 5H_2O$（A.R），$\alpha-Al_2O_3$（A.R）。

三、实验步骤

1.打开 TG/DTA 电源开关。
2.打开电脑，以 pyris 账户登录并进入操作系统，打开 muse 软件链接 TG/DTA。
3.打开炉体，在样品托盘上放置一个干净干燥的试样坩埚。
4.合上炉体，待 TG 信号稳定后，点击 TG/DTA 测量窗口里的"ZERO"清零按钮，此时 TG 信号显示值为 0.000 mg。
5.待 TG 信号稳定在 0.000 mg 后，打开炉体，取出试样坩埚，将约 10 mg $CuSO_4 \cdot 5H_2O$ 粉末放入坩埚，然后把试样坩埚重新小心放置到样品托盘上，最后合上炉体。
6.待 TG 信号稳定后，所显示的 TG 信号值即为样品的重量。
7.打开"Set Sample Condition 设置实验条件"窗口输入样品重量，或点击"Auto Read"自动读数按钮读取样品重量。设置在空气气氛下以 10 ℃·min⁻¹ 的升温速率升温，记录室温至 350 ℃范围内的热重曲线。

8. 样品测量：点击"Run"按钮开始测量，控制按钮下面的"控制状态显示"由"Ready"转化为"Running"，当温度达到设定的限制温度上限时，测量结束。在程序运行期间若要停止测量，可按"Stop"按钮终止测量。

9. 数据分析：测量终止后，打开数据分析模块，依所需内容进行各种参数的手工分析。

10. 关机：关闭muse软件，TG/DTA随之自动关闭，关闭电脑及电源总开关。

四、数据处理

1. 在热重曲线上标出失重量，推测失重物质。
2. 标出 $CuSO_4 \cdot 5H_2O$ 不同阶段的失水温度。

【思考题】

1. 预计改变升温速度，$CuSO_4 \cdot 5H_2O$ 的热重曲线将如何改变？
2. 热重分析法中，哪些因素会影响测量的结果？

实验53 聚丙烯材料的热分解动力学参数的测定

一、实验目的

1. 进一步学习掌握热分析仪的基本结构和操作使用方法。
2. 学习掌握热分解动力学原理。
3. 测定聚丙烯材料热分解的动力学参数。

二、仪器与试剂

1. 仪器
热分析仪（以Pyris Diamond TG/DTA 为例）。
2. 试剂
聚丙烯材料，$\alpha-Al_2O_3$（A.R）。

三、实验原理

聚丙烯是五大通用塑料之一，被广泛应用在食品、建筑、汽车等行业。由于聚丙烯存在着大量不稳定的叔碳原子，在有氧条件下，叔碳原子极易脱氢形成活泼的叔碳自由基，而且聚丙烯在分解过程中会产生过氢氧化物，这些过氢氧化物非常不稳定，极易分解成为醛、酮、酸等，这些产物中存在对人体有害物质，所以研究聚丙烯在热氧条件下的稳定性是非常重要的。本次实验采用热重技术，在不同升温速率下来探究聚丙烯材料在空气气氛下的热分解行为。一般而言，物质的热分解反应的动力学方程一般有两种形式：

微分方程为：

$$\frac{d\alpha}{dT} = \frac{A}{\beta} \cdot \exp\left(\frac{-E}{RT}\right) f(\alpha) \tag{13-1}$$

积分方程为：

$$G(\alpha) = \frac{AE}{\beta R} P(u) \tag{13-2}$$

式中：$P(u)$ 为温度积分，$P(u) = \int_{\infty}^{u} - (e^{-u}/u^2) du$，$u = E/(RT)$；$\alpha$ 为分解率（%）；$f(\alpha)$、$G(\alpha)$ 分别为描述反应的微分和积分函数；A 为指前因子；E 为反应的表观活化能（$kJ \cdot mol^{-1}$）；R 为普适气体常数；T 为热力学温度（K），β 为线性升温速率（$K \cdot min^{-1}$）。

根据 Freeman Carroll 公式：

$$\frac{\Delta lg(d\alpha/dT)}{\Delta lg(1-\alpha)} = -\frac{E}{2.303R} \cdot \frac{\Delta(1/T)}{\Delta lg(1-\alpha)} + n \tag{13-3}$$

由一条热分析曲线若干点的分解率 α 及分解速率 $\frac{d\alpha}{dT}$ 和温度的倒数 $1/T$，求出相邻实验点间的差值，经作图求得反应的 E 和反应级数 n。

根据 Kissinger 公式

$$\ln\left(\frac{\beta}{T_P^2}\right) = \ln\left(\frac{AR}{E}\right) = \frac{E}{RT_P} \tag{13-4}$$

式中，T_P 为不同升温速率条件下最大反应速率时的热力学温度。作图 $\ln\left(\beta/T_p^2\right) - 1/T_p$ 即可求得 E 和 A。

根据 Flynn Wall Ozawa 公式：

$$lg\beta = lg\left(\frac{AE}{RG(\alpha)}\right) - 2.315 - 0.456\,7\frac{E}{RT} \tag{13-5}$$

其中，当 α 一定时，$G(\alpha)$ 也一定，则 $lg\beta$ 与 $1/T$ 呈直线关系，由此可求出对应于一定 α 时的 E。

四、实验步骤

1.打开 TG/DTA 电源开关。

2.打开电脑，以 pyris 账户登录并进入操作系统，打开 muse 软件链接 TG/DTA。

3.打开炉体，在样品托盘上放置一个干净干燥的试样坩埚。

4.合上炉体，待 TG 信号稳定后，点击 TG/DTA 测量窗口里的"ZERO"清零按钮，此时 TG 信号显示值为 0.000 mg。

5.待 TG 信号稳定在 0.000 mg 后，打开炉体，取出试样坩埚，将约 10 mg 聚丙烯材料颗粒放入坩埚，然后把试样坩埚重新小心放置到样品托盘上，最后合上炉体。

6.待TG信号稳定后，所显示的TG信号值即为样品的重量。

7.打开"Set Sample Condition 设置实验条件"窗口输入样品重量，或点击"Auto Read"自动读数按钮读取样品重量。设置在空气气氛下，以5 ℃·min⁻¹的升温速率升温，记录室温至600 ℃范围内的热重曲线。

8.样品测量：点击"Run"按钮开始测量，控制按钮下面的"控制状态显示"由"Ready"转化为"Running"，当温度达到设定的限制温度上限时，测量结束。在程序运行期间若要停止测量，可按"Stop"按钮终止测量。

9.将升温速率分别改为10 ℃·min⁻¹、15 ℃·min⁻¹、20 ℃·min⁻¹，重复3～8步骤。

10.关机：关闭muse软件，TG/DTA随之自动关闭，关闭电脑及电源总开关。

五、数据处理

利用Kissinger法求动力学参数，将不同升温速率下的T_P温度在DTG曲线中找到，填入表13-1中并进行处理。

表 13-1　聚丙烯材料热分解实验数据

序号	β/℃·min⁻¹	T_P	$\ln\left(\beta/T_p^2\right)$	$1/T_p$
1	5			
2	10			
3	15			
4	20			

由表13-1数据以$\ln\left(\beta/T_p^2\right)-1/T_p$作图，通过线性拟合，即可求得$E$和$A$。

【思考题】

1.能否利用本次实验的数据，更进一步求得聚丙烯塑料的热分解方程，得到该塑料的使用寿命？

2.尝试用Flynn Wall Ozawa公式求E和A值，比较两种方法得到的E和A值。

本章思考题
参考答案

参考文献

[1]朱明华.仪器分析[M].3版.北京：高等教育出版社，2000.

[2]武汉大学.分析化学[M].6版.北京：高等教育出版社，2016.

[3]华中师范大学，东北师范大学，陕西师范大学，等.分析化学[M].4版.北京：高等教育出版社，2011.

[4]卢亚玲，汪河滨.仪器分析实验[M].1版.北京：化学工业出版社，2019.

[5]贾琼，马玫彤，宋乃忠.仪器分析实验[M].1版.北京：科学出版社，2016.

[6]赵文宽，张悟铭，王长发，等.仪器分析实验[M].北京：高等教育出版社，1995.

[7]苏克曼，张济新.仪器分析实验[M].2版，北京：高等教育出版社，2005.

[8]张济新，孙海霖，朱明华，仪器分析实验[M].1版，北京：高等教育出版社，1994.

[9]陈玲，李钦祖.甲基丙烯酸甲酯及其杂质的毛细管气相色谱分析[J].浙江工学院学报，1993，58（1）：80-84.

[10]张菁菁，刘笑笑，王小乔，等.气相色谱串联质谱法测定白酒中的甲醇含量[J].中国酿造，2020，39（01）：186-189.

[11]卢志琴，刘海珍，文明.毛细管气相色谱法分析甲基丙烯酸甲酯中的阻聚剂[J].化学工程师[J].2011，25（02）：28-29.

[12]周建钟，王学利，曹华茹，等.气相色谱法测定油漆稀释剂中的苯系物[J].环境科学与技术，2007，30（1）：19-21.

[13]杨玲娟，张继，陈桐，等.马铃薯叶中茄尼醇的RP-HPLC分析[J].食品工业科技，2009，30（05）：330-331.

[14]黄兴富，黎其万，刘宏程，等.高效液相色谱法同时测定苦荞中芦丁、槲皮素和山奈酚的含量[J].中成药，2011，33（02）：345-347.

[15]杨玲娟，焦成瑾，高二全.三七中三七素及其异构体的高效液相色谱检测[J].中药材，2015，38（2）：311-314.

[16]孙尔康，张剑荣.仪器分析实验[M].1版.南京：南京大学出版社，2009.

[17]丁明玉，田松柏.离子色谱原理与应用[M].1版.北京：清华大学出版社，2001.

[18]牟世芬，朱岩，刘克纳.离子色谱方法与应用[M].3版.北京：化学工业出版社，

2018.

[19]朱岩，王少明，施超欧.离子色谱仪器.北京：化学工业出版社，2007.

[20]中华人民共和国国家卫生和计划生育委员会，国家食品药品监督管理总局．GB5009.33-2016食品安全国家标准，食品中亚硝酸盐与硝酸盐的测定，北京：2016.

[21]李如生，万荣.非线性非平衡化学[J].化学进展，1996，8（1）：17-29.

[22]EPSTEIN I R，KUSTIN K，KEPPER P D.振荡化学反应[J].科学（中译本），1983（7）：63-72.

[23]PRIGOGINE I.Structure，Dissipation and Life.Co mmuntion Presented at the first International Conference "the Oretical Physics and Biolo gy" [M].Versailles：North-Holl and Pub，1969.

[24] NICOLIS G，PRIGOGINE I.Selfor ganization in Nonequilibrium Systems[M].Wiley，Now York，1977.

[25]李如生.非平衡非线性现象和涨落化学[J]，化学通报，1984（5）：41-47.

[26]胡坪.仪器分析实验[M].3 版.北京：高等教育出版社，2016.

[27]白玲，石国荣，罗盛旭.仪器分析实验[M].北京：化学工业出版社，2010.

[28]李志富，干宁，颜军.仪器分析实验[M].武汉：华中科技大学出版社，2012.

[29]杨丽华.基于微波消解/电感耦合等离子体质谱法测定土壤中全磷[J].分析测试学报，2019，38（9）：1136-1139.

[30]王生进，张琳，刘春虎，等.电感耦合等离子体原子发射光谱（ICP-AES）法测定人发中铜、锌、钙、镁、铁[J].中国无机分析化学，2016，6（1）：69-72.

[31]苏海芳，戴森，翟永恒，等.微波消解-ICP-OES测定土壤中重金属元素[J].中国资源综合利用，2018，36（1）：19-31.

[32]俞英.仪器分析实验[M].北京：化学工业出版社，2008.

[33]李克安.分析化学教程[M].北京：北京大学出版社，2005.

[34]华中师范大学，东北师范大学，陕西师范大学，等.分析化学实验[M].3 版.北京：高等教育出版社，2001.

[35]郁桂云，钱晓荣，吴静，等.仪器分析实验教程[M].2 版.上海：华东理工大学出版社，2015.

[36]方修忠，迟宝珠，张秋兰，等.仪器分析实验教程[M].北京：科学出版社，2016.

[37]庄继华.物理化学实验[M].3 版.北京：高等教育出版社，2011.

[38]徐光宪，王祥云.物质结构[M].2 版.北京：高等教育出版社，2010.

[39]李树棠.晶体 X 射线衍射学基础[M].北京：冶金工业出版社，1999.

[40]谢梦雨，戴苏云，沈晓敏，等.X-射线粉末衍射 K 值法测定钴粉中 α-Co 的含量[J].南京师大学报（自然科学版），2017，40（4）：93-97.

[41]王春明，张海霞.化学与仪器分析[M].兰州：兰州大学出版社，2010.

[42]薛晓丽，于加平，韩凤波.仪器分析实验[M].北京：化学工业出版社，2012.

[43]杨万龙，李文友.仪器分析实验[M].北京：科学出版社，2008.

[44]杨海英，郭俊明，王红斌，等.仪器分析实验[M].北京：科学出版社，2015.

[45]刘明钟，刘霁欣.原子荧光光谱分析[M].北京：化学工业出版社，2008.

[46]武汉大学化学与分子科学学院实验中心.仪器分析实验[M].武汉：武汉大学出版社，2005.

[47]刘振海.热分析导论[M].北京：化学工业出版社，1991.

[48]胡荣祖，高胜利，赵凤起，等.热分析动力学[M].2版.北京：科学出版社，2008.